사면안정
설계이론 및 실무해석

KB021322

사면안정
설계이론 및 실무해석

김병일 · 김영근 · 윤찬영 · 봉태호 저

ΛPUB
에이퍼브

『사면안정 설계이론 및 실무해석』
머리말

　산지가 국토 면적의 70%가 넘는 우리나라에서는 고개만 돌려도 산기슭과 같은 자연사면 (비탈면)을 쉽게 볼 수가 있으며, 어떤 건설공사든 지반(토사와 암반)을 깎거나 쌓는 작업을 수행할 수밖에 없습니다. 모든 사면은 중력에 의해서 무너지려는 경향이 있으며, 지진이 발생하거나 특히 우리나라와 같이 집중호우가 내리는 경우에는 사면 붕괴의 위험이 훨씬 커지게 됩니다. 산사태와 같이 자연사면이 대규모로 붕괴되는 경우에는 재산상 손실뿐만 아니라 상당히 넓은 지역이 황폐화되고 인명 피해도 발생하게 됩니다. 인공사면 또한 조성 중 또는 사용 중에 붕괴될 수 있으며, 모든 사면은 설계 시 주어진 여건에서 소정의 안전율이 확보되는지 검토하는 사면안정 해석을 수행하게 됩니다. 사면안정 해석방법에는 한계평형 법, 수치해석법, 확률론적 방법 등 다양한 방법이 있으며, 실무에서 주로 사용되는 방법은 한계평형법입니다. 사면안정 해석은 컴퓨터 프로그램을 이용하여 수행하는 것이 일반적이 며, 대부분의 프로그램은 한계평형법에 근거하고 있습니다.

　21세기 들어서 우리나라에서도 공학교육 인증제도가 보편화되면서 실무 중심의 설계교육 이 강조됨에 따라 새로운 교과과정이 개발되어 그동안 사면안정에 대한 강의를 수년간 진행 했습니다. 그러나 기존에 출판된 관련 교재들의 내용이 너무 어렵거나 복잡하여 강의용으로 적합한 교재의 개발이 필요하다는 생각 끝에 이번에 용기를 내어 지반분야 전문가들과 함께 노력하여 이 책을 출간하게 되었습니다. 이 책은 학부 및 대학원 강의용으로 개발되었으며 사면안정 개요, 사면안정 해석이론, 사면안정 대책공법 그리고 사면안정 해석프로그램 등으 로 구성되어 있습니다. 사면안정 해석프로그램으로는 최근 각 대학 및 엔지니어링사에서 많이 사용되고 있는 TALREN과 SLOPE/W 프로그램에 대하여 사용방법, 실제 해석 예제 등을 자세히 다루고 있어 이 책을 활용하여 열심히 공부한다면 취업 후에도 충분히 활용할 수 있는 엔지니어링 능력을 갖출 수 있을 것으로 생각됩니다.

  끝으로 이 책의 완성을 위해 수고를 아끼지 않은 씨아이알 이민주 팀장 및 신은미 팀장 그리고 김성배 사장께 감사의 마음을 전합니다. 또한 집필하느라 고생하신 집필자분들께도 진심으로 감사의 말씀을 전하는 바입니다. 몇 년 후에는 이 교재를 사용한 강의 경험에 기초하여 더 좋은 책을 출간할 것을 약속드리며, 잘못된 점이나 내용에 부족한 점이 있으면 많은 지적과 충고를 부탁드립니다.

2023년 1월
대표저자 **김병일**

차례

제1장

사면안정 개요

사면안정 개요

1.1 서론

우리 주변에서는 쉽게 사면(비탈면)을 찾아 볼 수 있다. 사면은 산기슭이나 언덕 경사면과 같은 자연사면과 여러 가지 목적으로 사람이 인위적으로 만든 인공사면으로 나눌 수 있다. 그림 [1.1](a)는 자연사면이고, 나머지 사면들은 인공사면이다. 인공사면 중에서 그림 [1.1](b)와 같이 흙을 깎아 내어서 만든 사면을 절토사면이라고 하며, 그림 [1.1](c) 및 (d)와 같이 흙을 쌓아서 만든 사면을 성토사면이라고 한다. 성토사면은 쌓기부, 절토사면은 깎기부라는 용어를 사용하기도 한다.

모든 사면은 중력에 의해서 무너지려는 경향이 있으며, 지진이 발생하거나 비가 내려 물이 흐르는 경우에는 이러한 경향이 더욱 커지게 된다. 산사태와 같이 자연사면이 대규모로 붕괴되는 경우에는 재산상 손실뿐만 아니라 상당히 넓은 지역을 황폐화시키고 또한 인명 피해도

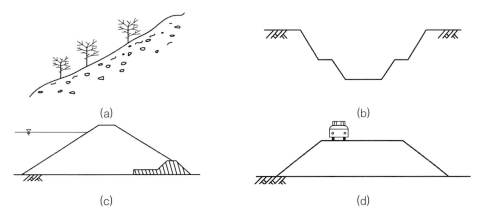

그림 1.1 여러 가지 사면 (a) 산비탈 (b) 굴착사면 (c) 흙댐 (d) 도로제방

발생하게 된다. 인공사면도 조성 중 또는 사용 중에 붕괴될 수 있으며, 따라서 모든 사면은 설계 시 주어진 여건에서 소정의 안전율이 확보되는지 검토하는 사면안정해석을 수행하게 된다.

사면안정 해석 또는 사면안정 설계의 주목적은 (1) 파괴에 대한 안정성 확보 (2) 기능에 대한 적정성 보장(변형에 대한 안정성 확보) 등 2가지이다. 사면안정해석에 사용되는 가장 보편적인 방법은 한계평형법(Limit Equilibrium Method, LEM)이며, 한계평형이론에 근거하여 컴퓨터 프로그램을 이용하여 수행한다. 이 방법으로 산정한 안전율이 허용안전율 이상이 되면 사면은 파괴에 대해 안전하고 변형은 허용치 이내인 것으로 판단하는 것이 보통이다.

1.2 사면 붕괴 원인과 형태

앞에서 설명한 것처럼 인공사면이든 자연사면이든 모든 사면은 중력, 침투수, 지진 등 여러 가지 요인들에 의해 무너지려는 경향이 있다. 현재 안정된 것처럼 보이는 사면도 시간 흐름과 함께 표면 침식 및 풍화작용이 진행됨에 따라 사면을 구성하고 있는 흙입자들이 이탈하여 아래로 굴러 떨어지면서 사면붕괴가 진행될 수 있다. 특히, 물은 사면의 안정성에 심각한 영향을 미칠 수 있다. 짧은 시간 내에 상당한 양의 폭우가 쏟아지는 경우 경사가 급한 산비탈에는 침투로 인하여 여기저기에서 사면 붕괴가 발생할 수 있으며, 실제로 주위에서 장마철에 산사태에 일어나는 경우를 본 적이 있을 것이다. 재해연보(2020)에 따르면, 우리나라에서 발생하는 산사태 중 75%가 장마와 태풍의 영향을 받는 7월~9월 사이에 발생하는 것으로 보고되고 있다. 또한, 지진은 사면붕괴라는 심각한 2차 문제를 야기할 수 있다. 사면의 불안정 요인을 정리하면 표 [1.1]과 같다.

사면의 붕괴 형태는 매우 다양하다. 흙사면에서 발생하는 붕괴 형태는 표 [1.2] 및 그림 [1.2]에서 보는 바와 같이 붕락(falls), 병진활동(translational slides), 회전활동(rotational slides), 복합활동(compound slides), 유동(flows) 등으로 구분할 수 있다(Skempton and Hutchinson, 1969). 이 중 붕락, 병진활동, 그리고 유동은 주로 자연사면에서 발생하는 붕괴 형태이며, 우리가 주로 관심을 갖는 인공사면에서 발생하는 붕괴 형태는 회전 및 복합활동파괴이다. 회전활동파괴는 파괴형상에 따라 원호활동, 얕은 원호활동, 비원호활동 등으로 나뉘는데 사면을 구성하는 흙이 균질할수록 원호 또는 이에 가까운 활동이 발생한다. 한편, 복합활동은 연약층

표 1.1 사면 불안정 요인(Varnes, 1978)

분류		요인
직접적 원인	자연적 원인	• 집중 강우, 예외적으로 지속적인 강수, 급한 수위 강하(홍수와 조수) • 지진, 화산 분출 • 해빙, 동결−융해 풍화, 수축−팽창 풍화
	인위적 원인	• 비탈면의 절취, 비탈면 또는 비탈면 관부(crest)에 재하 • 수위강하(저수지), 산림벌채, 관계수로, 광산개발, 인위적 진동, 상하수도 등의 누수
간접적 원인	지질학적 원인	• 연약 물질, 예민성 물질, 풍화 물질, 전단 물질, 절리 또는 균열 물질 • 불리한 방향의 암반 불연속면(층리, 편리 등) • 불리한 방향의 구조적 불연속면(단층, 부정합, 접촉부 등) • 투수성의 현저한 차이, 강성(stiffness)의 현저한 차이(소성 물질 위에 위치한 강성이며 조밀한 물질)
	지형학적 원인	지구조적 또는 화산성 융기, 비탈기슭의 하식(河蝕, fluvial erosion), 비탈기슭의 파랑침식(波浪浸蝕, wave erosion), 측면부의 침식, 지표하 침식(용융, 파이핑 작용), 비탈면 또는 관부의 퇴적재하, 식생제거(산불, 가뭄)

아래 견고한 지층이 존재하는 경우 발생한다.

암반사면에서도 사면붕괴가 발생할 수 있는데 발생형태는 그림 [1.3]과 같이 원호파괴, 평면파괴, 쐐기파괴, 전도파괴 등 크게 4가지로 구분된다.

표 1.2 사면의 붕괴형태

분류		설명
붕락(falls)		연직으로 깎은 비탈면 일부가 떨어져 나와 공중에서 낙하하거나 굴러서 아래로 떨어지는 현상
활동	회전활동 (rotational slides)	활동 물질과 활동면 사이의 전단변형에 의해 발생하며 활동형상은 지반의 균질성에 따라 얕은 원호, 비원호로 구성됨
	병진활동 (translational slides)	자연비탈면과 같이 비탈면 아래로 내려갈수록 강도가 커지는 지반에서 발생
	복합활동 (compound slides)	회전활동과 병진활동의 복합활동
유동 (flows)		활동 깊이에 비해 활동되는 길이가 대단히 길며 전단저항력의 부족으로 인한 활동이라기보다는 소성적인 활동이 지배적임

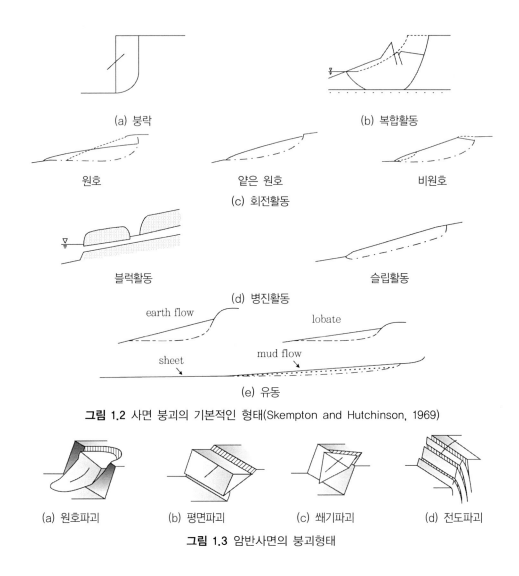

그림 1.2 사면 붕괴의 기본적인 형태(Skempton and Hutchinson, 1969)

(a) 붕락　(b) 복합활동

원호　얕은 원호　비원호

(c) 회전활동

블럭활동　슬립활동

(d) 병진활동

earth flow　lobate

sheet　mud flow

(e) 유동

(a) 원호파괴　(b) 평면파괴　(c) 쐐기파괴　(d) 전도파괴

그림 1.3 암반사면의 붕괴형태

1.3 사면안정 해석과 안전율

　사면의 안정성은 안전율을 기준으로 판정한다. 안전율은 활동을 일으키려는 힘에 대한 흙의 전단강도에 의한 저항력으로 산정하거나 활동을 일으키려는 모멘트에 대한 흙의 전단강도에 의한 저항모멘트에 의해서 산정한다. 따라서 이론적으로는 안전율이 1이상으로 산정되면 "사면은 안전하다"라는 말을 할 수 있으나 실제로는 안전율이 허용안전율보다 커야 사면은 안전하다고 판정하는 것이 보통이다. 이것은 해석 시 사용되는 강도, 간극수압, 하중 조건

등에 불확실성이 포함되어 있고, 또한 사면 파괴에 발생하는 경우 막대한 피해가 예상되기 때문이다. 보통, 허용안전율의 범위는 1.25~1.5 정도인데, 강도의 측면에서 안정된 사면을 유지하기 위해서는 안전율이 약 1.5가 되어야 한다. 표 [1.3]은 Duncan & Buchignani(1975)가 제안한 허용안전율 기준이다. 또한, 국내외 설계기준은 표 [1.4] 및 [1.5]와 같다.

표 1.3 허용안전율 기준(Duncan and Buchignani, 1975)

복구비용 및 인명과 재산피해 정도	전단강도의 신뢰도	
	크다	작다
복구비용이 건설비용에 비해 작으며, 사면 붕괴로 인한 인명 및 재산 피해의 정도가 작음	1.25	1.5
복구비용이 건설비용에 비해 매우 크며, 사면 붕괴로 인한 인명 및 재산 피해의 정도가 큼	1.5	2.0 이상

표 1.4 국내외 기관별 쌓기비탈면 최소 안전율 기준

구분				최소 안전율
국내	한국도로공사 도로설계요령	건기		$F_s \geq 1.3$
		지진 시		$F_s \geq 1.1\sim1.2$
	국토교통부 (KDS 11 70 05 쌓기·깎기 설계기준, 2019)	장기	건기	$F_s > 1.5$
			우기	$F_s > 1.3$
			지진 시	$F_s > 1.1$
		단기(1년 미만의 단기적인 안정성)		$F_s > 1.1$
	건설교통부 (철도설계기준, 2004)	파괴 시 인명 및 재산에 심각한 피해 초래		$F_s \geq 2.0$
		공용하중 비탈면		$F_s \geq 1.3$
		공사 중인 비탈면		$F_s \geq 1.2$
		강우 시		$F_s \geq 1.3$
		지진 시		$F_s \geq 1.1$
국외	일본건설성	표준적인 계획 안전율		$F_s \geq 1.1\sim1.3$
	일본항만협회	항만시설 기술상의 기준, 동 해설		$F_s \geq 1.5$
	일본도로실무강좌	도로토공, 연약지반 대책공 지침		$F_s \geq 1.2\sim1.3$

표 1.5 국내외 기관별 깎기 비탈면 최소 안전율 기준

구분			최소 안전율
국내	한국도로공사 도로설계요령 (2002)	건기	$F_s \geq 1.5$
		우기	$F_s \geq 1.1\sim1.2$
	국토교통부 (KDS 11 70 05 쌓기·깎기 설계기준, 2019)	장기 / 건기	$F_s > 1.5$
		장기 / 우기(지하수위 결정)	$F_s > 1.2$
		장기 / 우기(강우침투 고려)	$F_s > 1.3$
		장기 / 지진 시	$F_s > 1.1$
		단기(1년 미만의 단기적인 안정성)	$F_s > 1.1$
	건설교통부	철도설계기준, 2004	쌓기비탈면과 동일
국외	일본건설성	표준적인 계획 안전율	$F_s \geq 1.1\sim1.3$
	일본항만협회	항만시설 기술상의 기준, 동 해설	$F_s \geq 1.3$
	미국 해군공병단 (NAVFAC ~DM7.1~329)	하중이 오래 작용될 경우	$F_s \geq 1.5$
		구조물이 기초인 경우	$F_s \geq 2.0$
		일시적인 하중이 작용할 경우 및 시공 시	$F_s \geq 1.25$ 또는 1.35
		지진하중이 작용하는 경우	$F_s \geq 1.15$ 또는 1.2
	영국 (National Coal Board, 1970)	1) 최대전단응력(UU 시험)	$1.5 > F_s > 1.2$
		2) 잔류전단응력(CD 시험)	$1.5 > F_s > 1.25$
		3) 포화된 사질토의 경우	$1.35 > F_s > 1.15$
		4) 2)항과 3)항이 적용되는 경우	$1.2 > F_s > 1.1$

1.4 사면안정 대책공법

자연사면이나 인공사면이 어떤 원인으로든 파괴되면 인명 손실 및 재산 피해뿐만 아니라 넓은 지역을 황폐화시키고 교통 혼잡을 유발시키며 복구에 상당한 노력과 시간이 요구되므로 특히, 인공사면은 조성에 앞서서 반드시 사면의 안정성 여부를 해석 및 검토하여 기준 이상의 안전율이 확보되도록 하여야 한다.

검토결과 안정성이 충분히 확보되지 않은 경우에는 여러 가지 사면안정 대책공법 중 적절

한 방법을 사용하여 사면의 안정을 확보하여야 한다. 사면안정 대책공법은 크게 안전율 감소 방지공법과 안전율 증가공법으로 나눌 수 있다(표 [1.6]). 소극적 방법인 안전율 감소 방지공법은 더 이상 안전율이 작아지지 않도록 하는 공법으로 배수공법과 블록, 식생, 피복 공법 등의 표면처리 공법이 여기에 해당된다. 안전율 증가공법은 사면의 경사를 낮추거나 사면에 억지말뚝, 어스앵커, 쏘일네일링 등의 보강재를 삽입하거나 그라우팅을 시공하여 적극적으로 안전율을 증가시키는 방법들이다. 사면안정 대책공법에 대한 자세한 설명은 3장에서 다루기로 한다.

표 1.6 사면안정 대책공법

안전율 감소 방지공법	배수공법	
	표면처리공법	블록공법
		식생공법
		피복공법
안전율 증가공법	기울기 저감공법	
	보강재 삽입공법	말뚝공법
		어스앵커공법
		쏘일네일공법
	압성토 공법	
	그라우팅 공법	
	옹벽	

1.5 사면안정해석과 전단강도

사면안정해석은 (1) 현장의 배수조건을 파악하고 (2) 현장 배수상태와 일치하는 강도정수를 사용하여 수행해야 한다. 사면안정해석은 배수조건에 따라 전응력 해석법과 유효응력 해석법으로 구분할 수 있다.

전응력 해석법은 지반의 압밀속도에 비해 시공속도가 빨라 시공 중 과잉간극수압이 거의 소산되지 않을 때, 즉 비배수조건에서 사용하는 해석법이며, 전단강도 정수 c, ϕ를 적용한다. 유효응력 해석법은 지반의 압밀속도가 시공속도에 비해 빨라 시공 중 과잉간극수압이 모두 소산될 때 즉, 배수조건에서 사용하는 해석법이며, 전단강도 정수 c', ϕ'을 적용한다.

보통 배수 정도를 판정할 때 사용되는 기준은 다음과 같이 계산되는 시간계수 T이다.

$$T = \frac{c_v t}{H^2} \tag{1.1}$$

여기서, c_v : 압밀계수

t : 시간

H : 배수거리

시간계수 $T > 0.3$이면 배수상태로 보며, $T < 0.01$이면 비배수상태, 그리고 $0.01 < T < 0.3$이면 배수 및 비배수상태를 모두 고려한다. 시간계수를 산정하기 어려운 경우에는 투수계수로 판정하기도 한다. 즉, 투수계수가 $k > 10^{-4}$cm/sec이면 배수상태로 고려하며, $k < 10^{-7}$cm/sec이면 비배수상태로 고려한다.

투수성이 큰 지반이나 과잉간극수압이 완전히 소산되는 장기안정 문제에는 배수조건인 유효응력 해석법을 적용하며, 이때 강도정수는 CU 시험이나 $\overline{CU}$ 시험에서 얻어진 값을 사용한다. 반면 투수성이 작은 비배수조건의 지반이나 단기 안정해석이 중요한 다단계 재하조건에서는 전응력 해석법을 적용하며, 이때 강도정수는 UU 시험에서 얻어진 값을 사용한다.

이론적으로 유효응력 해석법과 전응력 해석법은 동일한 안전율을 산정하게 된다. 그리고 두 해석법은 이론상으로는 모든 문제에 적용할 수 있다. 그러나 실제문제에서는 배수상태에 따라 더 편리한 해석법이 분명히 있으며, 각 방법은 각각의 장점과 결점이 있다.

단기안정해석이 중요한지 장기안정해석이 중요한지 명백하지 않은 경우에는 두 해석을 모두 실시하여 사면안정을 검토하는 것이 필요하다. 사실상 흔히 가정하는 비배수상태와 완전 배수상태는 모두 비현실적인 경우가 많다고 한다(Duncan, 1994).

제2장

사면안정 해석이론

사면안정 해석이론

2.1 사면안정 해석방법 개요

사면은 해석방법에 따라 유한사면과 무한사면으로 나눌 수 있다. 유한사면은 활동면의 깊이가 사면높이에 비해 비교적 큰 사면을 말하며, 무한사면은 활동면의 깊이가 사면높이에 비해 작은 사면을 말한다. 무한사면의 해석은 유한사면 해석에 비해 해석방법이 단순, 명료하여 사용이 간편하나, 활동면의 시점과 종점에서의 단부영향이 무시되고, 경사면에 평행한 활동면을 가정하는 등의 문제가 있어 적용범위에 한계성이 있다. 유한사면 해석방법에는 도표법, 한계평형법, 수치해석법, 확률론적 방법, 그리고 모형시험에 의한 방법 등이 있는데 실무에서 주로 사용되는 방법은 한계평형법이다. 이 방법은 단순한 형태의 사면안정 해석에 대해 가장 손쉽고 능률적인 방법으로 알려져 있으며, 마찰원방법, 절편법 등이 있다.

대부분의 사면안정 해석에서 사면의 안정성은 활동을 일으키려는 힘(또는 모멘트)과 이에 저항하려는 힘(또는 모멘트)을 비교하여 판단하게 된다. 따라서 사면의 안전율은 다음 식과 같이 표현할 수 있다.

$$F_s = \frac{활동에 저항하는 힘(또는 모멘트)}{활동을 일으키려는 힘(또는 모멘트)} \tag{2.1}$$

사면안정 해석 시 안전율이 1보다 크게 산정된 경우에도 사면 내 변형이 발생하거나 국부적인 응력집중 현상으로 인해 균열이 발생하여 안정성에 문제를 일으킬 수 있다. 사면안정해석에 있어서 변형에 대한 검토와 예측은 매우 중요한데 이럴 때 유한요소법(Finite Element Method, FEM)이 유용하게 사용될 수 있다. 유한요소법은 사면변형에 대한 예측에 가장 적합하며, 지반 내 발생하는 응력의 분포, 변형의 크기와 방향을 산정할 수 있다는 장점을 가진다. 최근 들어 확률론적 방법도 각광을 받고 있다. 이 방법은 전통적인 결정론적 방법에 의해 구해지는 안전율 대신 파괴확률(probability of failure)의 개념으로 사면의 신뢰성을 검증하는 방법이다. 한편, 모형시험의 경우에는 원심모형 시험기(centrifuge test)와 같은 특별한 장치가 필요하며, 모형과 실물의 상사성을 만족시키는 것이 중요하다.

2.2 무한사면의 안정해석

무한사면의 안정해석방법은 흙의 종류에 따라, 또한 침투가 있느냐 여부에 따라 차이가 있다. 사질토 지반에서 무한사면의 안정성은 사면 기울기와 사면 흙의 내부마찰각의 비교에 의해 간단히 결정할 수 있으나, 점성토 지반에서는 사면 기울기와 사면 흙의 내부마찰각 이외에 사면 흙의 점착력, 활동 토층의 두께 등도 안정성에 영향을 미친다. 또한, 사질토와 점성토 모두 사면 내에 침투가 발생하는 경우에는 안전율이 상당히 떨어지게 된다.

2.2.1 침투가 없는 무한사면의 안정

그림 [2.1]과 같이 지하수위가 예상 활동면보다 아래에 있어 침투가 없는 지반의 안전율은 식 (2.1)을 참고하여 다음과 같이 나타낼 수 있다.

$$F_s = \frac{\tau_f}{\tau_d} \tag{2.2}$$

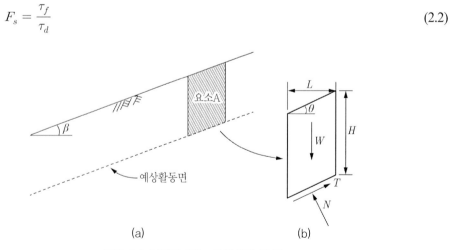

(a)   (b)

그림 2.1 침투가 없는 무한사면 해석

여기서 τ_d는 사면의 활동을 일으키려고 하는 힘이므로 활동면 상부에 있는 흙의 무게로 인하여 활동면에 작용하는 전단응력이 되며, τ_f는 이에 대하여 지반이 발휘할 수 있는 최대 저항력이므로 지반의 전단강도가 된다.

먼저 요소 A의 무게는

$$W = \gamma_t LH \tag{2.3}$$

이고 요소 A의 바닥면에 작용하는 수직력 N과 전단력 T는

$$N = W\cos\beta = \gamma_t LH\cos\beta \tag{2.4}$$

$$T = W\sin\beta = \gamma_t LH\sin\beta \tag{2.5}$$

이므로 단위폭을 갖는 무한사면의 요소 A에서 바닥면적이 $\dfrac{L}{\cos\beta}$이고, 바닥면에 작용하는 수직응력(유효응력)과 전단응력은 각각 다음과 같다.

$$\sigma' = \frac{N}{A} = \frac{\gamma_t LH\cos\beta}{\dfrac{L}{\cos\beta}} = \gamma_t H\cos^2\beta \tag{2.6}$$

$$\tau = \frac{T}{A} = \frac{\gamma_t LH\sin\beta}{\dfrac{L}{\cos\beta}} = \gamma_t H\cos\beta\sin\beta \tag{2.7}$$

따라서 활동면 상부의 흙의 무게로 인하여 활동면에 작용하는 전단응력(τ_d)은 식 (2.7)과 같고, 이에 저항하는 전단강도는

$$\tau_f = c' + \sigma'\tan\phi' = c' + \gamma_t H\cos^2\beta\tan\phi' \tag{2.8}$$

이므로 안전율은 식 (2.7)과 (2.8)을 식 (2.2)에 대입하여 다음 식과 같이 계산된다.

$$F_s = \frac{\tau_f}{\tau_d} = \frac{c' + \gamma_t H\cos^2\beta\tan\phi'}{\gamma_t H\cos\beta\sin\beta} = \frac{c'}{\gamma_t H\cos\beta\sin\beta} + \frac{\tan\phi'}{\tan\beta} \tag{2.9}$$

사질토 지반에서는 점착력이 0이므로 식 (2.9)는 다음 식과 같이 간단히 정리할 수 있다.

$$F_s = \frac{\tan \phi'}{\tan \beta} \tag{2.10}$$

2.2.2 침투가 있는 무한사면의 안정

그림 [2.2]와 같이 침투가 사면과 평행하게 발생하는 경우에도 사면의 안전율은 앞의 경우와 동일하게 계산할 수 있다. 먼저 요소 A의 무게가

$$W = \gamma_t LH_1 + \gamma_{sat} LH_2 \tag{2.11}$$

이므로 요소 A의 바닥면에 작용하는 수직력 N과 전단력 T는 각각 다음과 같다.

$$N = W \cos \beta = (\gamma_t LH_1 + \gamma_{sat} LH_2) \cos \beta \tag{2.12}$$
$$T = W \sin \beta = (\gamma_t LH_1 + \gamma_{sat} LH_2) \sin \beta \tag{2.13}$$

또한 지하수위가 H_2의 높이에 있으므로 요소 A의 바닥면에 작용하는 간극수압은

$$u = \frac{W_{water}}{A} = \frac{\gamma_w LH_2 \cos \beta}{\dfrac{L}{\cos \beta}} = \gamma_w H_2 \cos^2 \beta \tag{2.14}$$

과 같고 따라서 요소 A의 바닥면에 작용하는 전응력, 유효응력, 전단응력은 각각 다음 식과 같이 계산된다.

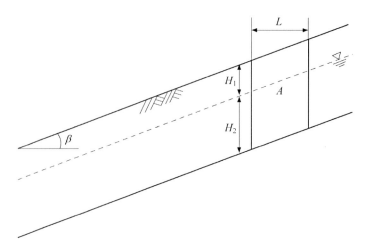

그림 2.2 사면과 평행한 침투가 있는 무한사면 해석

$$\sigma = \frac{N}{A} = \frac{(\gamma_t L H_1 + \gamma_{sat} L H_2)\cos\beta}{\dfrac{L}{\cos\beta}} = (\gamma_t H_1 + \gamma_{sat} H_2)\cos^2\beta \qquad (2.15)$$

$$\sigma' = \sigma - u = (\gamma_t H_1 + \gamma_{sub} H_2)\cos^2\beta$$

$$\tau = \frac{T}{A} = \frac{(\gamma_t L H_1 + \gamma_{sat} L H_2)\sin\beta}{\dfrac{L}{\cos\beta}} = (\gamma_t H_1 + \gamma_{sat} H_2)\cos\beta\sin\beta \qquad (2.16)$$

따라서 활동면에서의 전단강도는 다음 식으로 계산되며,

$$\tau_f = c' + \sigma'\tan\phi' = c' + (\gamma_t H_1 + \gamma_{sub} H_2)\cos^2\beta\tan\phi' \qquad (2.17)$$

안전율은 다음과 같다.

$$F_s = \frac{\tau_f}{\tau_d} = \frac{c' + (\gamma_t H_1 + \gamma_{sub} H_2)\cos^2\beta\tan\phi'}{(\gamma_t H_1 + \gamma_{sat} H_2)\cos\beta\sin\beta} \qquad (2.18)$$

앞 절과 동일하게 점착력이 없는 사질토 지반에서의 안전율은 다음과 같다.

$$F_s = \frac{(\gamma_t H_1 + \gamma_{sub} H_2)\tan\phi'}{(\gamma_t H_1 + \gamma_{sat} H_2)\tan\beta} \qquad (2.19)$$

만약 그림 [2.2]에서 지하수위가 지표면까지 상승한다면 활동면에서의 연직응력, 간극수압, 유효응력, 전단응력이 각각 다음과 같으므로,

$$\sigma = \gamma_{sat} H \cos^2\beta \qquad (2.20)$$

$$u = \gamma_w H \cos^2\beta \qquad (2.21)$$

$$\sigma' = \sigma - u = \gamma_{sub} H \cos^2\beta \qquad (2.22)$$

$$\tau = \gamma_{sat} H \cos\beta\sin\beta \qquad (2.23)$$

안전율은 다음과 같다.

$$F_s = \frac{\tau_f}{\tau_d} = \frac{c' + \gamma_{sub} H \cos^2 \beta \tan \phi'}{\gamma_{sat} H \cos \beta \sin \beta} \tag{2.24}$$

또한 점착력이 0인 사질토 지반인 경우에는 안전율을 다음 식과 같이 간단히 계산할 수 있다.

$$F_s = \frac{\gamma_{sub}}{\gamma_{sat}} \frac{\tan \phi'}{\tan \beta} \tag{2.25}$$

또한 그림 [2.3]처럼 사면 전체가 흐르지 않는 물속에 잠겨 있는 경우에는 앞의 안전율 계산에서 γ_{sat}이 γ_{sub}로 바뀌므로 안전율은 다음 식과 같다.

$$F_s = \frac{\tau_f}{\tau_d} = \frac{c' + \gamma_{sub} H \cos^2 \beta \tan \phi'}{\gamma_{sub} H \cos \beta \sin \beta} = \frac{c'}{\gamma_{sub} H \cos \beta \sin \beta} + \frac{\tan \phi'}{\tan \beta} \tag{2.26}$$

이때, 사질토 지반에서의 안전율은 식 (2.27)과 같다.

$$F_s = \frac{\tan \phi'}{\tan \beta} \tag{2.27}$$

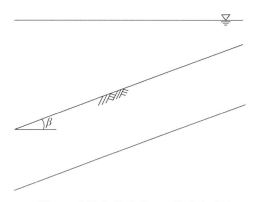

그림 2.3 수중에 존재하는 무한사면 해석

예제 2-1 어느 지역에 지표면경사가 30°인 자연사면이 있다. 지표면에서 6m에 암반층이 있고, 폭우가 쏟아져 지하수위면이 지표면 3m 깊이까지 올라온 상태에서 지표면과 평행하게 침투가 발생하고 있다. 이때 사면의 활동파괴에 대한 안전율을 구하라. 단, 지반조사 결과 지하수위 위의 흙은 c=2.5t/m^2, ϕ=35°, γ_t=1.8t/m^3이며, 지하수위 아래 흙은 c'=1.0t/m^2, ϕ'=30°, γ_{sat}=1.9t/m^3이다.

풀 이

$$F_s = \frac{c' + \{\gamma_t(1-m) + \gamma_b m\}d\cos^2 i \tan\phi'}{\{\gamma_t(1-m) + \gamma_{sat}m\}d\sin i \cos i}$$

$$= \frac{1.0 + \{1.8 \times (1-0.5) + 0.9 \times 0.5\} \times 6 \times \cos^2 30 \times \tan 30}{\{1.8 \times (1-0.5) + 1.9 \times 0.5\} \times 6 \times \sin 30 \times \cos 30}$$

$$= \frac{1.0 + 3.51}{4.81} = 0.94$$

예제 2-2 경사각이 12°인 과압밀 점토로 이루어진 무한사면이 있다. 활동파괴가 지표 아래 5m 지점에 지표면과 평행으로 발생할 때 활동파괴에 대한 안전율을 산정하시오. 단, 지하수위는 지표면 아래 3m에 위치하며, 점토의 습윤 및 포화단위중량은 각각 1.8t/m^3, 2.0t/m^3이고, 흙의 전단강도 정수는 각각 $c=1.0 \text{t/m}^2$, $\phi=25°$이다.

풀 이

$$\sigma = (\gamma_t z_1 + \gamma_{sat}z_2)\cos^2 i$$
$$= (1.8 \times 3 + 2.0 \times 2)\cos^2 12° = 8.99 \text{t/m}^2$$
$$\tau = (\gamma_t z_1 + \gamma_{sat}z_2)\cos i \cdot \sin i$$
$$= (1.8 \times 3 + 2.0 \times 2)\cos 12° \sin 12° = 1.91 \text{t/m}^2$$
$$u = \gamma_w z_2 \cos^2 i = 1 \times 2 \times \cos^2 12° = 1.91 \text{t/m}^2$$
$$S = c + (\sigma - u)\tan\phi = 1.0 + (8.99 - 1.91)\tan 25° = 4.30 \text{t/m}^2$$
$$\therefore F_s = \frac{S}{\tau} = \frac{4.30}{1.91} = 2.25$$

2.3 평면파괴면을 가진 유한사면 안정해석(Culmann의 방법)

2.3.1 $\phi = 0$인 지반의 평면활동

그림 [2.4](a)와 같이 점착력만 있는 경사각 α의 균질한 사면에서 수평면과 θ각도를 이루는 직선 AC를 따라 활동이 발생한다고 가정하자. 활동하는 흙무게를 W라고 하면 이 힘은 활동면에 작용하는 반력 N과 활동면 전길이에 걸쳐 작용하는 점착력에 의한 저항력 C_m에 의해 평형이 이루어지므로 그림 [2.4](b)와 같이 힘의 다각형을 그릴 수 있다.

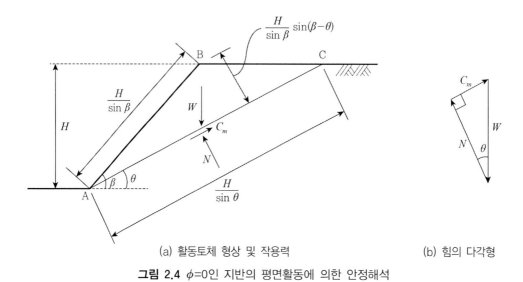

(a) 활동토체 형상 및 작용력   (b) 힘의 다각형

그림 2.4 $\phi=0$인 지반의 평면활동에 의한 안정해석

그림 [2.4](b)로부터

$$C_m = W\sin\theta = c_m \frac{H}{\sin\theta} \tag{2.28}$$

이며, 여기서 C_m은 흙쐐기의 평형유지를 위해 발휘되는 점착력을 의미한다. 그림 [2.4](a)로부터 흙쐐기의 중량 W를 구하면 다음과 같다.

$$W = \frac{1}{2}\gamma\left(\frac{H}{\sin\theta}\right)\left(\frac{H}{\sin\beta}\right)\sin(\beta-\theta) \tag{2.29}$$

따라서,

$$c_m\frac{H}{\sin^2\theta} = \frac{1}{2}\gamma\left(\frac{H^2}{\sin\theta\sin\beta}\right)\sin(\beta-\theta) \tag{2.30}$$

이것을 정리하면

$$\frac{c_m}{\gamma H} = \frac{\sin\theta\sin(\beta-\theta)}{2\sin\beta} = N_s \tag{2.31}$$

여기서, N_s를 안정수(Stability number)라고 한다. 가상 활동면(파괴면)이 수평면과 이루는 각도에 따라 발휘되는 점착력 C_m이 달라지는데 C_m이 변화함에 따라 안정수 N_s도 변화하게 된다. 주어진 사면의 실제 파괴 여부에는 상관없이 잠재적으로 가장 위험한 경우는 발휘되는

점착력이 최대가 될 때 즉, 안정수가 최대일 때이므로

$$\frac{\partial}{\partial \theta}\left(\frac{c_m}{\gamma H}\right) = \frac{\partial}{\partial \theta}\left[\sin\theta \sin(\beta - \theta)\right] = 0 \tag{2.32}$$

을 만족하는 경사각

$$\theta = \frac{\beta}{2} \tag{2.33}$$

가 가장 위험한 경우의 경사각이 된다. 위 식을 식 (2.28)에 대입하면

$$N_s = \frac{c_m}{\gamma H} = \frac{\sin\frac{\beta}{2}\sin\frac{\beta}{2}}{2\sin\beta} = \frac{1}{4}\tan\frac{\beta}{2} \tag{2.34}$$

이 된다. 발휘되는 점착력은 요구되는 점착력을 안전율로 나눈 값이므로 위 식을 다시 쓰면 다음과 같다.

$$N_s = \frac{c_m}{\gamma H} = \frac{c_u}{F_s \gamma H} = \frac{1}{4}\tan\frac{\beta}{2} \tag{2.35}$$

균질한 점토사면의 실제 파괴양상은 곡면파괴양상을 보이며 활동 파괴면을 평면으로 가정하는 경우 일반적으로 안전율을 실제보다 과대 평가하게 된다.

예제 2-3 높이 5m, 경사각 40°인 사면이 있다. 사면 흙은 $\gamma = 1.8\,t/m^3$, $c_u = 3.0\,t/m^2$, $\phi_u = 0$ 인 점성토이다. 평면활동이 일어난다고 가정하고 이 사면의 안전율을 구하라.

풀 이 $N_s = \frac{1}{4}\tan\frac{\beta}{2} = \frac{1}{4}\tan 20° = 0.091$

$F_s = \frac{c_u}{N_s \gamma H} = \frac{3.0}{0.091 \times 1.8 \times 5} = 3.66$

2.3.2 $\phi > 0$인 지반의 평면활동

앞서 분석한 경우와 동일한 토체에 대하여 마찰각과 점착력이 모두 존재한다고 하면, 그림 [2.5]에서 단위두께를 갖는 흙쐐기 ABC의 무게를 W라고 할 때

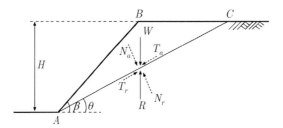

그림 2.5 $\phi > 0$인 지반의 평면활동에 의한 안정해석

$$W = \frac{1}{2}(H)(\overline{BC})(1)(\gamma_t) \tag{2.36}$$

$$= \frac{1}{2}H(H\cot\theta - H\cot\beta)\gamma_t$$

$$= \frac{1}{2}\gamma_t H^2 \left[\frac{\sin(\beta-\theta)}{\sin\beta\sin\theta}\right]$$

이므로 흙쐐기의 무게에 의하여 파괴면 AC에 연직 및 평행하게 작용하는 힘은

$$N_a = W\cos\theta \tag{2.37}$$

$$= \frac{1}{2}\gamma_t H^2 \left[\frac{\sin(\beta-\theta)}{\sin\beta\sin\theta}\right]\cos\theta$$

$$T_a = W\sin\theta \tag{2.38}$$

$$= \frac{1}{2}\gamma_t H^2 \left[\frac{\sin(\beta-\theta)}{\sin\beta\sin\theta}\right]\sin\theta$$

과 같고 이 식으로부터 연직응력과 전단응력을 계산하면 다음 식과 같다.

$$\sigma' = \frac{N_a}{\overline{AC}} = \frac{N_a}{\dfrac{H}{\sin\theta}} \tag{2.39}$$

$$= \frac{1}{2}\gamma_t H \left[\frac{\sin(\beta-\theta)}{\sin\beta\sin\theta}\right]\cos\theta\sin\theta$$

$$\tau = \frac{T_a}{\overline{AC}} = \frac{T_a}{\dfrac{H}{\sin\theta}} \tag{2.40}$$

$$= \frac{1}{2}\gamma_t H \left[\frac{\sin(\beta-\theta)}{\sin\beta\sin\theta}\right]\sin^2\theta$$

이와 같이 계산된 응력은 흙쐐기의 무게로 인하여 파괴면 AC에 작용하는 응력이다. 이 응력으로 인하여 발생하는 사면변위에 저항하여 발휘되는 전단응력은 흙의 전단강도로 다음 식과 같이 쓸 수 있다.

$$\tau = c + \sigma' \tan \phi \tag{2.41}$$

따라서 흙의 무게로 인한 응력과 이에 저항하는 응력이 평형을 이룬다고 하면, 위의 식 (2.41)에 식 (2.39)와 식 (2.40)을 대입하여 다음과 같이 계산할 수 있다.

$$\frac{1}{2}\gamma_t H \left[\frac{\sin(\beta-\theta)}{\sin\beta\sin\theta} \right] \sin^2\theta = c + \frac{1}{2}\gamma_t H \left[\frac{\sin(\beta-\theta)}{\sin\beta\sin\theta} \right] \cos\theta\sin\theta\tan\phi \tag{2.42}$$

이 식을 점착력 c에 대하여 정리하면

$$c = \frac{1}{2}\gamma_t H \left[\frac{\sin(\beta-\theta)(\sin\theta - \cos\theta\tan\phi)}{\sin\beta} \right] \tag{2.43}$$

와 같다. 이때 주어진 사면의 실제 파괴 여부에는 상관없이 잠재적으로 가장 위험한 경우는 발휘되는 점착력이 최대가 될 때이고, 식 (2.43)에서 γ_t, H, β가 상수이므로 $\frac{\partial c}{\partial \theta} = 0$을 만족하는 식은

$$\frac{\partial}{\partial \theta} \left[\sin(\beta-\theta)(\sin\theta - \cos\theta\tan\phi) \right] = 0 \tag{2.44}$$

과 같고 이 식을 만족하는 파괴면의 각도 θ_{cr}는

$$\theta_{cr} = \frac{\beta + \phi}{2} \tag{2.45}$$

이다. 따라서 최대 점착력은

$$c = \frac{\gamma_t H}{4} \left[\frac{1 - \cos(\beta-\phi)}{\sin\beta\cos\phi} \right] \tag{2.46}$$

이 식을 정리하면 구조물의 설치 없이 사면이 유지될 수 있는 최대 한계높이는 다음과 같다.

$$H_{cr} = \frac{4c}{\gamma_t}\left[\frac{\sin\beta\cos\phi}{1-\cos(\beta-\phi)}\right] \tag{2.47}$$

또한 사면의 안전율은

$$F_s = \frac{H_{cr}}{H} \tag{2.48}$$

와 같다. 앞 절과 마찬가지로 안정수(Stability number) N_s는

$$N_s = \frac{c}{\gamma_t H_{cr}} \tag{2.49}$$

이며 안정수의 역수($\frac{1}{N_s}$)를 안정계수라고도 한다.

예제 2-4 그림과 같이 경사각 $\beta = 40°$로 사면높이 8m가 되도록 단위중량 $\gamma = 17.6\,\mathrm{kN/m^3}$, $c = 25\,\mathrm{kPa}$, $\phi = 15°$인 지반을 굴착하려고 한다. 굴착 후 사면에 대한 안정수와 안전율을 산정하여라.

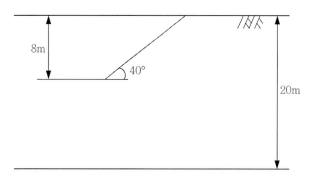

풀 이 공식을 이용하면

$$H_{cr} = \frac{4c}{\gamma_t}\left[\frac{\sin\beta\cos\phi}{1-\cos(\beta-\phi)}\right] = 37.65\,m$$

$$N_s = \frac{c}{\gamma_t H_{cr}} = 0.038$$

$$F_s = \frac{H_{cr}}{H} = \frac{37.65}{8} = 4.71$$

2.4 원호파괴면을 가진 유한사면 안정해석

2.4.1 일체법(Mass procedure)

2.4.1.1 $\phi = 0$인 지반의 원호활동(비배수 조건)

실제로 발생하는 파괴면은 평면이 아닌 곡면 형태이다. 따라서, 앞 절에서와 같이 파괴면을 평면으로 가정하여 사면의 안정해석을 실시한다면 계산은 간단하지만 실제보다 훨씬 안전측의 결과를 얻게 된다. 사면 흙이 균질할수록 파괴형상은 원호에 가까운데, 사면 경사각이 급하면 그림 [2.6](a)와 같이 사면선단파괴가 발생하고, 사면 경사각이 완만하면 그림 [2.6](b)와 같이 심층파괴(저부파괴)가 발생한다. 그림 [2.6]에서 보는 바와 같이 사면선단파괴가 발생하는 경우에는 원호활동과 평면활동의 차이가 크지 않으나, 심층파괴가 발생하는 경우에는 평면활동으로 가정하여 해석한 결과는 원호활동으로 가정하여 해석한 결과와 큰 차이를 보일 수 있다.

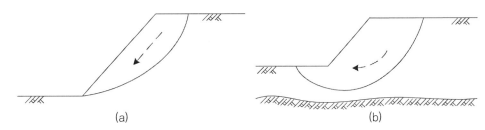

(a)   (b)

그림 2.6 원호활동의 종류 (a) 사면선단활동, (b) 심층활동

$\phi = 0$인 지반의 원호활동 해석법은 원호활동에 관한 안정해석방법 가운데 가장 간단한 방법이다. 이 방법의 개요가 그림 [2.7]에 나타나 있다. 그림 [2.7]에서 보는 바와 같이 이 방법에서 예상활동면은 O점을 중심으로 한 반경 R의 원호이다. 예상활동면 위의 흙이 강체로서 회전함으로써 파괴가 발생하려고 하며, 이때 활동면을 따라서 발생하는 비배수 강도 c_u가 활동에 대하여 저항한다. 안전율은 중심에 대한 모멘트를 취하여 구할 수 있다.

그림 [2.7]에서 활동을 일으키려는 모멘트와 저항모멘트는 각각 다음과 같다.

$$\text{활동모멘트} : M_D = W \cdot x \tag{2.50}$$

$$\text{저항모멘트} : M_R = T \cdot r \tag{2.51}$$

또한, 모멘트 평형으로부터 다음 식을 얻을 수 있다.

$$W \cdot x \ = \ T \cdot r \tag{2.52}$$

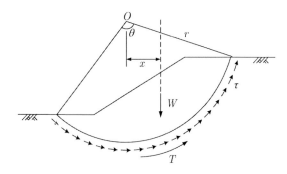

그림 2.7 $\phi = 0$인 지반의 원호활동 해석법(Fellenius, 1918)

한편, 흙의 전단강도는 $s = c_u$이며, 사면 파괴가 발생하기 전까지는 흙의 강도에 의한 최대 저항력 중 일부분만 발휘되면 활동모멘트에 저항하여 안정을 유지할 수 있으므로 다음과 같이 나타낼 수 있다.

$$T = \ \tau L = \ \frac{c_u}{F_s} L \tag{2.53}$$

식 (2.53)을 식 (2.52)에 대입하면

$$Wx = \ \frac{c_u L r}{F_s} \tag{2.54}$$

이고, 위 식으로부터 안전율을 구하는 식을 다음과 같이 얻을 수 있다.

$$F_s = \ \frac{c_u L r}{Wx} \tag{2.55}$$

이 방법은 $\phi = 0$ 해석법이므로 완공 직후 해석에 적합하다.

Taylor(1937)는 파괴 종류에 따른 안정수를 계산하여 표 [2.1]과 같이 제안하였다. 표 [2.1]에서 보는 바와 같이 사면 경사각 53°를 기준으로 53° 이하에서는 심층활동이 안정수가 더 크게 계산되고, 53° 이상에서는 사면선단활동이 안정수가 더 크게 계산된다. 안정수가 크면 사면의 안정성이 떨어지므로 이것은 53° 이하의 경사각에서는 심층활동이 발생하며, 53° 이상에서는 사면선단활동이 발생한다는 것을 의미한다. 한편, 표 [2.1]에서 원호활동의 종류별 안정수 차이는 평면활동에 비교할 때 크지 않아 파괴 메커니즘이 유사하면 안정수의 차이가 크지 않음을 알 수 있다.

표 2.1 $\phi=0$인 지반에 대한 평면활동과 원호활동의 안정수 비교

사면 경사각 $\alpha(°)$	평면활동 $c_m/\gamma H$	원호활동 $c_m/\gamma H$	
		사면선단활동	심층활동(저부활동)
15	0.033	0.145	0.181
30	0.067	0.156	0.181
45	0.104	0.170	0.181
53	0.125	0.181	0.181
60	0.145	0.191	0.187
75	0.192	0.222	0.220
90	0.250	0.267	0.261

예제 2-5 예제 2-3에서 원호활동파괴가 발생할 때 안전율을 구하라. 단, 예상 활동파괴원호의 반지름은 9.4m, 예상파괴토체의 단면적은 37.6m², 원호중심각은 85°, 원호중심에서 파괴토체 중심까지의 거리는 4.3m이다.

풀 이

$$F_s = \frac{M_R}{M_D}$$

$$M_D = W \cdot x = 37.6 \times 1.8 \times 4.3 = 291.02\,\text{t} \cdot \text{m/m}$$

$\phi=0$인 지반에서는 활동면상의 반력 F는 원의 중심을 통과하므로 저항 모멘트는 다음과 같다.

$$M_R = T \cdot r = c_u r^2 w = 3.0 \times 9.4^2 \times 85 \times \frac{\pi}{180°} = 393.05\,\text{t} \cdot \text{m/m}$$

$$\therefore F_S = \frac{M_R}{M_D} = \frac{393.05}{291.02} = 1.35$$

예제 2-6 그림과 같이 $\phi=0$인 사면에서 원호활동파괴가 발생할 때 안전율을 구하라. 흙의 점착력과 단위중량은 각각 $c=3.5\text{t/m}^2$ 및 $\gamma_t=1.75\text{t/m}^3$이고 토체의 단면적은 약 31.404m², 호 AD의 길이는 약 13.54m이다. 또한 지표아래 5m 지점에서 견고한 지층이 나온다고 가정하라.

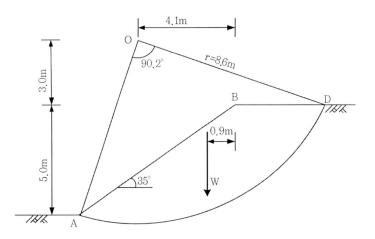

$$F_s = \frac{M_R}{M_D}$$

$$M_D = W \cdot x = 31.404 \times 1.75 \times (4.1 - 0.9) = 175.86 \, \text{t} \cdot \text{m/m}$$

$\phi = 0$인 지반에서는 활동면상의 반력 F는 원의 중심을 통과하므로 저항 모멘트는 다음과 같다.

$$M_R = T \cdot r = c_u \cdot L \cdot r = 3.5 \times 13.54 \times 8.6 = 407.554 \, \text{t} \cdot \text{m/m}$$

$$\therefore F_S = \frac{M_R}{M_D} = \frac{407.554}{175.86} = 2.32$$

2.4.1.2 마찰원 방법

앞의 두 경우에서는 흙이 점착력만 가졌는데, 흙이 점착력과 마찰성분을 모두 갖는 경우에는 안정해석이 조금 더 복잡해진다. 즉, $\phi = 0$인 지반에서는 활동면을 따르는 전단저항력을 계산하는 데 있어서 활동면에 작용하는 수직력이 아무런 관계가 없지만 마찰성분을 가지고 있으면 전단저항력이 수직력의 함수가 되기 때문이다. 흙이 점착력과 마찰성분을 모두 가질 때 안정해석방법으로 마찰원 방법을 사용할 수 있다. 마찰원 방법은 전응력 사면안정 해석방법으로 배수를 허용하지 않는 비배수 조건 해석이며, 균질한 지반을 그 대상으로 한다. Taylor(1948)에 의해 발전된 이 방법의 원리는 임의로 가정한 원호활동면상의 반력 작용선은 마찰원(또는 ϕ_u-원)이라고 불리우는 한 원에 접한다는 것이다.

그림 [2.8](a)와 같이 원의 중심 O와 반지름 r을 임의로 가정하여 가상파괴면 호 AB를 그렸다고 하자. 사면 흙의 강도 정수를 c, ϕ라고 하면 평형상태를 유지하기 위해 발휘되어야 할 전단강도는

$$\tau_m = \frac{s}{F_s} = \frac{\tau_{\max}}{F_s} = \frac{1}{F_s}(c + \sigma \tan \phi) = c_m + \sigma \tan \phi_m \tag{2.56}$$

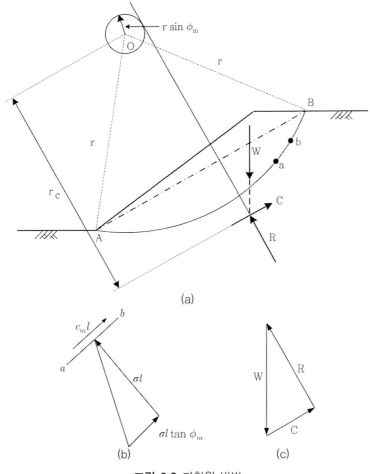

(a)

(b) (c)

그림 2.8 마찰원 방법

여기서, F_s : 전단강도에 대한 안전율

이고, 식 (2.56)에서

$$c_m = \frac{c}{F_c} \tag{2.57}$$

$$\tan\phi_m = \frac{\tan\phi}{F_\phi} \tag{2.58}$$

이며, 식 (2.56), (2.57), (2.58)에 사용된 안전율은 모두 같아야 한다. 즉,

$$F_s = F_c = F_\phi \tag{2.59}$$

이어야 한다. 그러나 연구결과에 의하면 흙이 전단변형을 받아 저항할 때 전단강도 중 마찰력보다 점착력이 더 빨리 발휘된다고 한다(Schmertmann & Osterberg, 1960). 따라서 일반적으로는 점착력에 대한 안전율이 마찰력에 대한 안전율보다 작다고 할 수 있다.

길이 l인 가상파괴면의 한 요소 ab에 작용한 힘은 그림 [2.8](b)에서 보는 것처럼 요소 ab에 법선 방향으로 작용하는 합력 σl, 전단저항력의 점착성분 $c_m l$, 전단저항력의 마찰성분 $\sigma l \tan \phi_m$ 등이다. 파괴면에 따르는 힘 $c_m l$을 현 AB에 수직한 성분과 평행한 성분으로 나누면 현에 수직한 성분의 합력은 0이 되고 현에 평행한 성분의 합력은 다음과 같다.

$$C = c_m L_c \tag{2.60}$$

여기서, L_c : 현 AB의 길이

합력 C의 작용위치는 원의 중심 O에서 모멘트를 취하여 구한다. 즉,

$$C r_c = r \sum c_m l \ \ 또는 \ c_m L_c r_c = r c_m L_a$$

여기서, L_a : 호 AB의 길이

따라서 작용위치 r_c는 다음과 같다.

$$r_c = r \frac{L_a}{L_c} \tag{2.61}$$

한편, 요소 ab에 작용하는 법선 방향의 힘(σl)과 가상파괴면에서의 전단저항력의 마찰성분($\sigma l \tan \phi_m$)의 합력은

$$R = \sqrt{(\sigma l)^2 + (\sigma l \tan \phi_m)^2} \tag{2.62}$$

이며, 법선에 대하여 ϕ_m의 각을 이루므로 반경 $r \sin \phi_m$인 원에 접하게 된다.

가상파괴면 안의 토체에 작용하는 힘의 다각형을 그리면 그림 [2.8](c)와 같다. 파괴토체의 무게 W는 크기와 방향을 알고, C는 방향을 알며, 또한 R은 ϕ_m만 정해지면 방향을 알 수 있으므로 적절한 축척으로 힘의 다각형을 그리면 C 및 R의 크기를 구할 수 있다. 마찰원 방법으로 안전율을 구하는 방법을 정리하면 다음과 같다.

① F_ϕ 값을 가정하고 $\phi_m = \tan^{-1} \dfrac{\tan \phi}{F_\phi}$ 을 이용해 ϕ_m 을 계산한다.

② 가정한 활동원의 중심에서 반경이 $r \sin \phi_m$ 인 원을 그린다.

③ 활동원 내의 흙의 무게와 방향을 결정한다.

④ C의 작용위치를 식 (2.61)을 사용하여 결정한다.

⑤ W와 C의 교점에서 마찰원에 접하는 선을 그려 R의 방향을 결정한다.

⑥ 적절한 축척으로 C, R, W의 힘의 다각형을 그린 후 C를 구한다.

⑦ $F_c = \dfrac{c}{c_m} = \dfrac{c \cdot L_c}{C}$ 에 의해 F_c를 계산한다.

⑧ $F_c \neq F_\phi$이면 F_ϕ를 다시 가정하여 ①~⑦까지의 과정을 3회 이상 반복하여 $F_c = F_\phi$인 안전율을 구한다.

⑨ 활동원호(파괴면)를 다시 가정하여 ①~⑧의 과정을 수십 번 되풀이하여 최소의 안전율이 얻어지는 활동원호를 결정한다.

Taylor(1948)는 마찰원 방법을 근거로 해서 균질한 단순 흙사면에 대해 전응력해석법으로 안전율을 구하는 안정수(N_s)를 제안했다. 안정수를 구하는 식은 다음과 같다.

$$N_s = \frac{c_u}{F_s \, \gamma \, H} \tag{2.63}$$

여기서, N_s : 안정수(stability number)
$\quad\quad\quad \gamma$: 흙의 단위중량
$\quad\quad\quad F_s$: 안전율
$\quad\quad\quad H$: 사면의 높이

또한 2.3.2절에서 정의한 안전율과 사면의 한계높이의 관계가 $F_s = \dfrac{H_{cr}}{H}$ 과 같으므로 이를 적용하면 위의 안정수는 앞에서 정의했던 것과 동일하게

$$N_s = \frac{c_u}{\gamma H_{cr}} \tag{2.64}$$

와 같은 형태로 다시 쓸 수 있다.

N_s는 사면의 경사(β)와 비배수 전단저항각(ϕ)의 함수이며, $\phi_u = 0$인 경우에는 흙의 깊이 계수(D)에도 의존한다. 그림 [2.9]에 Taylor의 안정수를 구하는 도표가 주어져 있다.

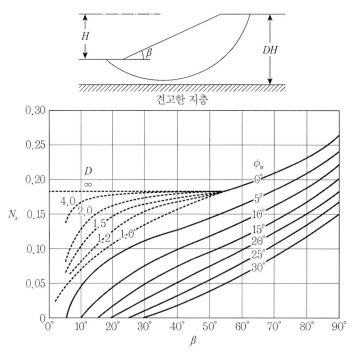

그림 2.9 Taylor의 안정수

예제 2-7 예제 2-6을 Taylor의 안정수($N_s = \dfrac{c_u}{F_S \gamma H}$)를 이용하여 구하라.

풀 이 그림 2.9에서 $\beta = 35°$, $D = 2$, $\phi_u = 0$을 적용하면 $N_s = 0.175$이다.
그러면 안전율은

$$F_s = \frac{c_u}{N_s \gamma H} = \frac{3.5}{0.175 \times 1.75 \times 5} = 2.29$$

예제 2-8 다음 사면에 대하여 마찰원 방법을 이용하여 안전율을 구하라. 이 사면의 강도정수와 단위중량은 각각 $c = 2.0\text{m}^2$, $\phi = 15°$와 $\gamma_t = 1.9\text{t/m}^3$이며, 호 AB의 길이는 17.157m, 현 AB의 길이는 15.63m, 그리고 토체의 단면적은 약 44.806m^{2}이다.

$$c = 6.8\text{t/m}^2 \quad \gamma = 1.9\text{t/m}^3 \quad \phi_u = 0°$$

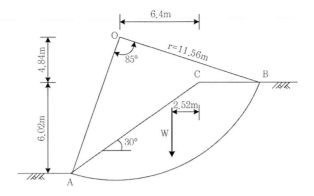

단계 1. $F_\phi = 1.3$으로 가정한다.

$$\phi_m = \tan^{-1}\frac{\tan 15°}{1.3} = 11.64°$$

단계 2. 가상활동원의 중심에 반지름 $r\sin\phi_m$이 되는 원을 그린다.

$$r\sin\phi_m = 11.56 \times \sin 11.64° = 2.33\text{m}$$

단계 3. 점착력에 의한 저항력 C가 작용하는 직선을 구한다. 호 AB를 따르는 각 요소에 작용하는 점착성분은 현 AB에 평행한 성분과 수직한 성분으로 나눌 수 있는데, 현에 수직한 성분의 합력은 0이 되므로 평행한 성분만 고려한다.

$$L_a = 17.157\text{m}, \quad L_c = 15.629\text{m}$$

$$W = \gamma A = 1.9 \times 44.806 = 85.13\text{t/m}$$

$$r_c = \frac{L_a}{L_c} \times r = \frac{17.157}{15.629} \times 11.56 = 12.69\text{m}$$

단계 4. W와 C의 교점에서 마찰원과 접하는 직선을 그어 활동원 반력 R을 구한다. 힘의 다각형에서 C값을 구하면 $C = 11.56\text{t/m}$이다.

단계 5. $F_s = \dfrac{cL_c}{C} = \dfrac{2 \times 15.629}{11.56} = 2.7$

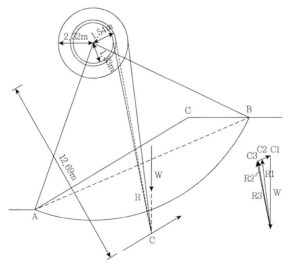

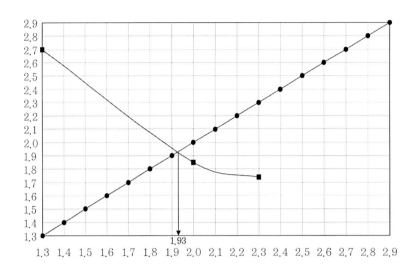

$F = F_\phi = F_c$를 만족해야 한다. 만약 $F_\phi = F_c$가 아니면 위 단계 1~5를 3회 이상 반복해야 하는데 위 과정에서 $F_\phi = F_c$의 관계를 만족하지 않으므로 F_ϕ를 다시 가정한다. $F_\phi = 2.0$, $F_\phi = 2.3$으로 가정하여 계산한 결과는 다음 표와 같다.

F_ϕ	ϕ_m	$r\sin\phi_m$	C	$F_c = cL_c/C$
1.3	11.64	2.33	11.56	2.70
2.0	7.63	1.53	16.86	1.85
2.3	6.64	1.34	17.96	1.74

계산된 F_c와 F_ϕ의 값을 연결한 곡선과 $F_c = F_\phi$인 직선이 만나는 교점이 구하고자 하는 안전율이 된다. $F_s = 1.93$이다.

2.4.2 절편법

마찰원 방법은 사면이 여러 종류 흙으로 구성되어 있거나 침투가 있는 경우에는 적용하기가 어렵다. 비균질 사면의 안정해석을 위해 여러 가지 방법들이 개발되어 왔는데 이 중 절편법이 유한사면의 안정해석 방법으로 가장 널리 이용되고 있다. 절편법은 그림 [2.10]에 나타낸 바와 같이 예상파괴면을 중심 O, 반경 r인 원호라고 가정하고, 파괴면 내 흙덩이를 여러개의 연직절편으로 나누어 각각의 절편에 대해 힘의 평형을 고려하는 방법이다. 각 절편의 바닥은 직선으로 가정하며, 하나의 절편에 작용하는 힘들은 다음과 같다(그림 [2.10](b)).

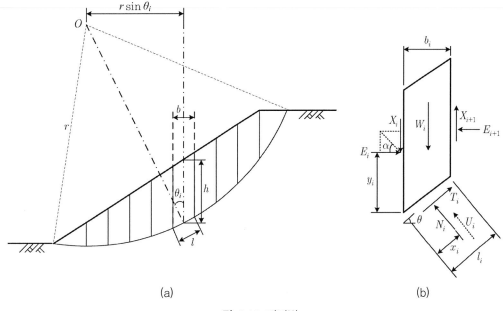

(a)
(b)

그림 2.10 절편법

- 절편의 무게 $W_i = \gamma\, b_i\, h_i$

- 절편 바닥면에 작용하는 전수직력 N_i

  전수직력 N_i은 유효수직력 $N_i{}'\,(\,=\sigma{}'\,l\,)$과 바닥면에 작용하는 전 간극수압 $U_i(=u_i\,l_i\,)$

  로 나눌 수 있다.

- 절편 바닥면에 작용하는 전단력 $T_i = \tau_{m,i}\,l_i$

- 절편 측면에 작용하는 수직력 E_i 및 E_{i+1}

- 절편 측면에 작용하는 전단력 X_i 및 X_{i+1}

n개의 절편으로 나뉜 파괴토체 전체에 대한 미지수는 다음과 같이 총 5n-2개이며, 이용할 수 있는 평형방정식의 수는 3n개이다.

- 미지수 : 총 (5n-2)개

  n 개의 N_i
  1 개의 F_s
  (n$-$1)개의 E_i } 힘의 평형에 관계되는 미지수
  (n$-$1)개의 X_i

$$\left.\begin{array}{l} \text{n개의 } x_i \\ (\text{n}-1)\text{개의 } y_i \end{array}\right\} \text{모멘트 평형에 관계되는 미지수}$$

- 이용할 수 있는 방정식 : 3n ($\sum F_h = 0$, $\sum F_v = 0$, $\sum M_o = 0$)

따라서, 이용할 수 있는 평형방정식의 수보다 미지수가 더 많으므로 정역학적으로는 풀 수가 없다. 절편법에 의해 사면안정 해석을 하기 위해서는 (2n-2)개의 가정이 필요하며, 절편을 아주 잘게 나누어 x_i의 값(합력 N_i의 작용위치)을 아는 값으로 하는 경우에도 (n-2)개의 가정이 필요하다. 일반적으로 절편측면에 작용하는 힘들에 대해 가정하는데, 절편법으로 구하는 사면안정 해석의 신뢰성은 세워진 가정의 합리성에 좌우되며, 세워진 가정에 따라 해석 결과인 안전율에 차이가 있다. 현재 널리 사용되고 있는 절편법의 종류는 표 [2.2]와 같다. 모든 절편법의 공통 사항을 정리하면 다음과 같다.

활동원의 중심에서 모멘트 평형을 고려하면 다음과 같이 나타낼 수 있다.

$$\sum M_o = 0 :$$
$$\sum W_i \, r \sin \theta_i = \sum T_i \, r \tag{2.65}$$

식 (2.65)에서 좌변은 활동 토체의 자중에 의한 활동모멘트(M_D)이며, 우변은 활동면상의 전단강도에 의한 저항 모멘트(M_R)이다. M_D와 M_R은 각각 다음과 같이 다시 쓸 수가 있다.

$$M_D = \sum W_i \, r \sin \theta_i = r \sum W_i \sin \theta_i \tag{2.66}$$
$$\begin{aligned} M_R &= \sum T_i \, r = r \sum T_i \\ &= r \sum \left(\tau_m \, l \right)_i = r \sum \frac{\left(\tau_f \right)_i}{F_s} \, l_i \\ &= \frac{r}{F_s} \left(c' \, L_a + \tan \phi' \sum \sigma_i' \, l_i \right) \\ &= \frac{r}{F_s} \left(c' \, L_a + \tan \phi' \sum N_i' \right) \end{aligned} \tag{2.67}$$

표 2.2 절편법의 종류 및 사용된 가정

종류	가정
Fellenius 방법 (일반적인 방법)	절편측면에 작용하는 힘들을 무시
Bishop 간편법	절편측면에 작용력의 합력은 수평 방향으로 작용 즉, 절편측면에 작용하는 전단력을 무시
Janbu 간편법	절편측면에 작용력의 합력은 수평 방향으로 작용 절편측면에 작용하는 전단력을 고려하기 위해 경험적인 보정계수를 사용
Spencer 방법	절편측면 작용력의 합력은 파괴토체 전체를 통해 일정한 방향으로 작용
Morgenstern-Price 방법	절편측면 작용력의 합력은 임의의 함수에 의해 결정되는 방향으로 작용
미공병단 방법(Corps of Engineers Method)	절편측면 작용력의 합력은 i) 활동면 전체의 평균 기울기 또는 ii) 지표면 경사각과 평행한 방향으로 작용
Lowe-Karafiath 방법	절편측면 작용력의 합력은 지표면 경사각의 평균 또는 각 절편 바닥과 같은 방향으로 작용

위 식에서 L_a는 파괴원호 전체의 길이이다. 식 (2.66)과 식 (2.67)로부터 안전율은 다음과 같이 표현된다.

$$F_s = \frac{c' L_a + \tan \phi' \sum N_i'}{\sum W_i \sin \theta_i} \tag{2.68}$$

식 (2.68)에서 N_i'값이 정역학적 조건을 만족시키면 정확한 안전율을 얻을 수 있다. 그러나 앞에서 설명한 바와 같이 가정 없이는 정역학적 조건을 만족시킬 수 없으며, 절편법은 모두 근사해법이라고 할 수 있다.

2.4.2.1 Fellenius 방법

이 방법에서는 절편 측면에 작용하는 수직력과 전단력은 무시한다. 즉,

$$X_i = X_{i+1} \ \& \ E_i = E_{i+1} \tag{2.69}$$

그러면, 절편바닥에 작용하는 유효수직응력 N'_i은 절편바닥에 수직한 방향에서 힘의 평형을 고려하여 다음과 같이 나타낼 수 있다.

$$N_i' = W_i \cos \theta_i - U_i = W_i \cos \theta_i u_i l_i \tag{2.70}$$

식 (2.70)을 식 (2.68)에 대입하면

$$F_s = \frac{c' L_a + \tan \phi' \sum \left(W_i \cos \theta_i - u_i l_i \right)}{\sum W_i \sin \theta_i} \tag{2.71}$$

을 얻는다. 일반적으로 Fellenius 방법으로 산정된 안전율은 정해에 비해 10~15% 정도 작게 계산되지만 사용이 간편하고 오차가 안전측이어서 그동안 널리 이용되어 왔다.

2.4.2.2 Bishop의 간편법

이 방법에서는 절편 측면에 작용하는 전단력을 무시한다. 즉,

$$X_i = X_{i+1} \tag{2.72}$$

연직 방향에서 힘의 평형을 고려하면

$$W_i = N_i' \cos\theta_i + u_i l_i \cos \theta_i + T_i \sin \theta_i \tag{2.73}$$

가 성립하고 절편바닥에 작용하는 전단력은

$$T_i = \frac{1}{F_s} \left(c' l_i + \tan \phi' N_i' \right) \tag{2.74}$$

이므로 식 (2.74)를 식 (2.73)에 대입하면

$$W_i = N_i' \cos\theta_i + u_i l_i \cos\theta_i + \frac{c' l_i}{F_s} \sin\theta_i + \frac{N_i'}{F_s} \tan \phi' \sin\theta_i \tag{2.75}$$

이 된다. 식 (2.75)를 N_i'에 대하여 정리하면

$$N_i' = \frac{W_i - \dfrac{c' l_i}{F_s} \sin \theta_i - u_i l_i \cos \theta_i}{\cos \theta_i + \dfrac{\tan \phi' \sin \theta_i}{F_s}} \tag{2.76}$$

이 된다. 위 식을 식 (2.68)에 대입하고 정리하면 안전율은 다음과 같이 얻어진다.

$$F_s = \frac{\sum \left[\dfrac{c' b_i + (W_i - u_i l_i) \tan \phi'}{M_i (\theta)} \right]}{\sum W_i \sin \theta_i} \qquad (2.77)$$

여기서, $M_i (\theta) = \cos \theta_i + \dfrac{\tan \phi' \sin \theta_i}{F_s}$ $\qquad (2.78)$

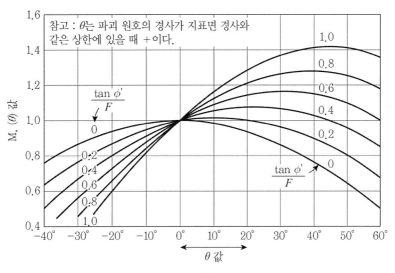

그림 2.11 $M_i (\theta)$ 산정도표

$M_i (\theta)$값은 수식을 사용하거나 그림 [2.11]에서 구할 수 있다. Bishop의 간편법은 Fellenius 방법보다 훨씬 복잡할 뿐만 아니라 안전율 F_s가 식의 양변에 있기 때문에 시행착오법(trial and error method)으로 계산해야 한다. 그러나 이 방법으로 결정한 안전율은 비교적 정해에 가까운 값을 주는 것으로 알려져 현재까지 많이 사용되고 있다.

2.4.2.3 그 밖의 절편법

Bishop 간편법에서는 절편 측면에 작용하는 전단력을 무시하였으나, 그림 [2.10](b)와 같이 절편 측면에는 수직력과 전단력이 모두 작용한다. 이런 경우 연직 방향에서 힘의 평형조건으로부터 얻어진 식 (2.73), 식 (2.75) 그리고 식 (2.76)은 다음과 같이 수정되어야 한다.

$$\sum F_V = 0 ;$$
$$W_i = (X_i - X_{i+1}) + N_i' \cos\theta_i + u_i l_i \cos \theta_i + T_i \sin \theta_i \qquad (2.79)$$

$$W_i = (X_i - X_{i+1}) + N_i' \cos\theta_i + u_i l_i \cos\theta_i + \frac{c' l_i}{F_s} \sin\theta_i + \frac{N_i'}{F_s} \tan\phi' \sin\theta_i$$

$$\text{(2.80)}$$

$$N_i' = \frac{W_i - (X_i - X_{i+1}) - \dfrac{c' l_i}{F_s} \sin\theta_i - u_i l_i \cos\theta_i}{\cos\theta_i + \dfrac{\tan\phi' \sin\theta_i}{F_s}}$$

$$\text{(2.81)}$$

식 (2.81)에서 분모는 Bishop 간편법과 마찬가지로 $M_i(\theta)$이며, 그림 [2.11]에서 구할 수 있다. 식 (2.81)에서 우변에는 절편 측면에 작용하는 전단력 X_i와 X_{i+1}이 포함되어 있으므로 N_i'을 구하기 위해서는 X_i와 X_{i+1}에 대한 가정을 도입하여 문제를 정정화시켜야 한다. 가정을 어떻게 세우는가에 따라 N_i'값은 달라지게 되며, 절편간 작용력에 대한 가정의 차이와 안전율 산정과정에서 모멘트 평형만을 고려하는가, 힘의 평형만을 고려하는가, 또는 2가지 평형조건을 모두 고려하는가에 따라 절편법은 여러 가지 해석방법이 존재할 수 있다.

표 [2.3]은 각 절편법에서 사용하고 있는 평형방정식을 정리한 것으로 Fellenius 방법 및 Bishop 간편법은 모멘트 평형법, 미공병단 방법, Janbu 간편법, Lowe-Karafiath 방법 등은 힘 평형법, 그리고 일반한계평형법, Morgenstern-Price 방법, Spencer 방법 등은 힘 평형법 및 모멘트 평형법을 모두 사용하는 방법으로 구분할 수 있다.

표 2.3 각 절편법의 안전율 산정방법 비교

절편법 종류	힘의 평형		모멘트 평형
	연직 방향	수평 방향	
Fellenius 방법	×	×	○
Bishop 간편법	○	×	○
Janbu 간편법	○	○	×
Spencer 방법	○	○	○
Morgenstern-Price 방법	○	○	○
일반한계평형법(GLE 방법)	○	○	○
미공병단 방법	○	○	×
Lowe-Karafiath 방법	○	○	×

Fellenius 방법 및 Bishop 간편법은 앞에서 이미 설명하였으므로 여기서는 미공병단 방법 (Corps of Engineers Method)과 Morgenstern-Price 방법에 대해서 설명하기로 한다. 미공병단 방법은 절편 측면에 작용하는 힘들의 합력이 일정한 기울기를 갖는다고 가정한다. 즉, 절편 측면 작용력의 합력은 i) 활동면 전체의 평균 기울기 또는 ii) 지표면 경사각과 평행한 방향으로 작용한다고 가정하고 수평 방향 및 연직 방향 힘들의 합력이 0이라는 조건으로부터 안전율을 구한다. 해석결과에 의하면 절편 측면에 작용하는 힘들의 경사각이 작을수록 안전율은 작아진다고 하며, 이것은 Bishop 간편법이 안전측임을 의미한다.

Morgenstern-Price 방법은 임의 형태의 활동면에 대한 한계평형법 중 가장 일반적인 해석법으로 각 절편에 대해 연직 및 수평 방향의 평형뿐만 아니라 모멘트 평형도 고려한다. 이 방법에서는 절편 측면에 작용하는 수직력과 전단력 사이에 다음과 같은 관계가 있다고 가정한다.

$$\frac{X}{E} = \lambda f(x) \tag{2.82}$$

여기서, λ : 축척계수(scaling factor)

$f(x)$: 특정 임의 함수

식 (2.82)의 측면력의 함수 $f(x)$에는 일정한 값, sine 함수, 사다리꼴 형태, 불규칙적 지정값 등이 사용될 수 있으며, 지배방정식을 만족하는 λ의 유일한 값을 찾기 위해 반복계산이 사용된다. 즉, $f(x)$ 함수를 가정하고 λ값을 변화시켜 가면서 힘의 평형으로부터 힘의 평형에 의한 안전율 F_f 와 모멘트 평형으로부터 모멘트 평형에 의한 안전율 F_m 을 각각 계산하여 그림 [2.12]와 같이 정리하고 $F_f = F_m$ 인 안전율을 찾으면 된다.

그림 [2.12]에서 보는 바와 같이 모멘트 평형 조건에서 얻어지는 안전율 F_m 은 절편 측면력에 관한 가정에 둔감하나 힘의 평형에서 얻어지는 안전율 F_f 는 λ값에 매우 민감하다. 이것은 힘의 평형만을 고려하는 사면안정 해석방법이 모멘트 평형만을 고려하는 방법보다 부정확한 결과를 줄 수 있음을 의미한다.

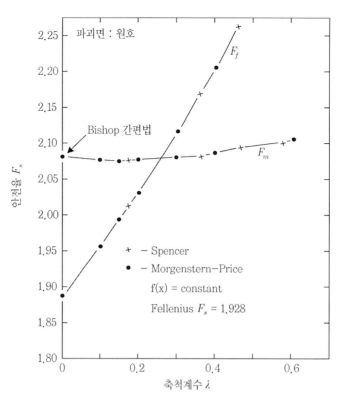

그림 2.12 Morgenstern–Price 방법에 의한 안전율 계산(Fredlund and Krahn, 1972)

예제 2-9 그림과 같이 반경 14.54m의 원호활동을 가정한 후 절편을 나누어 사면안정해석을 실시하려고 한다. 사면의 경사각은 35°이며, 사면 흙의 강도정수와 단위중량은 각각 $c =$ 2.5t/m², $\phi = 35$°, $\gamma = 1.8$t/m²일 때 사면의 안전율을 Fellenius 방법을 사용하여 구하여라. 절편바닥의 경사각과 절편의 무게는 표와 같고 지표면까지 모두 포화되어 있다고 가정하여라.

절편	1	2	3	4	5	6	7	8	9	10
바닥경사각(°)	−17	−9	−1	7	15	23	32	42	54	70
무게(t/m)	4.07	10.33	16.09	20.74	24.37	26.89	28.12	27.68	24.66	10.55

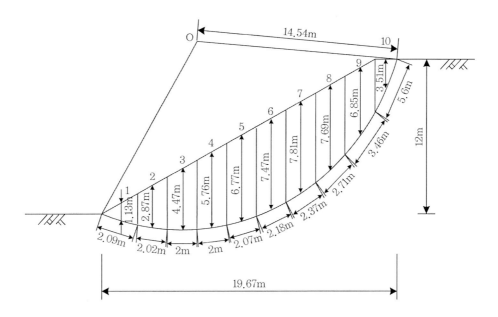

절편	W	θ_i	$\sin\theta_i$	$W\sin\theta_i$	$\cos\theta_i$	$W\cos\theta_i$	l_i	u_i	$u_i l_i$
1	4.07	−17	−0.29	−1.18	0.96	3.91	2.09	1.13	2.36
2	10.33	−9	−0.16	−1.65	0.99	10.23	2.02	2.87	5.80
3	16.09	−1	−0.02	−0.32	1.0	16.09	2.0	4.47	8.94
4	20.74	7	0.12	2.49	0.99	20.53	2.02	5.76	11.64
5	24.37	15	0.26	6.34	0.97	23.64	2.07	6.77	14.01
6	26.89	23	0.39	10.49	0.92	24.74	2.18	7.47	16.28
7	28.12	32	0.53	14.90	0.85	23.90	2.37	7.81	18.51
8	27.68	42	0.67	18.55	0.74	20.49	2.71	7.69	20.84
9	24.66	54	0.81	19.97	0.59	14.55	3.46	6.85	23.70
10	10.55	70	0.94	9.92	0.34	3.59	5.6	3.51	19.66
Σ				79.50		161.66	26.52		141.74

$$F_s = \frac{c' L_a + \tan\phi' \sum (W_i\cos\theta_i - u_i l_i)}{\sum W_i\sin\theta_i}$$

$$= \frac{2.5 \times 26.52 + \tan 35° \times (161.66 - 141.74)}{79.50} = 1.01$$

예제 2-10 그림과 같은 비탈의 활동면에 대한 안전율을 Fellenius 방법으로 구하여라. 각 절편에 작용하는 간극수압은 각 절편마다 표시되어 있고 이 흙의 전체 단위중량은 1.77t/m³, c'=1.2t/m², ϕ'=30°이다.

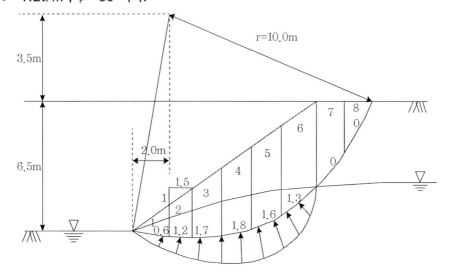

절편	절편바닥길이 l_i(m)	면적 A(m²)	α(°)	간극수압 u(t/m²)
1	1.62	2.10	−5	0.6
2	1.74	5.52	−1	1.2
3	1.61	8.33	2	1.7
4	1.63	9.01	16	1.8
5	1.70	10.82	21	1.6
6	1.92	12.00	38	1.3
7	1.95	8.86	46	0
8	2.05	3.36	62	0

절편	l_i(m)	A(m²)	W_i(t/m)	α(°)	u (t/m²)	$\sin\alpha$	$W_i\sin\alpha$	$\cos\alpha$	$W_i\cos\alpha$	U(t/m)
1	1.62	2.10	4.62	−5	0.6	−0.087	−0.402	0.996	4.602	0.97
2	1.74	5.52	12.14	−1	1.2	−0.017	−0.206	1.0	12.14	2.09
3	1.61	8.33	18.33	2	1.7	0.035	0.642	0.999	18.312	2.74
4	1.63	9.01	19.82	16	1.8	0.276	5.470	0.961	19.047	2.93
5	1.70	10.82	23.80	21	1.6	0.358	8.520	0.934	22.229	2.72
6	1.92	12.00	26.40	38	1.3	0.616	16.262	0.788	20.803	2.50
7	1.95	8.86	19.49	46	0	0.719	14.013	0.695	13.546	0
8	2.05	3.36	7.39	62	0	0.883	6.525	0.469	3.466	0
Σ	14.22						50.824		114.145	13.95

Fellenius 방법에 의한 안전율은 다음의 식으로 구할 수 있다.

$$F_s = \frac{\sum c'l + \tan\phi' \sum (W\cos\alpha - ul)}{\sum W\sin\alpha}$$

$$= \frac{1.2 \times 14.22 + \tan 30° \times (114.145 - 13.95)}{50.824}$$

$$= 1.47$$

∴ 이 사면의 안전율 $F_s = 1.47$이다.

예제 2-11 그림과 같은 사면의 활동에 대한 안전율을 Bishop의 간편법을 이용하여 구하라. 이 사면 흙의 강도정수는 $c = 2.0$t/m², $\phi = 30°$이고, 흙의 단위중량은 $\gamma_t = 1.80$t/m³이 다. 단, 원호 활동의 중심은 O점이고, 사면의 경사는 30°이다.

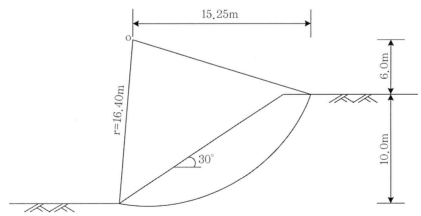

풀 이 사면의 안정성 검토를 위한 절편을 아래 그림과 같이 나누었다.

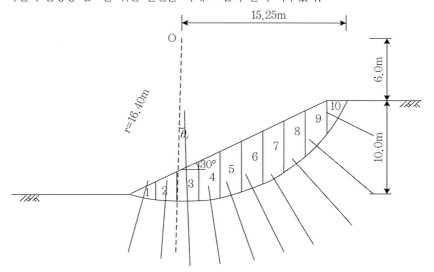

Bishop의 간편법에 의한 계산 과정은 다음과 같다.

1) $W_i = \gamma_t \cdot A_i$

2) $M_i(\theta) = \cos\theta_i + \dfrac{\tan\phi' \cdot \sin\theta_i}{F_S}$

3) 여기서, $M_i(\theta)$ 산정 시 $F_S = 1.80$으로 가정하였으며, 안전율을 계산하기 위한 중간 계산 결과는 다음 표와 같다.

① 절편	② $\theta_i(°)$	③ A_i	④ W_i	⑤ $W_i\sin\theta_i$	⑥ Δb_i	⑦ $c'b_i$	⑧ $u_i b_i$	⑨ W_i−⑧	⑩ ⑨×$\tan\phi'$	⑪ ⑦+⑩	⑫ M_i	⑬ ⑪÷⑫
1	-9.9	0.88	1.584	-0.272	1.6	3.2	0	1.584	0.915	4.115	0.929	4.429
2	-3.6	3.50	6.300	-0.396	2.0	4.0	0	6.300	3.637	7.637	0.978	7.809
3	3.5	5.80	10.44	0.637	2.0	4.0	0	10.44	6.028	10.028	1.018	9.851
4	0.5	7.55	13.59	2.477	2.0	4.0	0	13.59	7.846	11.846	1.042	11.369
5	17.7	8.80	15.84	4.816	2.0	4.0	0	15.84	9.145	13.145	1.050	12.519
6	25.4	9.55	17.19	7.373	2.0	4.0	0	17.19	9.925	13.925	1.041	13.377
7	33.5	9.60	17.28	5.537	2.0	4.0	0	17.28	9.977	13.977	1.011	13.825
8	42.0	8.70	15.66	10.479	2.0	4.0	0	15.66	9.041	13.041	0.958	13.613
9	52.4	6.50	11.70	9.270	2.0	4.0	0	11.70	6.755	10.755	0.864	12.448
10	63.9	1.90	3.420	3.071	1.52	3.04	0	3.42	1.975	5.015	0.728	6.889
Σ				46.992								106.129

4) Bishop 방법에 의한 안전율 산정

$$F_s = \dfrac{\Sigma \dfrac{[c' \cdot b_i + (W_i - u_i \cdot l_i)\tan\phi']}{M_i(\theta)}}{\Sigma W_i \cdot \sin\theta_i}$$

$$= \frac{106.129}{46.992}$$

$$\fallingdotseq 2.258$$

여기서 가정한 F_S와 계산된 F_S가 같지 않으므로 F_S를 다시 가정하여 안전율을 계산한다.

5) $F_S = 2.0$으로 가정하여 안전율 다시 산정

① 절편	② θ_i (°)	③ A_i	③ $W_i \sin\theta_i$	④ $c' \cdot b_i + (W_i - u_i \cdot l_i) \cdot \tan\phi'$	⑤ M_i	⑥ ④÷⑤
1	-9.9	0.88	-0.272	4.115	0.935	4.401
2	-3.6	3.50	-0.396	7.637	0.980	7.793
3	3.5	5.80	0.637	10.028	1.016	9.870
4	10.5	7.55	2.477	11.846	1.036	11.434
5	17.7	8.80	4.816	13.145	1.040	12.639
6	25.4	9.55	7.373	13.925	1.027	13.559
7	33.5	9.60	5.537	13.977	0.993	14.076
8	42.0	8.70	10.479	13.041	0.936	13.933
9	52.4	6.50	9.270	10.755	0.839	12.819
10	63.9	1.90	3.071	5.015	0.699	7.175
Σ			46.992			107.699

안전율은 $F_S = \dfrac{107.699}{46.992} \fallingdotseq 2.292$이므로 가정한 F_S와 계산된 F_S가 같지 않으므로 F_S를 다시 가정하여 안전율을 계산한다.

6) $F_S = 2.30$으로 가정하여 안전율 재산정

① 절편	② θ_i (°)	③ A_i	③ $W_i \sin\theta_i$	④ $c' \cdot b_i + (W_i - u_i \cdot l_i) \cdot \tan\phi'$	⑤ M_i	⑥ ④÷⑤
1	-9.9	0.88	-0.272	4.115	0.942	4.368
2	-3.6	3.50	-0.396	7.637	0.982	7.777
3	3.5	5.80	0.637	10.028	1.013	9.899
4	10.5	7.55	2.477	11.846	1.029	11.512
5	17.7	8.80	4.816	13.145	1.029	12.775
6	25.4	9.55	7.373	13.925	1.011	13.773
7	33.5	9.60	5.537	13.977	0.972	14.380
8	42.0	8.70	10.479	13.041	0.911	14.315
9	52.4	6.50	9.270	10.755	0.809	13.294
10	63.9	1.90	3.071	5.015	0.665	7.541
Σ			46.992			109.634

안전율은 $F_S = \dfrac{109.634}{46.992} \fallingdotseq 2.333$이므로 가정한 F_S와 계산된 F_S가 같지 않으므로 F_S를 다시 가정하여 안전율을 계산한다.

7) $F_S = 2.34$로 가정하여 안전율 재산정

① 절편	② θ_i(°)	③ A_i	③ $W_i \sin\theta_i$	④ $c' \cdot b_i + (W_i - u_i \cdot l_i) \cdot \tan\phi'$	⑤ M_i	⑥ ④÷⑤
1	-9.9	0.88	-0.272	4.115	0.943	4.364
2	-3.6	3.50	-0.396	7.637	0.983	7.769
3	3.5	5.80	0.637	10.028	1.013	9.899
4	10.5	7.55	2.477	11.846	1.028	11.523
5	17.7	8.80	4.816	13.145	1.028	12.787
6	25.4	9.55	7.373	13.925	1.009	13.801
7	33.5	9.60	5.537	13.977	0.970	14.409
8	42.0	8.70	10.479	13.041	0.908	14.362
9	52.4	6.50	9.270	10.755	0.806	13.344
10	63.9	1.90	3.071	5.015	0.662	7.576
Σ			46.992			109.834

안전율은 $F_S = \dfrac{109.834}{46.992} = 2.337 ≒ 2.34$

따라서, 가정한 $F_S = 2.34$와 계산된 $F_S = 2.34$가 서로 같으므로 이 사면의 안전율은 약 2.34이다.

2.4.2.4 절편법 사용 시 주의해야 할 점

절편법은 현재까지 개발된 사면안정 해석법 중에서 가장 믿을만한 방법이지만 다음과 같은 문제점을 가지고 있다.

가. 일반적인 절편법(OMS)에 내포된 문제

그림 [2.13]에서 다음과 같은 관계가 성립한다.

$$W = b \cdot z \cdot \gamma \tag{2.83}$$

$$l = \frac{b}{\cos\alpha} \tag{2.84}$$

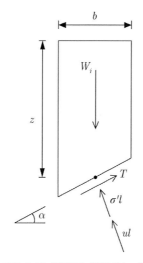

그림 2.13 절편에 작용하는 힘

절편바닥에서 수직인 방향에서 힘의 평형을 고려하면 즉

$$\Sigma F_{\perp \bigtriangleup} = 0 \tag{2.85}$$

다음 식이 성립한다.

$$\sigma' l + ul - W\cos\alpha = 0 \tag{2.86}$$

식 (2.86)으로부터

$$\sigma' = \frac{W\cos\alpha}{l} - \frac{ul}{l} \tag{2.87}$$

$$\sigma' = \frac{bz\gamma\cos\alpha}{b/\cos\alpha} - u \tag{2.88}$$

$$\sigma' = \gamma z \cos^2\alpha - u \tag{2.89}$$

을 얻을 수 있다. 간극수압비 r_u를 다음과 같이 정의하면

$$r_u = \frac{u}{\gamma z}$$

식 (2.89)는 다음과 같이 나타낼 수 있다.

$$\frac{\sigma'}{\gamma z} = \cos^2\alpha - r_u \qquad\qquad (2.90)$$

식 (2.90)은 α값에 따라 r_u값이 특정값 이상이면 σ'값이 음수가 될 수도 있음을 의미한다. 표 [2.4]에서 보는 것처럼 α값이 커지면 r_u값이 조금만 커져도 σ'값이 음수가 되어 그림 [2.14]에서 보는 것과 같이 절편바닥에 저항력이 아닌 활동력이 작용하는 것으로 계산된다. 이것은 ϕ값이 0보다 큰 경우 계산결과가 보수적임을 의미한다.

표 2.4 인장력을 일으키기 위한 간극수압계수값

α	인장력을 일으키기 위한 r_u값
80°	>0.03
60°	>0.25
40°	>0.59
20°	>0.88

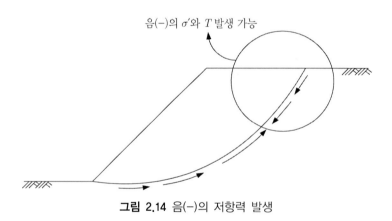

그림 2.14 음(-)의 저항력 발생

절편바닥에 작용하는 저항력은 식 (2.91)과 같이 표현되며,

$$T = \frac{c'l + \sigma'l \tan\phi'}{F} \qquad\qquad (2.91)$$

식 (2.91)을 이용하여 안전율을 계산할 때 다음과 같이 3가지 방법으로 계산할 수 있다.

1) 부호에 관계없이 모든 T를 더하는 경우 → 가장 작은 F 산정
2) $\sigma' > 0$인 것만 T를 더하는 경우

3) $T > 0$인 것만 더하는 경우 → 가장 큰 F 산정

나. Bishop 방법에 내포된 문제

절편의 바닥경사각 α는 양(+)의 값과 음(-)의 값 모두를 가질 수 있는데 α값에 따라 Bishop 방법에서 안전율을 구할 때 사용되는 식 (2.77)의 $M_i(\theta)$값에 포함된 항인 $1 + \dfrac{\tan\theta\tan\phi'}{F}$ 값은 0이나 음(-)의 값이 될 수 있다. 이 항이 0에 가까워지면 $\dfrac{1}{M_i(\theta)}$이 ∞가 되면서 안전율 계산결과가 비현실적인 값을 주게 된다. Bishop 방법뿐만 아니라 모든 절편법은 유사한 문제를 가지고 있는 것으로 알려져 있으며, 타당한 계산결과를 얻기 위해서는 그림 [2.15]와 같은 조건의 활동면이 그려져야 한다.

표 2.5 α값에 따른 $\dfrac{1}{M_i(\theta)}$의 값의 변화

$\dfrac{\tan\phi'}{F}$	α	$\dfrac{1}{M_i(\theta)}$	α	$\dfrac{1}{M_i(\theta)}$
0	45°	1.4	$-90°$	∞
	65°	2.4	$-45°$	1.4
	85°	11.5	$-25°$	1.1
	90°	∞	$-5°$	1.0
1.0	45°	0.71	$-45.01°$	$-\infty$
	65°	0.75	$-44.99°$	$+\infty$
	85°	0.92	$-25°$	2.1
			$-5°$	1.1

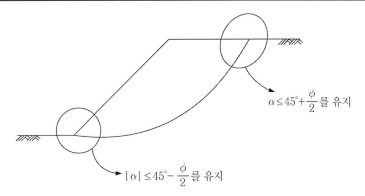

그림 2.15 절편법에서 타당한 결과를 얻기 위한 활동면 조건

2.4.2.5 절편법 정리

여러 가지 절편법에 대한 특징을 요약 정리하면 표 [2.6]과 같다. Duncan(1992)에 의하면 모든 절편법으로 구한 안전율의 최댓값과 최솟값의 차이는 12%를 넘지 않는다고 한다. 현재 까지 절편법에 대하여 연구된 내용을 추려서 정리하면 다음과 같다.

- 모든 평형조건을 만족시키는 사면안정 해석법으로 구한 안전율은 정해와 약 ±5% 이내의 오차 보임
- Bishop의 간편법은 정해로 볼 수 있음(사면 선단부에서 활동면의 기울기가 대단히 급할 때에는 예외)
- Fellenius 방법은 안전율을 과소평가함
- 여러 한계평형방법들과 그 방법들이 제안한 가정에 의해서 결과 값이 조금씩 상이함
- 전단 및 수직 절편력과의 관계를 표현하는 λ 값과 안전율과의 그래프를 통해 적용방법의 적정성을 판단
- $\lambda = 0$: 절편 사이에 전단력이 작용하지 않음
- $\lambda \neq 0$: 절편 사이에 작용하는 전단력이 존재함
- 모멘트 평형에만 근거를 둔 방법은 비교적 절편력의 영향을 적게 받는 반면, 힘 평형에만 근거를 둔 방법은 절편력의 영향을 많이 받음
- 집중하중이나 앵커하중이 작용하는 경우와 같이 모멘트 평형에만 근거를 둔 방법이 절편 력에 크게 영향을 받는 경우도 존재
- 모멘트와 힘을 동시에 고려한 방법이 절편력에 영향을 가장 적게 받음
- 전응력 해석법($r_u = 0$)은 실용상 허용범위 내에 있지만, 유효응력 해석법은 간극수압비가 큰 경우 큰 오차를 유발하므로 Fellenius 방법은 전응력 해석법 적용, 유효응력 해석법에 는 부적합
- 전응력 해석방법에서 원호 활동면에 대해 모멘트 평형을 만족시키는 방법은 모두 정해를 산정

표 2.6 여러 가지 절편법

방법	파괴 형상	한계평형 조건			해석 조건 (N=절편 수)		가정	특징
		모멘트	수직력	수평력	관계식	미지수		
Fellenius 방법 (Fellenius, 1927)	원호	○	×	×	1	1	각 절편 하단에 작용하는 법선 방향의 힘은 $W\cos\alpha$	• 안전율이 비교적 작음 • 높은 간극수압을 가진 완만한 비탈면에 대해서는 부정확
Bishop 간편법 (Bishop, 1955)	원호	○	○	×	N+1	N+1	측면 방향 힘은 수평	비교적 정확
Janbu 간편법 (Janbu, 1968)	모든 파괴 형상	×	○	○	2N	2N	측면 방향 힘은 수평, 각 절편마다 동일	모든 평형조건을 만족시키는 경우보다 작은 안전율을 보임
미공병단 방법 (U.S. Army Corps of Engineers, 1970)	모든 파괴 형상	×	○	○	2N	2N	• 측면 방향 힘의 기울기는 비탈면 기울기와 같음 • 크기는 절편마다 동일	모든 평형조건을 만족시키는 경우보다 높은 안전율 보임
Lowe and Karafiath 방법 (Lowe and Karafiath, 1960)	모든 파괴 형상	×	○	○	2N	2N	• 측면 방향 힘의 기울기는 비탈면과 파괴면 기울기의 평균과 같음 • 크기는 절편마다 다름	
Janbu 일반법 (Janbu, 1968)	모든 파괴 형상	○	○	○	3N	3N	절편축력은 수평 방향	• 정확한 방법 • 수치상의 수렴이 이루어지지 않는 경우 자주 발생
Spencer 방법 (Spencer 1967)	모든 파괴 형상	○	○	○	3N	3N	X/E는 모든 절편에 대해 일정	
Morgenstern Price 방법 (Morgenstern and Price, 1965)	모든 파괴 형상	○	○	○	3N	3N	$X/E=\lambda f(x)$	

제3장

사면안정 대책공법

사면안정 대책공법

3.1 개요

사면이 역학적인 안정상태를 유지하기 위해서는 사면의 붕괴요인을 분석하고 붕괴요인을 제거해야 한다. 비록 현재의 사면이 역학적으로 안정한 것으로 판단되는 경우에도 잠재적인 불안정 요인이 존재한다면 사면은 역학적으로 안정적인 상태를 유지하기 어렵다. 또한 1장에서 언급한 사면의 불안정 요인(Varnes, 1978) 중 직접적인 요인과 간적접인 요인이 복합적으로 존재할 경우 사면은 쉽게 붕괴될 것이다.

사면안정 대책공법은 잠재적인 붕괴요인 또는 이미 발현된 붕괴요인으로부터 사면이 역학적인 안정상태를 영구적으로 유지할 수 있도록 하는 것이 목적이다. 사면안정 대책공법을 선정하기 위해서는 예상되거나 이미 발생된 사면의 붕괴형태와 원인을 이해하여야 한다. 지반의 구성, 지질구조, 지반파괴 영역, 지하수위의 변동 및 지하수의 이동, 시간 경과에 따라 지반의 강도저하 등의 것을 면밀히 조사하여야 붕괴원인 및 붕괴형태를 파악 및 예측할 수 있을 것이다. 그러나 사면의 붕괴원인을 조사하고 찾는 것은 어려운 일이고 정확하지 않을 수 있으며, 최종적으로 조사된 붕괴원인은 붕괴과정에서 최종적으로 작용한 붕괴요인일 경우도 있다.

3.2 사면안정 대책공법의 분류

사면안정 대책공법은 이미 안전율을 확보하고 있는 경우에는 잠재적인 붕괴요인에 의하여 감소될 수 있는 안전율을 유지하는 공법과 안전율이 확보되지 않은 경우에는 사면의 활동을 억지하는 안전율 증가 공법으로 구분할 수 있다. 사면 안전율을 유지하는 공법은 사면 보호공법으로 안전율을 증가시키는 공법을 사면 안정공법으로 구분하기도 한다.

3.2.1 사면안정공법

사면 안전율을 증가시키는 대책공법은 굴착 및 배수시스템에 의하여 사면의 활동력을 감소시켜 사면의 활동을 억제(抑制)하는 방법과 활동 저항력을 증가시켜 사면 활동을 억지(抑止)하는 방법(사면보강공법)으로 구분할 수 있다. 활동 저항력을 증가시키는 방법은 다음과 같다.

① 배수에 의한 지반의 전단강도를 증가시키는 방법
② 옹벽 등과 같은 지지 구조물을 설치하는 방법
③ 네일, 앵커 등과 같이 현장 지반을 보강을 하는 방법
④ 그라우팅 또는 화학적인 처리를 통하여 지반의 전단강도를 증가시키는 방법

표 3.1 사면안정공법의 종류

구분	저항력 증가(사면보강공법)	활동력 감소
종 류	• 록볼트 공법 • 앵커 공법 • 쏘일네일 공법 • 억지말뚝공법 • 옹벽공법	• 지표수 배수공법 • 지하수 배수공법 • 지하수 차단공법 • 압성토 공법 • 사면경사조정공법

표 3.2 주요 사면안정공법의 특징

공법 종류		공법 개요	적용성
저항력 증가	억지 말뚝	• 활동토괴를 관통하여 말뚝을 지지층까지 일렬로 설치 → 비탈면의 활동하중을 말뚝의 수평하중으로 기반암에 전달 • 말뚝과 주변지반 사이의 상호작용에 의해서 지지력이 결정되며 여타 억지공법과 같이 이용	• 강관말뚝의 사용으로 공사비가 비싸며, 여타 보강공법과 병행 시 추가적 공사비 소요 • 공사비 측면상 매우 불리
	앵커 공법	• 고강도 강재를 앵커재로 하여 보링공 내에 삽입, 그라우트를 주입 → 앵커재를 지반에 정착시켜 앵커재 두부의 하중을 정착지반에 전달	• 일반적으로 사용되는 공법으로 적용효과가 양호하며 국내 시공실적도 많으므로 적용 가능
	쏘일 네일	• 인장응력, 전단응력 및 휨모멘트에 저항할 수 있는 보강재를 지반 내에 조밀한 간격으로 삽입→ 원지반의 전체적 전단력, 활동력을 증가	• 비탈면의 얕은 파괴 우려 시 적용 • 공사비가 저렴, 시공성도 좋음
	FRP 보강공	• 원지반 천공 후 FRP 보강재 내에 패커를 설치하여 압력에 의하여 시멘트 밀크를 주입 → 주입재에 의한 지반 고결→ 원지반의 전단강도 증대 및 네일링(Nailing) 효과를 함께 얻음	• 풍화암 비탈면에도 적용이 가능 • 확실한 보강 효과 • 공사비 측면에서 매우 유리함

공법 종류		공법 개요	적용성
	옹벽공	• 비탈면의 선단부에 옹벽을 설치하여 안전율증가 • 옹벽자체만으로도 안정성 확보가 어려운 경우 앵커나 수동말뚝과 같은 여타 보강공법과 병행	• 고가의 공사비 및 시공상 어려움이 있어 적용 곤란
	록볼트	• 록볼트 설치, 그라우팅 실시 → 지반변위억제 • 소규모 암체의 전도파괴, 슬라이딩(Sliding)에 효과적	• 공사비 다소 고가, 녹화공법 적용 불리 • 전도 및 암반거동 발생방지 효과
	낙석 방지망	• 표면에 고장력 와이어네트를 정착, 록볼트 병행 • 볼트, 너트 응력분산 → 낙석방지 및 암반보강	• 표층부 보강효과는 뛰어나지만, 심부 활동에는 미비 • 암반의 표층부 낙석예상구간에 효과적
활동력 감소	압성토 공법	• 비탈면의 선단부에 토사 쌓기 • 연약지반상 쌓기 시에 많이 적용, 산지에 위치한 비탈면의 경우 접근성이나 현장용지 문제에 있어 시공성 불리	• 안정성 확보효과가 불확실 • 연약지반상에서 쌓기 시 적용성 양호, 산지에서는 시공성 열악함
	기울기 완화	• 비탈면기울기를 완만히 조정 → 토괴의 자중 감소 • 굴착량 과다 증대 우려 • 현장 지형에 따라서 무한비탈면 발생 가능성	• 적용효과가 확실, 일반적으로 도로깎기 비탈면에서 흔히 적용 • 깎기량 과다발생 → 자연훼손
	깎기공	• 활동토괴 중 일부를 제거하여 활동력 저감 • 대규모 비탈면의 경우 굴착량이 과대, 경제성, 시공성 불리 → 중소규모의 비탈면에 적용	• 적용효과가 불확실하여 자연경관 훼손이 심각

3.2.2 사면보호공법

사면보호공법은 잠재적인 붕괴요인에 의하여 사면의 역학적인 안정이 감소되는 것을 방지하여 현재의 안전율을 유지하는 것으로 목적으로 한다. 강우나 지표수에 의한 사면 표면의 침식작용 방지와 풍화에 의한 지반강도 감소를 방지하기 위하여 대기 중에 노출된 사면 표면을 피복하여 보호하는 방법으로 생물화학적적 방법(식생에 의한 방법)과 구조물에 의하여 보호하는 방법으로 구분된다.

표 3.3 사면보호공법의 종류

구분	생물화학적 방법	구조물에 의한 보호
종류	• 평떼, 줄떼 붙임공법 • 식수공법 • 종자살포공법 • SF공법, 녹생토 공법 • 표층안정공법	• 블록(돌) 붙임공법 • 콘크리트 붙임공법 • 숏크리트 공법 • 돌망태 옹벽 • 돌(블록) 쌓기 옹벽

3.2.3 낙석대책공법

낙석은 발생위치의 예측이 어렵고 모든 비탈면에 대책공법을 적용하는 것이 곤란한 경우가 많다. 이러한 경우 낙석이 발생할 것을 가정하고 발생한 낙석에 대한 피해를 최소화하기 위해 낙석대책공법을 적용할 수 있다. 낙석대책공법은 낙석의 운동에너지를 흡수하거나(낙석방지망, 낙석방지울타리, 낙석방지옹벽), 낙석의 규모가 커서 일반적인 낙석방지시설로는 방어하지 못하는 경우에 낙석을 회피하여 기반시설물을 보호하는(피암터널) 공법이 있다.

표 3.4 낙석대책공법의 종류

구분	낙석 에너지 흡수	낙석 회피
종류	• 낙석방지망 • 낙석방지울타리 • 낙석방지옹벽	• 피암터널

3.3 배수공법

일반적으로 사면활동의 원인으로 가장 많이 언급되는 것은 물이며, 사면붕괴는 강우 시 또는 강우 직후 발생하는 경향이 많다. 강우에 의하여 지하수위가 상승하는 경우 간극수압의 증가와 침투력에 의하여 사면의 역학적인 안정성은 감소될 뿐만 아니라 침식현상도 발생할 수 있다. 지하수위를 낮게 유지할 수 있다면 경제적인 대책공법을 적용하는 것이 가능하며, 일부 경우에는 상대적으로 적은 비용으로 사면의 활동을 방지할 수 있을 것이다.

배수공법만으로 사면의 역학적인 안정성을 확보하기 위해서는 지하수로의 변화 및 배수재의 막힘 등을 검토하여 장기적으로 효과를 발현할 수 있는지를 검토하여야 한다. 일반적으로 배수공법은 사면의 역학적인 안정성을 확보하기 위한 보조공법으로 주로 적용된다.

배수공법은 지표수 배수공법과 지하수 배수공법으로 구분되며, 다음과 같은 2가지 요인에 의하여 사면의 역학적인 안정성을 확보한다.

① 토층 내부의 간극수압을 감소시켜 유효응력과 전단강도를 증가시킨다.
② 균열이 발생된 내부 수압을 감소시켜 사면 활동력을 감소시킨다.

3.3.1 지표수 배수공법

지표수 배수공법은 사면 표면에 내린 우수와 사면 상부 자연사면에서 유입되는 지표수를 배수시키는 데 목적이 있다. 지표수 배수공법은 지표면에 물이 고이는 현상을 방지하며, 유입되는 지표수를 사면 외부로 유출시켜 지하수위와 간극수압을 경감시킨다. 침투수에 의한 사면의 역학적인 안정성 변화는 지반조사에 의하여 정확하게 파악하기 어렵기 때문에 현장 상황에 맞는 배수시설이 설치되어야 한다.

지표수 배수공법은 산마루 배수시설, 종 배수시설, 소단 배수시설, 비탈어깨 배수시설, 비탈끝 배수시설이 있으며, 기상조건, 주변지형, 토질조건 등을 고려하여 계획하여야 한다.

표 3.5 지표수 배수공법의 종류

구분	기능 및 특징
산마루 배수시설	자연사면에서 절토사면(깎기 비탈면)으로 유입되는 지표수가 사면 표면으로 흐르는 것을 방지하기 위하여 설치되며, 사면 상단부 자연사면에 U형 및 V형 콘크리트 배수관 등을 설치한다.
비탈어깨 배수시설	성토사면(쌓기비탈면) 표면으로 유입되는 지표수가 성토사면 표면으로 흐르는 것을 방지하기 위하여 설치되며, U형, V형, L형 콘크리트 배수관을 설치한다.
비탈끝 배수시설	사면 표면으로 흐르는 지표수를 모아 배수시키는 목적으로 설치되며, 자연배수가 가능한 경우에는 설치하지 않는 경우도 있다. 사면끝 배수시설과 종 배수시설이 만나는 지점에는 집수정을 설치하여야 한다.
소단 배수시설	사면 표면에 흐르는 물을 비탈면 중간에서 모아 종 배수시설 및 산마루 배수시설로 배수시키기 위하여 설치하며, 사면의 규모가 작은 경우에는 설치하지 않는 경우도 있다. 일반적으로 소단의 폭이 3.0m 이상이 경우 설치한다.
종 배수시설	산마루 배수시설, 소단 배수시설 또는 지형적으로 계곡부로 지표수의 유입이 많은 경우에 유입되는 지표수를 사면 외부로 유출시키기 위하여 설치하며, 대규모 사면인 경우 소단 배수시설의 기능이 원활하게 수행될 수 있도록 연장 100m마다 설치하기도 한다.

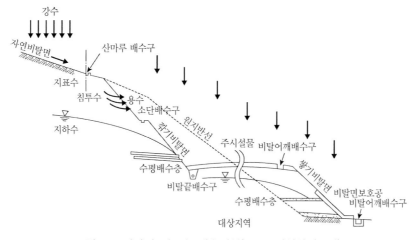

그림 3.1 비탈면 지표수 배수시설(2011, 시설안전공단)

3.3.2 지하수 배수공법

지형적으로 지하수가 집중되는 경우 사면에서 지하수가 용출되어 토사가 유실되거나 세굴되는 현상이 발생할 수 있으며, 지하수위가 높은 경우에는 사면보호공법의 적용성이 떨어지는 경우도 있다.

지하수 배수공법은 사면을 구성하는 토층 중 투수층을 흐르는 지하수를 지표면으로 유도 배수시켜 함수비와 간극수압을 경감시켜 사면의 역학적인 안정성을 확보하는 데 목적이 있다. 지하수 배수공법은 사면 붕괴를 방지하기 위한 주요공법으로 활용되고 있으나, 배수효과의 불확실성, 장기적인 유효성, 집중 호우 시의 배수능력 때문에 보조적인 공법으로 주로 사용되고 있다.

(a) 돌망태 배수공

(b) 수평배수공

(c) 수평배수공자재
SDP 다발관

그림 3.2 지하수 배수공 사진

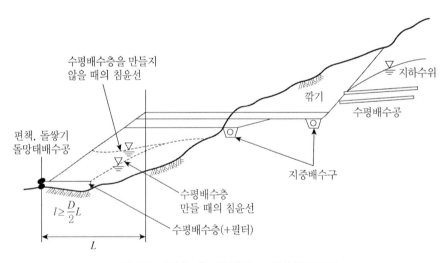

그림 3.3 지하수 배수시설(2011, 시설안전공단)

표 3.6 지하수 배수공법의 종류

구분	기능 및 특징
지하배수구(암거)	사면 내부 또는 하부에 설치하여 사면 내부로 흐르는 지하수 및 침투수를 배수시키기 위하여 설치된다. 통상 암거라고도 하며 유공관 및 배수성골재를 부직포로 싸서 설치한다. 집수량이 많고 연장이 긴 경우에는 20~30m마다 집수구 등을 설치하여 지표로 유도 배수하여 지하수의 재침투 및 구멍막힘을 방지한다.
수평배수층	쌓기토체 내부 및 원지반과 쌓기의 경계부에 설치하며, 쌓기토체 내부의 침투수 또는 원지반과 쌓기 경계부로 흐르는 지하수의 유로를 인공적으로 형성하기 위하여 설치한다. 배수성 모래 또는 자갈 등을 이용하여 설치된다.
수평배수공	깎기 사면에서 용수가 발생하는 경우 또는 기대기옹벽, 뿜어붙이기 등의 공법을 적용할 때 지하수를 신속히 배수하기 위하여 설치한다. 수평배수공은 지하배수구 등에 의한 지하수위 저하를 기대할 수 없는 경우나 비교적 깊은 지반의 지하수를 배제하기 위하여 적용된다. 수평배수공에서 유출되는 지하수에 의하여 표면이 침식될 수 있으므로 표면에 돌망태 등에 의하여 보호하거나 지표수 배수시설까지 연장하여 유도배수를 실시하여야 한다.
돌망태 배수공	침투압 및 강우에 의한 표면유실을 방지하기 위하여 사용되며, 깎기 사면 용수구간 및 쌓기 사면 비탈끝에 설치된다. 용수가 많은 경우에는 지하배수구 등과 병용하며, 소규모 사면인 경우에는 지하배수구 대용으로 사용될 수 있다.
수직배수공 (집수우물)	지하수위가 높은 경우 또는 대규모 파괴 시 지하수위를 신속히 저하시키기 위하여 사면 상부 또는 중간에 설치한다. 우물내부에는 수평배수공을 방사 방향으로 설치하며, 수평배수공은 예상 파괴면을 횡단하여 효율적으로 지하수를 모아야 한다. 또한, 내부점검과 유지관리를 위한 시설이 설치되어야 한다.
배수터널	수평 방향으로 터널을 굴착하고 터널 내부에 수평배수공을 설치하여 지하수를 모아 배출시킨다.

3.4 사면경사완화 및 압성토

3.4.1 사면경사완화

사면의 높이를 저감시키고 경사 완화 또는 취약부를 제거함으로써 사면의 역학적인 안정성을 확보할 수 있다. 이는 활동면에 작용하는 전단응력을 감소시키고 안전율을 증가시키게 된다. 사면경사완화를 통하여 안정성을 확보하려는 경우에는 우선적으로 다음 사항을 검토해야 한다.

- 굴착을 할 수 있는 부지를 확보할 수 있는지 여부
- 시공할 수 있는 장비의 진입이 가능한지 여부

3.4.2 압성토

압성토는 강도가 큰 흙을 다짐으로써 역학적 안정성을 확보하는 방법과 사면 하단부에 성토함으로써 활동면 선단부에 활동저항력을 증가시켜 역학적 안정성을 확보하는 방법으로 구분된다.

3.5 앵커공법

앵커공법은 고강도의 강선 또는 강봉(앵커체)을 보오링공 내에 삽입하고 그라우팅을 실시하여 지반과 앵커체를 결속시킨 후 소정의 하중을 앵커체 두부에 작용시켜 사면의 역학적 안정성을 확보하는 공법으로 사용목적 및 기간에 따라 가설앵커와 영구앵커로 구분할 수 있으며, 지반 정착방식에 따라 마찰형 앵커, 지압형 앵커, 복합형 앵커 등으로 구분할 수 있다. 앵커공법은 사면의 변형을 감소시키는 특징이 있으며, 흙막이 벽체, 사면안정, 옹벽의 전도방지 및 구조물의 부상방지 등의 목적으로 광범위하게 사용된다.

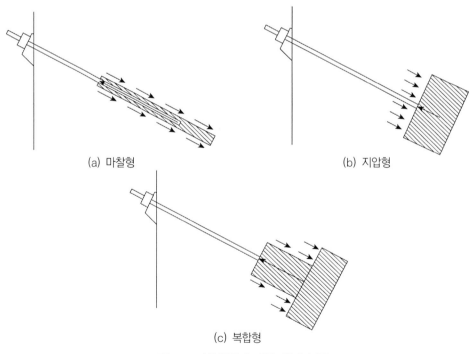

(a) 마찰형　　　　　　　(b) 지압형

(c) 복합형

그림 3.4 정착형식에 따른 앵커 분류

3.5.1 앵커의 구조

앵커는 두부, 자유장, 정착장으로 구분된다. 앵커의 두부는 정착구, 지압판, 대좌 및 구조물로 구성되는 복합구조물이며, 앵커체에 작용하는 긴장력을 지표면 또는 지지구조물에 전달하는 역할을 수행한다. 정착구는 버튼, 쐐기, 너트 등의 방식이 있으며 가해지는 긴장력에 의하여 파손되지 않으며 앵커체를 정착한 이후 긴장력이 손실되어서는 안 된다. 자유장(자유길이부)은 앵커체에 작용하는 긴장력을 그라우트의 부착력에 의한 긴장력 손실 없이 정착부에 전달하는 구조체로 형성되어야 한다. 정착장은 자유장에서 전달되는 긴장력을 정착장 주변지반의 주면마찰력에 의하여 지지하여야 하며, 정착방식에 따라 그 구조가 상이하다. 정착장은 주면마찰력에 의하여 앵커의 긴장력을 충분히 지지하여야 한다. 정착장의 길이가 너무 짧은 경우에는 지반조건이 조금만 변화해도 큰 영향을 줄 수 있으며, 극한 인발 저항력이 정착장 길이와 비례하여 변화하지 않으므로 그라우트의 파괴를 유발하지 않는 적정한 길이를 적용하여야 한다.

3.5.2 앵커공법의 시공

3.5.2.1 앵커 제작

앵커의 제작은 공장에 제작되어 현장에 반입되는 경우가 대부분이나 일부 가설용 앵커는 현장에서 조립하는 경우도 있다. 제작된 앵커체는 긴장재의 적정성, 자유장 및 정착장의 길이, 방청 및 피복상태 등을 확인하여 사용한다.

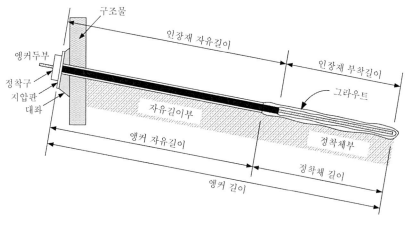

그림 3.5 앵커구조도

3.5.2.2 천공

천공은 천공경, 천공깊이, 천공각도 등에 유의하여 실시하여야 하며, 천공 시 배출되는 슬라임을 관찰하여 지층변화를 면밀히 파악하여야 한다. 슬라임 관찰결과 정착지반이 설계와 상이한 경우에는 이를 반영하여야 한다.

3.5.2.3 앵커체 설치

앵커체를 천공 홀에 설치할 때에는 앵커체 삽입 시 발생할 수 있는 천공 홀 훼손에 주의하여야 하며, 앵커체를 피복하고 있는 시스(Sheath)가 손상되지 않도록 주의하여 한다.

3.5.2.4 그라우팅

그라우팅은 천공경과 앵커체 간의 공간을 그라우트로 충진하여 앵커체 두부에 작용하는 긴장력을 정착지반에 전달하는 것과 동시에 정착지반의 개량을 목적으로 한다. 그라우트의 강도, 내구성 및 유동성 등은 물과 시멘트 비와 관계가 있으며 보통, 시멘트 반죽인 경우에 물과 시멘트 비(W/C)가 40에서 50% 정도인 것을 사용한다. 또한, 시공성을 손상시키지 않는 범위라면 물과 시멘트 비는 작은 편이 그라우트의 품질은 높아지기 때문에 유동화제나 감수제 등의 혼화제를 사용할 수 있다.

그라우트의 주입방식은 정착지반이 균열 및 파쇄가 발달하지 않은 암반에서는 무압식 주입 방법을 사용하며, 정착지반이 불량한 경우에는 가압 주입 방법을 적용한다. 가압 주입 방법은 느슨한 주변지반에 그라우트가 침투되거나 또는 주입압력($10kg/cm^2$ 또는 $20kg/cm^2$)에 의한 유효경 확대에 의하여 주변지반을 개량시켜 정착지반의 주면마찰력을 향상시킨다.

3.5.2.5 긴장 및 정착

그라우트의 압축강도가 소요 강도에 도달한 경우 긴장력을 앵커체 두부에 가한다. 앵커의 정착부는 장기적으로 강도를 유지하여야 하므로 소요 강도 이하에서는 정착부 그라우트의 균열 및 크리프(Creep) 파괴가 발생할 수 있으므로 주의하여야 한다.

정착구는 앵커의 소요 응력을 구조체에 직접 작용하도록 하는 요소로 정착 방식은 쐐기정착방식, 너트정착방식, 쐐기너트 병용방식 등이 있으며, 앵커에 가하는 초기긴장력에 파손되지 않고, 앵커를 정착한 이후로 긴장력이 소실되지 않는 구조가 필요하다.

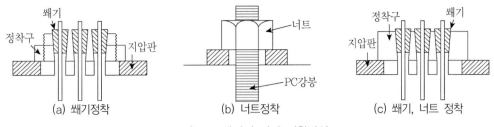

그림 3.6 앵커의 긴장 정착방식

3.5.2.6 지압판

지압판은 앵커의 긴장력이 비탈면 표면의 지반에 고르게 전달되도록 앵커두부에 설치하는 구조물로서 비탈면 표면과 밀착되어야 하며, 긴장력을 충분히 견딜 수 있도록 설계한다. 특히 앵커의 파손은 주로 지압판의 파손에 의해 발생하므로 앵커설계 시에는 비탈면 전체의 안정성뿐만 아니라 지압판의 설계에도 신중을 기해야 한다. 지압판은 격자블록 형태와 판구조 형태로 나눌 수 있으며, 격자블록으로는 현장타설 콘크리트 격자블록, 뿜어붙이기 격자블록이 있고, 판구조에는 독립지압판과 연속지압판 등이 있다.

3.5.3 앵커공법의 설계

3.5.3.1 검토항목

앵커의 설계는 다음 항목을 고려한다.
① 앵커보강 지반구조물의 전체 안정성
② 앵커의 내적안정성
③ 지압판의 설계
④ 전면벽체의 설계

3.5.3.2 안전율 기준

앵커로 보강된 지반구조물의 안정해석에 적용하는 안전율 기준은 다음과 같다. 이때, 크리프 변형이 문제가 되는 지반이나, 반복하중을 받는 경우에는 지질조건을 충분히 검토하여 안전율을 결정해야 한다.

표 3.7 앵커보강 비탈면의 안전율

구분	검토 항목	적용안전율
외적 안정	보강비탈면의 안정성	쌓기 및 깎기 비탈면에서 적용하는 안전율 적용

표 3.8 앵커의 극한인발력에 대한 기준안전율

앵커의 종류		사용 기간	극한인발력에 대한 안전율
가설앵커		2년 미만	1.5
영구앵커	평상시	2년 이상	2.5
	지진 시	2년 이상	1.5~2.0

표 3.9 앵커의 허용인장력

앵커의 종류		사용 기간	긴장재 극한하중(T_{us})에 대하여	긴장재 항복하중(T_{ys})에 대하여
가설앵커		2년 미만	$0.65\,T_{us}$	$0.80\,T_{ys}$
영구 앵커	평상시	2년 이상	$0.60\,T_{us}$	$0.75\,T_{ys}$
	지진 시	2년 이상	$0.75\,T_{us}$	$0.90\,T_{ys}$

3.5.3.3 앵커의 내적안정해석과 설계앵커력의 결정

앵커의 내적안정해석은 다음 내적파괴형태를 고려하며, 설계앵커력은 내적파괴형태를 고려하여 계산된 최소의 허용앵커력으로 한다.

① 앵커 긴장재 자체의 파단
② 앵커체에서 그라우트와 주면지반 사이의 파괴
③ 앵커체에서 그라우트와 긴장재 사이의 파괴

3.5.3.4 앵커보강 지반구조물의 안정해석

앵커보강 지반구조물의 안정해석은 지반구조물의 파괴형태에 따라 예상파괴면에서의 앵커보강에 의한 저항력을 고려하여 실시한다. 예상파괴면에서 앵커의 저항력은 내적안정해석에서 계산한 허용인장력과 허용인발력 중 작은 값으로 하며, 앵커의 전단저항력은 고려하지 않는다. 안정해석은 앵커로 보강된 구간의 내부와 외부로 발생하는 모든 형태의 파괴형태에 대하여 안정하도록 앵커의 길이와 간격을 조절하면서 반복적으로 수행한다.

3.5.3.5 초기긴장력의 설정

앵커에 가하는 초기긴장력은 보강하고자 하는 지반의 특성과 전체적인 안정성을 고려하여 결정한다. 초기긴장력의 결정 시 고려해야 하는 사항은 앵커의 저항 개념, 긴장재 정착 직후의 긴장력 감소, 정착지반의 크리프, 긴장재의 릴랙세이션 등이 있다.

3.5.3.6 지압판 설계

지압판은 앵커의 긴장력이 지반구조물 표면의 지반에 고르게 전달되도록 앵커두부에 설치하는 구조물로서 지반구조물 표면과 밀착되어야 하며, 긴장력을 충분히 견딜 수 있도록 설계하여야 한다. 지압판은 강판 또는 프리캐스트 콘크리트 등을 사용할 수 있다.

3.5.3.7 전면벽체 설계

전면벽체는 콘크리트 뿜어붙이기, 현장타설 콘크리트, 프리캐스트 콘크리트, 강재 등을 사용할 수 있다. 개별 연직 벽체요소의 최대 간격은 연직요소와 전면벽체의 상대강도, 지지해야 할 토질상태 그리고 연직 벽체요소가 매입될 지반 상태에 기초하여 결정해야 한다. 전면벽체는 지반의 아칭(arching) 현상을 고려하거나 요소와 요소를 단순지지로 가정하거나 또는 여러 개의 요소에 걸쳐 연속지지로 가정하여 설계한다. 만일 목재 전면벽체를 사용할 때는 응력등급별 압력처리된 목재를 사용한다. 부패성 유기체가 성장하기 쉬운 조건에 목재를 사용할 때에는 목재 자체가 본래 부패저항성이 있는 종인 경우에 부패위험에 대하여 적합하다고 볼 수 있으며, 구조물의 공용기간을 기대할 수 있는 경우 이외에는 목재용 방부제로 압력처리해야 한다.

3.5.3.8 지진 시 안정해석

지진 시 앵커로 보강된 비탈면의 안정해석에서는 내적안정과 외적안정성을 검토한다. 이때, 앵커로 보강된 비탈면의 지진 시 안정해석에서 고려하는 지진하중은 파괴토체의 자중과 지진계수(A_m)를 곱한 등가지진력으로 고려하며, 파괴토체의 중심에 횡방향으로 작용시킨다.

지진에 의한 지진계수는 KDS 11 90 00 설계지반운동의 결정에서 제시하는 지반가속도계수 (A)를 이용한다.

3.6 쏘일네일(Soil Nailing)공법

1972년 프랑스 철도공사에 최초로 적용된 쏘일네일공법은 네일(nail)을 프리스트레싱 없이 비교적 촘촘한 간격으로 원지반에 삽입하여, 원지반의 전체적인 전단저항력(네일의 인장응력, 전단응력, 그리고 휨모멘트에 의한 저항)을 증대시켜 공사도중 및 완료 후에 예상되는 지반의 변위를 억제 및 사면의 역학적 안정성을 확보하는 공법이다.

쏘일네일공법의 주된 구조적 요소는 원지반(in-situ ground), 저항력을 발휘하는 네일(nail), 그리고 전면벽체(shotcrete facing, concrete 또는 steel panel) 등이다.

쏘일네일공법이 굴착지보 대체 구조물로 적용되는 경우, 다른 공법들(중량 콘크리트벽체, 엄지말뚝벽체, 현장타설 슬러리벽체 등)과 비교할 때, 몇 가지 상대적인 장점(저렴한 공사비, 경량의 시공장비, 현장여건 및 지반조건의 적응성, 유연성 등)을 지니고 있으며, 지진 등 동적 하중의 경우에도 과다한 변위 없이 저항능력을 충분히 발휘하는 것으로 알려져 있다.

쏘일네일공법은 지하수위가 없는 지반 또는 지하수위 저하에 의해 안정화된 지반에 제한적으로 사용하여야 하며, 점성토 지반에 사용 시 크리프(creep)의 영향에 세심한 주의가 필요하다. 또한, 겉보기 점착력이 거의 없는 사질토지반에서는 연직굴착 시 자립하지 못하여 적용하기 어렵다.

3.6.1 쏘일네일공법의 종류

가장 일반적인 네일 설치방법은 천공 후 네일을 삽입하고 그라우팅 하는 것이지만, 종종 천공 시 케이싱을 설치하고 네일을 삽입한 후 그라우팅을 하기도 한다. 프랑스에서는 천공 후 그라우팅을 하는 방법 외에도 그라우팅을 하지 않고 간격을 조밀하게 하면서 진동 타입을 하는 방법(jet nail)도 많이 사용하고 있으며, 영국 및 미국에서는 에어건(air gun)을 이용하여 네일을 삽입(driven nail)하는 방법을 사용하기도 한다.

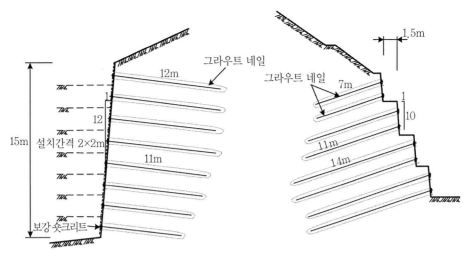

그림 3.7 쏘일네일공법 시공사례

3.6.1.1 타입식 네일(Driven nail)

배면지반을 미리 천공하지 않고 vibro percussion penumatic, hydraulic hammer 또는 air gun 을 이용하여 네일을 원지반에 타입하는 시공방법이다. 이 방법은 시공속도가 빨라 긴급보수 공사에 적합하나 반면 전석층이나 자갈층이 있는 경우 작업이 곤란하며 네일 설치길이에 제한이 있다.

3.6.1.2 그라우팅 네일(Grouted nail)

네일을 미리 천공한 구멍에 삽입한 후 중력 또는 압력 그라우팅을 실시하여 지반과 네일이 일체가 되도록 하는 공법이다. 중력 그라우팅을 실시하는 시공방법이 일반적으로 사용되는 쏘일네일공법이나 지반과 네일을 일체화시키기 위하여 3~6회의 중력 그라우팅을 실시하기도 한다. 최근에는 유효경 확대 등에 의하여 합성 보강재의 전단 저항력과 인발 저항력을 증가시킬 수 있는 다양한 압력 그라우팅 시공기법을 이용한 쏘일네일공법이 개발되어 적용되고 있다.

3.6.1.3 제트 그라우팅 네일(Jet-grouted nail)

제트 그라우트 네일은 강봉과 그라우팅된 주변 지반으로 이루어진 복합체로서, 30~40cm 정도의 두께를 갖는다. 진동 타입(vibro-percussion driving)과 고압의 제트 그라우팅(20MPa

이상)으로 이루어진 이 공법은 Louis(1986)에 의하여 개발되었다. 네일은 고주파수(70Hz 이상)의 진동 퍼커션 해머로 지반 내에 타입되며, 시멘트 제트 그라우팅이 이루어진다. 네일의 부식을 방지하기 위하여 강재 관이 네일 외부에 설치된다. 제트 그라우팅을 통하여 다짐효과와 주변지반의 강도 증진, 네일 유효경의 증가와 이에 따른 인발 저항력의 증가 등의 효과를 얻을 수 있다.

3.6.1.4 부식방지 네일(Corrosion-protected nail)

부식 방지 네일은 영구 구조물로의 사용을 목적으로 최근 개발되었는데, 기존의 강철봉을 부식으로부터 보호하는 방법과 네일의 재질을 부식이 일어나지 않는 FRP(Fiber Reinforced Plastics)로 대체하는 방법이 있다. 강철봉을 물의 침투로부터 보호하기 위해서 플라스틱으로 만들어진 케이싱 내에 강철봉을 삽입한 후에 그라우팅 처리하는 방법이 사용되고 있다.

3.6.2 쏘일네일공법의 시공

3.6.2.1 지반굴착

쏘일네일공법 시공에서 굴착면은 본체 구조물로 이용되는 경우가 많으므로 정확한 위치와 형상으로 굴착할 필요가 있으며, 토질에 따라 지반이 자립할 수 있는 굴착 깊이, 그라우트나 콘크리트 뿜어붙이기 시공 시 양생기간 등을 고려하여 굴착 깊이 및 다음 단계의 굴착시기 등을 결정하여야 한다.

지반조건에 따라 다르지만 일반적으로 토사지반에서 단계별 연직굴착 깊이는 최대 2m로 제한하고 그 상태로 최소한 1~2일 간 자립성을 유지할 수 있는 범위에서 굴착 깊이를 유지할 수 있어야 한다.

지층 중간에 대수층이나 점착력이 없는 사질층이 있거나 연약한 지층이 있어 자립이 곤란할 경우에는 미리 보강재를 삽입하거나 턱(Berm)을 두는 방법, 기성판넬을 이용하는 방법 등을 사용하는 것이 효과적이다.

3.6.2.2 천공

주위의 지하매설물, 건물 등의 시설물을 충분히 조사한 후 현장조건에 맞는 천공장비를 선택하여 천공하여야 한다. 통상 압축공기를 이용하는 드릴을 사용하는 것이 효과적이나 점성토지반이나 느슨한 매립토 지반의 경우 유압식드릴을 사용하여야 한다.

천공은 설계도서에 표시된 위치, 천공지름, 길이 및 방향에 따르도록 하여야 하며, 천공된 구멍은 최소한 나공 상태로 수 시간은 유지될 수 있어야 한다. 공벽이 유지되지 않을 경우 케이싱을 사용하여야 한다.

3.6.2.3 네일 삽입

네일은 소정의 위치까지 정확히 삽입하고 그라우트가 정착될 때까지 이동이 되지 않도록 주의하여야 한다.

네일은 이음매가 없이 한 본을 그대로 사용하는 것이 좋지만 삽입길이가 길어 어쩔 수 없이 연결을 해야 하는 경우에는 커플러를 사용하여 연결해야 하며, 용접으로 연결할 경우에는 강재의 성질이 변화되지 않는 특수 접합 용접을 하여야 한다. 커플러를 사용할 때에도 커플러 연결을 위한 가공나사 제작 시 연결부 네일강재 단면이 줄어들지 않도록 하여야 한다.

네일은 삽입 시에 천공장의 중앙에 위치하도록 하기 위하여 간격재(Spacer)를 사용하여야 하며, 간격재는 PVC 파이프를 천공경에 맞게 변형하거나 전용 간격재를 사용하여야 한다. 간격재는 매 1.5m~2m마다 설치해야 한다.

3.6.2.4 그라우팅

네일을 설치하고 무압으로 시멘트 밀크를 공의 내부로 그라우팅하며 케이싱을 설치한 경우 케이싱을 회수하고자 할 때에는 그라우팅이 끝난 후 완전히 굳기 전에 공벽이 무너지지 않도록 하면서 케이싱을 제거하여야 한다. 압력 그라우팅을 실시하는 경우 원지반의 할렬 등을 고려하여 적절한 범위 내에서 제한되어야 한다.

그라우팅은 공 내부를 완전히 충진하도록 하여야 하며 그라우트재가 주변지반에 침투되는 정도에 따라 수차례에 걸쳐 실시하여야 한다. 건조한 토사지반일수록 주입 횟수를 충분히 하며, 최종적으로 공 입구부에서는 그라우팅재가 흘러넘치지 않도록 막고 주입하여야 한다.

1차 주입은 공 저부로부터 공 입구로 주입재가 흘러넘칠 때까지 실시하고 3~4시간 경과 후마다 수차례 주입을 실시해야 한다. 또한 최종주입은 공 입구에서 흘려 넣도록 한다.

3.6.2.5 전면보호공

전면벽체는 지반의 절취면을 구속해주고 지반의 노출을 방지하여 준다. 기존에 설계상에서는 콘크리트 뿜어붙이기의 이러한 역할 외에 역학적으로 자체의 강성은 고려하지 않았으나 최근 개정된 설계 기준에서는 전면벽체 자체의 휨파괴와 네일두부의 주변에 발생하는 국부적인 전단파괴를 고려하여 설계하도록 규정하고 있다. 굴착면 보호를 위한 전면보호공은 콘크리트 뿜어붙이기, 기성판넬, 현장타설 콘크리트 등을 이용할 수 있으나 가설구조물에는 일반적으로 콘크리트 뿜어붙이기가 이용되고 있다.

콘크리트 뿜어붙이기를 하는 방법은 1차와 2차로 나누어 치기와 설계 콘크리트 뿜어붙이기 두께만큼을 한꺼번에 치는 방법이 있다. 이때에는 지압판 및 너트가 숏크리트 안에 매설되므로 2차 숏크리트를 치기 전에 띠장역할을 하는 수평철근도 연결해주어야 한다. 한꺼번에 시공하는 방법은 그라우팅 실시 후에 굴착벽체에서 숏크리트 타설두께 1/2의 위치에 와이어 메쉬를 설치하고나서 한꺼번에 숏크리트를 분사하는 방법이다. 이때에는 숏크리트를 치고난 후에 벽체의 외부에 지압판설치 및 볼팅작업을 실시해야 한다.

3.6.2.6 배수시설

배수시설은 계절에 따라 변하는 높은 지하수위와 예상치 못한 지하수의 흐름, 빗물의 침투 및 외부로부터의 갑작스런 물의 유입 등을 방지할 수 있어야 한다. 특히, 현장 시공 시 굴착 후 노출되는 면을 확인하여 일정 간격으로 설치토록 되어있는 설치계획을 시공단계에서 필요 부위에 집중하거나 필요치 않은 부위는 취소할 수 있다. 일반적인 배수시설의 종류는 다음과 같다.

① 가능한 배수시설과 연결된 물구멍
② 지표면 아래에 설치되는 구멍이 뚫린 파이프로 이루어진 배수관
③ 콘크리트 뿜어붙이기와 지반 사이에 설치되는 배수시설(유공관, 배수용 부직포, 모래나 골재 등)
④ 사면 상단부나 벽체 위의 물 흐름을 억제할 수 있는 시설(사면 내 표면 배수로, 사면 선단 배수로 등)

3.6.3 쏘일네일공법의 설계

3.6.3.1 설계목표 및 안전율 기준

네일의 설계목표는 네일로 보강된 비탈면의 장기적인 파괴에 대한 안정성을 확보하는 것이므로 네일로 보강된 비탈면은 설계수명기간동안 보강된 비탈면의 변형과 파괴, 네일 구성요소의 파손이 발생하지 않아야 한다. 네일의 간격과 길이는 네일로 고정되는 비탈면의 전체적인 안정성을 고려하여 결정하며, 적절하게 분산 배치하여 지반에 고른 저항력이 발휘되도록 설계한다. 이때, 네일의 설계는 ① 네일 보강 비탈면의 전체 안정성, ② 네일의 내적안정성, ③ 전면벽체 및 정착판, ④ 배수시설 등에 대하여 수행한다. 네일이 설치된 비탈면의 안정성 측면에서 국가별로 설계 기준에서 고려하는 항목을 비교하면 다음 표 [3.10]과 같으며, 국내 설계기준에서 네일로 보강된 비탈면의 안정해석에 적용하는 안전율 기준은 다음 표 [3.11]과 같다.

표 3.10 국가별 네일 설계기준 비교

		프랑스	영국	미국	홍콩	대한민국
코드명		Recommendations Clouterre 1991	BS8006 −2:2011	FHWA−NHI −14−007	Geoguide 7	KDS 11 70 15
구조적 형태		벽체	벽체/비탈면	벽체	벽체/비탈면	벽체/비탈면
안정성 검토항목	전체 안정성 (원호파괴)	√	√	√	√	√
	활동파괴	√	√	√	√	√
	쐐기형 활동		√			
	국부파괴		△		△	△
	네일 두부		√		√	
	바닥면 융기			√		
	전면 벽체 휨파괴			√		√

표 3.11 네일 보강 비탈면의 기준안전율

구분	검토 항목		안전율
외적 안정	네일로 보강된 비탈면의 전체적인 안정성		쌓기 및 깎기 비탈면에서 적용하는 안전율 적용
내적 안정	네일의 인장 및 전단	평상시	2.0
		지진 시	1.5
	네일의 극한인발력	평상시	3.0
		지진 시	2.0

3.6.3.2 네일 보강 비탈면의 전체 안정해석

네일로 보강된 비탈면에서 발생하는 파괴면의 형태는 원호, 이중쐐기, 단일쐐기 등이 있으며, 지반조건 및 하중조건에 따른 예상파괴형태를 신중히 고려하여 파괴면의 형태를 결정하고 해석을 수행한다. 만약, 기존에 파괴된 비탈면인 경우는 실제 파괴형태와 범위를 고려하여 파괴면의 형태를 결정한다. 파괴면에서 보강재의 저항력은 내적안정해석에서 계산한 인장력과 인발저항력의 최솟값으로 하며, 휨이나 전단 저항의 역할이 확실하다고 판단된 경우에는 이를 고려할 수 있다. 안정해석은 네일로 보강된 구간의 내부와 외부로 발생하는 모든 형태의 파괴형태에 대하여 안정하도록 네일의 길이와 간격을 조절하면서 반복적으로 수행하도록 한다.

3.6.3.3 네일의 내적안정해석

네일의 내적안정해석은 ① 네일 재료 자체의 파단과 ② 파괴면 바깥쪽의 저항영역에 근입된 네일의 인발파괴와 같은 내적파괴형태를 고려하여 수행한다. 네일의 내적안정해석에서는 각각의 내적파괴모드에 대하여 저항력을 구하고 이 값 중에서 최솟값을 최대인발저항력으로 한다. 네일의 전단저항력을 고려하는 경우에는 최대인발저항력이 발휘될 때 네일 내부에 발휘되는 전단력을 최대전단력으로 한다. 만약, 전면벽체 없이 정착판만으로 네일을 시공하는 경우에는 정착판이 비탈면의 변위에 저항할 수 있어야 하므로 이를 고려하여 정착판의 크기를 적절히 증가시켜야 한다.

3.6.3.4 전면벽체의 설계

전면벽체는 네일두부 부근의 지표면 유실을 방지하고 네일두부에 작용하는 인장력과 토압에 저항하는 중요한 구조물이므로 전면벽체는 네일과 구조적으로 일체가 되도록 설계하여야 한다. 전면벽체의 설계에서 네일 1개당 전면벽체에 작용하는 하중은 네일의 설계인장력(P_D)에 전면벽체 형식에 따른 저감계수(μ)를 곱한 값과 전면판 1개에 작용하는 주동토압의 크기(P_a)를 비교하여 큰 값을 적용하며, 전면판의 단위면적당 작용하는 하중(p)는 다음과 같다.

$$T_0 = \max \begin{cases} P = \mu P_D \\ P = P_a \end{cases} \tag{3.1}$$

$$p = \frac{T_o}{S_v \cdot S_h} \tag{3.2}$$

여기서, T_o : 네일 1개당 전면벽체에 작용하는 토압의 크기(kN)

$\quad\quad\quad P_D$: 네일 1개의 설계인장력(kN)

$\quad\quad\quad \mu$: 전면벽체 형식에 따른 저감계수

$\quad\quad\quad P_a$: 네일 1개당 전면벽체에 작용하는 주동토압의 크기(kN)

$\quad\quad\quad p$: 전면벽체의 단위면적당 작용하는 토압(kN/m^2)

$\quad\quad\quad S_v, S_h$: 네일의 수직, 수평간격(m)

이렇게 계산된 하중에 하중계수를 고려하여 ① 전면벽체 자체의 휨파괴와 ② 네일두부의 주변에 발생하는 국부적인 전단파괴를 검토한다. 전면벽체의 설계는 네일두부에 작용하는 인장력과 전면벽체 배면에 작용하는 토압 등에 대한 힘의 평형조건을 만족하여야 한다. 이때 전면벽체에 가해지는 하중은 전면벽체 배면에 균등하게 작용하는 것으로 하며, 전면벽체의 보강효과는 보강 비탈면 안정해석 시 고려하지 않는다. 전면벽체 없이 정착판만 설치하는 경우에는 네일 주변지반의 국부적인 전단파괴가 발생할 수 있으므로 이에 대한 고려가 필요하다.

3.6.3.5 배수시설

전면벽체는 수압의 영향을 고려하지 않으므로 네일공법은 반드시 배수시설을 고려하여야 한다. 배수시설의 설치는 계절적인 지하수위와 지표에서의 침투, 상부배수시설로부터의 누수

가 발생하더라도 원활한 배수가 되도록 하여야 한다. 네일공법에 적용하는 배수시설의 종류는 다음과 같다.

① 배수구멍(weephole)
② 수평배수공
③ 전면벽체 배면에 설치하는 수직배수재
④ 전면벽체 상부에 표면수 유입을 위해 설치하는 배수로

3.7 록볼트공법

록볼트공법은 소규모 암반블록이 있을 때 직경 25mm, 길이 6m 정도의 철봉을 안정한 암반에 정착시키고 록볼트 전체를 그라우팅함으로써 암반의 전단강도를 증가시키는 수동보강형 공법이다. 불연속면에 의해 붕괴가 예상되는 중, 소규모의 암괴 또는 쐐기구간을 보강하기 위해 적용된다. 층리 및 절리가 발달된 암반의 경우에는 암석자체의 강도에 상관없이 절리의 방향성에 의해 파괴가 발생하며, 이 경우 록볼트는 암괴의 초기변형을 억제하고 암반을 일체화시키는 작용을 한다.

사면 보강용 록볼트는 일반적으로 인장재료로 간주하므로 인장강도가 큰 것을 사용하는 것이 바람직하다. 또한 지반의 급격한 붕괴를 방지하기 위해서는 연성(ductility)이 큰 인장특성을 갖는 재료를 사용하여야 한다.

3.7.1 록볼트의 분류

록볼트는 정착방식 및 시공방법에 따라 표 [3.12]와 같이 분류되며, 일반적으로 시멘트 그라우트를 이용한 전면 접착형이 주로 사용된다.

표 3.12 록볼트의 종류

정착에 의한 분류	시공방법에 의한 분류		
선단 정착형	쐐기형		
	확장형		
	선단접착형		
전면 접착형	충전형	수지형	보통 수지형
			발포 수지형
		시멘트 모르타르형	보통 포틀랜드 시멘트 그라우트형
			초조강 시멘트 그라우트형
		시멘트 페이스트형	보통 포틀랜드 시멘트 그라우트형
			초조강 시멘트 그라우트형
	주입형	삽입형	보통 시멘트 그라우트형
			급결 시멘트 그라우트형
		타입형	램 인젝션형
			얼루비얼형
		천공형	자천공형
혼합형	확대형 + 시멘트 그라우트형		
	선단 정착형 + 시멘트 그라우트형		
마찰형	수압팽창형		

3.7.2 그라우트 재료

그라우트 재료는 조기 접착력이 크고, 취급이 간단하여야 하며 내구성 및 경제성이 우수해야 한다. 일반적으로 적용하는 주입재는 수지계 주입재와 시멘트계 주입재가 있다.

3.7.2.1 수지(resin)형

수지와 경화제가 혼합된 캡슐(capsule)형태로 제공된다. 수지형 그라우트는 인발 저항력이 록볼트 보강재의 강도보다 20% 이상 커야 하며, 조기에 접착력을 발현할 수 있어야 한다.

3.7.2.2 시멘트(cement)형

시멘트계 주입재료는 시멘트 모르타르, 시멘트 페이스트, 시멘트 밀크가 있다. 주입재료는 보통포틀랜드 시멘트와 조강시멘트를 사용하며, 배합기준은 강도보다는 시공성에 중점을 두고 결정한다. 보통포틀랜드 시멘트를 사용하는 경우에는 가급적 조기에 접착능력을 발휘할 수 있도록 급결재를 사용한다.

3.7.3 록볼트의 설계

록볼트 길이는 탈락이 예상되는 암반구간을 안정시킬 수 있도록 여유있게 결정하며, 록볼트의 설치수량은 보강하고자 하는 암괴의 크기를 고려한 평형조건으로부터 소요 보강력을 구하고 기준안전율을 고려하여 필요한 개수를 산정한다. 이때, 록볼트로 보강된 비탈면의 안정해석에 적용하는 안전율 기준은 다음 표 [3.13]과 같다.

표 3.13 록볼트 보강 비탈면의 기준안전율

구분	검토 항목		안전율
외적 안정	록볼트로 보강된 비탈면의 전체적인 안정성		쌓기 및 깎기 비탈면에서 적용하는 안전율 적용
내적 안정	보강재의 인장강도	평상 시	2.0
		지진 시	1.5

3.8 억지말뚝공법

억지말뚝은 대규모의 활동토괴를 관통하여 부동지반까지 말뚝을 일열 또는 여러 열로 설치하여 말뚝의 수평저항력으로 비탈면의 활동력을 지지지반으로 전달시키는 공법이다. 억지말뚝은 수동말뚝(Passive pile)의 대표적인 예 중 하나이며, 통상적으로 억지말뚝은 일정한 간격으로 말뚝을 설치하는 군말뚝(혹은 무리말뚝)의 형태로 시공한다.

말뚝의 설계 시에는 말뚝에 발생하는 휨모멘트와 전단력을 고려하여, 말뚝의 단면, 종류, 간격 등이 결정되며, 휨모멘트가 큰 경우에는 말뚝머리에 앵커를 설치할 수도 있다. 말뚝의 타설 위치는 지반활동 시 압축상태에 놓이게 되는 비탈면의 말단부 근처가 유리하다. 설치간격은 토사가 말뚝 사이로 빠져나가는 문제를 고려해서 말뚝직경의 5~7배 이내로 하고, 말뚝직경이 큰 경우에도 4m를 넘지 않아야 한다.

3.8.1 억지말뚝의 종류

억지말뚝으로 사용하는 재료는 강관말뚝, H형강말뚝, 철근콘크리트말뚝 또는 이를 복합한 종류(강관말뚝 내부에 콘크리트 채움, 강관말뚝 내부에 H강관 콘크리트로 채움)가 있으며 일반적으로 휨강성이 큰 재료를 사용한다.

억지말뚝의 설치는 타입하거나 또는 천공한 후에 말뚝을 삽입하는 방식이 있으며, 이 중 주로 천공 후 삽입하는 방식이 사용된다.

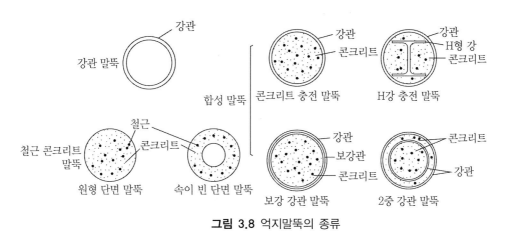

그림 3.8 억지말뚝의 종류

3.8.2 억지말뚝의 설계

3.8.2.1 억지말뚝의 설치기준

억지말뚝은 파괴토괴의 중간위치 및 하부에 파괴토괴의 이동 방향에 직각되는 방향으로 열을 이루며 설치하여야 하며, 파괴토괴의 연장이 긴 경우에는 중간에 여러 열의 억지말뚝을 설치하여 안정성을 증대시킬 수 있다. 또한, 1열의 억지말뚝으로 파괴토괴의 활동력을 억제하지 못하는 경우는 말뚝 두부를 강결시킨 2열~3열의 억지말뚝을 설치하여 일체화 거동을 유발시켜야 한다.

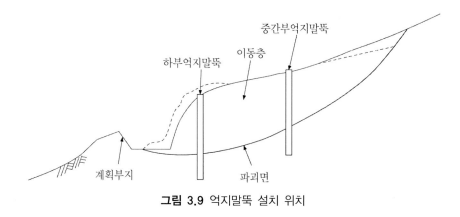

그림 3.9 억지말뚝 설치 위치

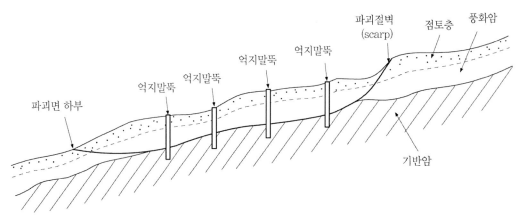

그림 3.10 억지말뚝의 다단 시공

3.8.2.2 억지말뚝보강 비탈면의 설계

억지말뚝의 안정해석은 ① 억지말뚝 보강비탈면의 전체 안정성, ② 억지말뚝의 내적안정성, ③ 수동파괴에 대한 안정성을 고려하여 실시한다. 억지말뚝 보강비탈면의 전체 안정성은 비탈면의 파괴형태에 따라 파괴면에서의 억지말뚝의 저항력을 고려하여 실시하되, 억지력을 말뚝의 전단저항력에 의해 발휘되는 것으로 간주하여 파괴에 저항하는 힘의 증가로 고려한다. 억지말뚝의 내적안정성은 말뚝의 모멘트와 전단력에 대한 안정성을 검토한다. 이때, 억지말뚝 배면의 파괴토체가 횡방향반력을 발휘하는 경우에는 파괴면에서 최대전단력이 발생한다고 가정하고 탄성지반상의 보에 대한 탄성해를 구하여 최대모멘트를 계산한다. 억지말뚝 배면의 파괴토체가 횡방향반력을 발휘하지 않는 경우에는 억지말뚝을 캔틸레버로 가정하고 탄성지반상의 보에 대한 탄성해를 구하여 최대전단력과 최대모멘트를 계산한다. 수동파괴에 대한 안정성을 고려할 때, 억지말뚝은 말뚝주변지반의 수동토압으로 저항하므로 말뚝에 작용하는 최대전단력보다 수동토압이 크면 안정한 것으로 판단한다.

이러한 조건을 고려하여 억지말뚝으로 보강된 비탈면의 안정해석에 적용하는 안전율 기준은 다음과 같다

표 3.14 억지말뚝 보강 비탈면의 안전율

구분	검토 항목	안전율
외적 안정	억지말뚝 보강토체의 전체 안정성	쌓기 및 깎기 비탈면에서 적용하는 안전율 적용
내적 안정	모멘트에 대한 안정성	2.0
	전단력에 대한 안정성	2.0
	수동파괴에 대한 안정성	2.0

3.9 비탈면 녹화

비탈면 녹화는 안정한 비탈면을 대상으로 하며, 비탈면의 표면보호를 위하여 시공한다. 비탈면 녹화는 비탈면 표면을 보호하기 위해 첫 번째로 고려하는 공법으로 대부분의 중·소규모 비탈면에서는 녹화공법을 적용하는 것만으로 비탈면 표면 보호가 충분히 가능하며 표면이 불안정한 경우라 하더라도 구조물에 의한 표면보호공법과 병행하여 사용하면 쉽게 안정화가 가능하다.

비탈면 녹화의 목적은 비탈면 표면을 단기적으로 안정화시켜 세굴 및 유실을 방지하며, 장기적으로 비탈면을 주변경관 및 식생환경과 어울리게 만들어 훼손된 환경이 복원될 수 있도록 하고 시각적 안정감을 주는 것이다.

3.9.1 비탈면 복원 목표 및 적용기준

비탈면의 복원 목표는 녹화지역과 생태자연도 등급에 따라 일반복원형과 자연경관복원형으로 나누며, 일반복원형은 다시 초본위주형, 초본·관목혼합형, 목본군락형 등으로 구분한다. 우리나라 국토는 생태자연도 1등급, 2등급, 3등급, 별도관리지역 및 등급 외 지역으로 구분되는데, 이러한 생태자연도 등급에 따라 비탈면 복원목표를 다르게 적용한다.

식생이 부적절한 토질조건이나 지표면이 장기적으로 불안해질 가능성이 있는 경우에는

구조물에 의한 비탈면 보호공법을 적용하며, 깎기 비탈면이 장기적으로 안정하고 풍화 내구성이 강한 연암 또는 경암으로 이루어진 경우는 녹화공법을 적용하지 않을 수도 있다. 이때 식생이 부적절한 토질조건은 다음과 같은 경우가 있다.

① 산성토양으로서 식생의 생육이 적합하지 않은 토양

② 비탈면 표층부가 불안정하여 유실이 쉬운 토질조건

③ 비탈면 표층부의 경도가 높아 식물의 생육하지 못하는 토양

④ 연·경암 조건의 암반

⑤ 기상(기온, 강우, 일조량, 동결심도 등)이 취약한 곳

3.9.2 녹화공법의 설계

녹화공법은 ① 비탈면 경사, 지반조건, ② 토양 경도 및 토양 산습도, ③ 시비 여부, ④ 녹화보조공법 필요여부 등의 조사 결과를 토대로 비탈면의 조건과 식생의 적합성을 검토하여 다음 표와 같이 선정한다.

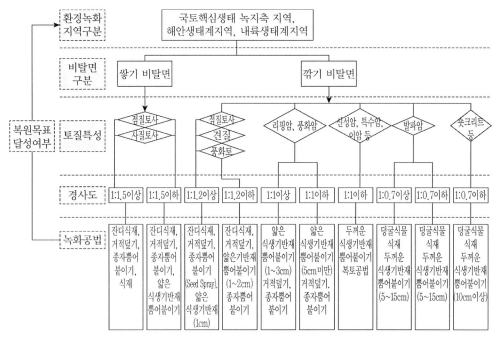

그림 3.11 비탈면 녹화공법 선정절차

침식 및 세굴의 우려가 높고 swelling, slaking 현상 등을 유발하여 자연적으로 식생이 생육하기 어려운 지반이나 산성배수를 유발하는 암과 같이 특수한 지반의 경우 전문가의 자문을 받아 비탈면 안정을 우선 도모하거나, 코팅, 중화 처리에 의하여 산성배수를 저감시킨 후 적절한 녹화공법을 선정하여야 한다.

3.10 낙석방지울타리

낙석방지울타리는 낙석방지울타리를 구성하는 부재가 일체가 되어 낙석의 에너지를 흡수하는 것으로 비교적 소규모의 낙석을 방지하는 데 효과적이다. 일반적으로 낙석발생이 예상되는 비탈면의 최하단에 설치하며 예상되는 낙하속도나 낙하에너지가 큰 경우에는 비탈면 내에 추가적으로 낙석방지울타리를 설치하여 낙석의 운동에너지가 단계적으로 흡수되도록 한다. 국내에서는 낙석방지울타리를 기초콘크리트에 단독으로 설치하거나 다른 구조물, 옹벽 등의 상부에 설치하는 경우가 많으며, H형강을 지주로 와이어로프와 철망을 부착시키는 형식이 주로 사용되고 있다.

3.10.1 낙석방지울타리 설치위치와 높이

낙석의 튀는 높이가 낙석방지울타리의 높이보다 높을 경우나 낙석에너지가 울타리의 흡수 가능에너지보다 클 경우 낙석방지울타리의 이격거리를 적절하게 조절함으로써 낙석방지울타리의 기능을 증대시킬 수 있다. 국내의 비탈면과 낙석특성을 고려할 때 최소한 이격거리가 0.96m 이상 확보되어야 한다. 만일 0.96m 이상의 이격거리를 확보하기 어려운 경우에는 낙석방지망을 함께 사용하여 낙석이 낙석방지울타리를 넘어 도로에 떨어지는 것을 막을 수 있다.

낙석이 튀는 높이는 비탈면의 요철이 큰 경우를 제외하고 일반적으로 다음 그림과 같이 2m 이하이다. 따라서 튀는 높이 h_1=2m로 하고, 최저울타리 높이는 그림 (b), (c)와 같이 $(2\sec\theta - d)$m로 한다. 이때, d는 기초 높이이다. 단, 그림 (d)와 같이 비탈면 경사가 비탈면 도중에서 변화하는 경우 또는 비탈면의 굴곡이 큰 경우 등에는 낙석이 낙석방지울타리를 뛰어 넘을 가능성이 있으므로 설치 위치, 울타리 높이 설정에 주의가 필요하다.

특히, 국내 비탈면의 경우, 발파에 의해 비탈면의 절취가 이루어지고 있어 비탈면의 굴곡이 매우 큰 편이므로 비탈면의 굴곡에 따라서는 4~5m까지 낙석의 튀는 높이가 증가할 가능성이 높다. 따라서 이 경우 h_1을 적절하게 조정하여야 한다.

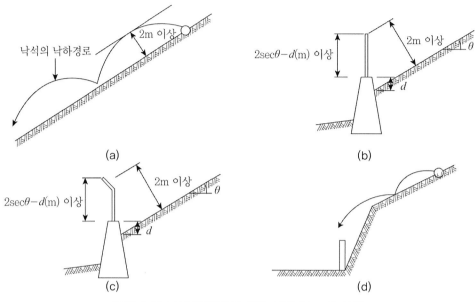

그림 3.12 낙석방지울타리 위치 선정 시 고려 사항

3.10.2 낙석방지울타리의 설계

낙석방지울타리는 울타리 설치위치에서의 낙석에너지와 낙석방지울타리의 흡수가능에너지를 계산하고 이 두 에너지를 비교하여 낙석방지울타리의 흡수가능에너지가 낙석에너지보다 크도록 설계한다. 낙석방지울타리의 설계 흐름도는 다음 그림 [3.13]과 같다.

낙석방지울타리의 하부를 지지하기 위한 기초는 콘크리트 옹벽 등을 사용할 수 있으며, 낙석방지울타리가 낙석에너지를 흡수할 수 있도록 충분히 안정하도록 설계한다. 낙석방지울타리의 흡수가능에너지는 낙석방지울타리를 구성하는 각각의 부재의 최소 흡수에너지의 합으로 계산하며, 표준형의 낙석방지울타리가 아닌 경우에는 정확한 흡수가능에너지를 평가하기 위하여 실물 성능평가시험을 실시하기도 한다.

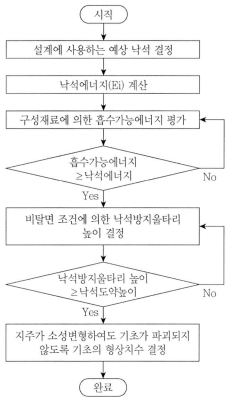

시작

설계에 사용하는 예상 낙석 결정

낙석에너지(Ei) 계산

구성재료에 의한 흡수가능에너지 평가

흡수가능에너지
≥낙석에너지   No

Yes

비탈면 조건에 의한 낙석방지울타리
높이 결정

낙석방지울타리 높이
≥낙석도약높이   No

Yes

지주가 소성변형하여도 기초가 파괴되지
않도록 기초의 형상치수 결정

완료

그림 3.13 낙석방지울타리 설계흐름도

3.11 피암터널

피암터널은 도로 및 철도 시설물 등의 상부에 구조물을 설치하여 낙석, 토사 및 암반 붕괴로부터 방호하는 시설로 노선 및 선로 등의 측면에 여유가 없고 낙석 등의 발생이 빈번한 급경사 비탈면에 설치한다.

3.11.1 피암터널의 형식

상부구조는 구조부재의 종류에 따라 RC, PC, 강재 및 혼합형 등이 있고, 단면의 형식에 따라 아치형, 문형, 박스형, 역 L형 및 캔틸레버형 등으로 분류된다. 기초로 채용되는 형식에는 직접기초 및 말뚝기초가 있다.

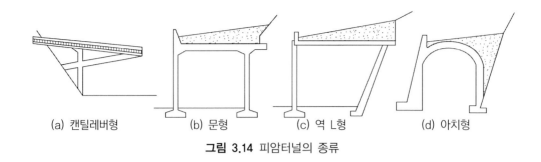

| (a) 캔틸레버형 | (b) 문형 | (c) 역 L형 | (d) 아치형 |

그림 3.14 피암터널의 종류

3.11.2 낙석 충격력 및 완충재

피암터널의 설계에서 고려하는 하중은 충격력, 사하중 및 토압, 설하중, 온도변화 및 건조 수축 영향, 지진 등이 있다. 여기서 피암터널에 작용하는 충격력은 낙석이 터널 상부구조 바로 위에 떨어지는 경우와 측벽에서 5m 이내에 떨어지는 경우로 구분하여 산정한다. 낙석의 낙하 높이는 낙석이 직접 피암터널에 떨어지는 경우에 낙차 H를 그대로 적용하고, 비탈면 경사가 완만한 낙석의 낙하 높이는 비탈면의 경사 및 마찰계수를 고려하여 환산 낙하높이를 적용한다. 또한 낙석이 상부구조 바로 위에 떨어지는 경우는 모래완충재가 있는 상태로 가정 하여 충격력을 산정하고, 낙석이 피암터널 측벽에서 5m 이내에 낙하하는 경우에는 탄성이론 으로 측벽에 작용하는 충격토압을 계산한다.

피암터널의 상부에는 낙석충격을 완화하고 분산시키는 목적으로 완충재를 설치한다. 완충재로 는 모래나 발포폴리스티렌(Expanded Poly-Styrol, EPS)을 단독으로 사용하는 것이 일반적이지만, 고무재질의 폐타이어를 사용하거나 모래층, RC 상판 및 EPS의 3층구조를 사용하는 경우도 있다.

3.11.3 피암터널의 설계

피암터널의 설계 시에는 피암터널이 설치되는 지반의 안정검토와 피암터널 자체의 구조적 인 안정검토를 수행한다.

이때, 피암터널의 안정검토는 피암터널이 설치되는 지형과 지반조건에 따라 기초지반의 지지력과 침하, 횡방향 활동 그리고 경사진 지반을 깎아서 피암터널을 설치하는 경우는 전체 적인 외적 안정검토를 실시한다. 피암터널 자체의 구조적인 안정검토에서는 낙석의 규모 및 낙하높이, 피암터널 상부의 충격완화 구조를 고려하여 구조물에 예상되는 충격하중을 산정하 고, 충격하중에 따른 피암터널 단면에 대한 구조해석을 실시하여 부재를 설계한다.

제4장

암반비탈면
안정성 평가 및 대책

암반비탈면 안정성 평가 및 대책

4.1 암반비탈면 조사 및 평가

4.1.1 개요

국내 비탈면의 경우, 토사비탈면보다 암반비탈면의 비율이 압도적으로 많은 것으로 보고되고 있다. 한국건설기술연구원 자료에 의하면 26,885개의 비탈면을 조사한 결과, 암반비탈면이 46%, 혼합비탈면 35%, 토사비탈면 17%로 보고되고 있다. 혼합비탈면도 암반의 특성을 포함하고 있으므로 전체적으로 80% 이상이 암반비탈면으로 구성되어 있다고 할 수 있다. 따라서 국내에 있어서 암반비탈면이 매우 중요한 부분을 차지하고 있음을 확인할 수 있다.

본 장에서는 암반비탈면에 대한 이해를 위하여 지질 및 암반에 대한 기초지식을 바탕으로 암반비탈면 조사방법과 평가방법을 중점적으로 기술하였다.

4.1.1.1 암종에 대한 기본사항

암반비탈면에서 기본적으로 선행되어야 하는 부분이 비탈면을 구성하고 있는 암종에 대한 평가이다. 비탈면조사 시 기본적으로 암종에 대한 파악이 선행되어야 하며, 암종의 특성에 따라 비탈면붕괴의 형태와 원인을 분명히 밝혀낼 수 있기 때문이다. 일반적으로 암은 생성기원에 따라 다음과 같이 3가지로 구분할 수 있다.

가. 화성암

화성암은 지각 심부 마그마의 활동과 연계되어 발생되는 암이다. 마그마가 지표로 상승과

냉각을 통하여 다양한 암종을 형성되게 된다. 지하 깊은 곳에서 서서히 굳어진 암석은 심성암으로 분류하고, 지표로 분출한 암석은 화산암이라고 한다. 지표와 지하 심부 사이에서 고결된 암석을 반심성암이라고 한다. 화성암을 이루는 주요구성광물로는 석영, 장석, 운모, 휘석, 각섬석 등이 있다.

표 4.1 화성암의 종류

입자	SiO_2 함량 산출상태		염기성암 ← 52% → 중성암 ← 66% → 산성암		
세립 ↕ 조립	화산암	반정질	현무암	안산암	유문암
	심성암	완정질	휘록암	반암	석영반암
			반려암	섬록암	화강암
주요한 유색광물			휘석, 감람석	감람석, 휘석	흑운모, 각섬석
주요한 무색광물			사장석	사장석	석영, 칼리장석, 사장석

나. 퇴적암

퇴적암은 지표에 노출되어 있는 모든 암석종류들이 풍화작용으로 인하여 작은 쇄설편으로 모암과 분리되어 다른 장소로 운반·퇴적된 후, 지질시간이 경과하고 고화 또는 재결정 작용 등을 통하여 생성된 암석이다. 퇴적암은 생성 원인에 따라서 쇄설성 퇴적암, 화학적 퇴적암, 유기적 퇴적암으로 나눌 수 있다.

표 4.2 퇴적암의 종류

구분	쇄설성 퇴적암	화학적 퇴적암	유기적 퇴적암
암석명	이암, 셰일, 사암, 역암	석회암, 석고, 돌로마이트	석탄, 규조토

다. 변성암

변성암은 기존의 암석이 기원 때와는 다르게 온도와 압력의 영향에 의하여 다른 암석으로 바뀐 것이며, 재결정 작용을 일으켜 새로운 조직 및 광물조성을 가지는 암석이다. 변성작용은 접촉변성작용과 광역변성작용으로 구분할 수 있다. 접촉변성작용은 주로 고온, 저압하에서 발생하며, 광역변성작용은 저온, 고압하의 지질환경에서 일어난다.

표 4.3 변성암의 종류

구분	접촉변성암		광역변성암	
	모암 → 변성암		모암 → 변성암	
암석명	모든 암석	혼펠스	이암, 셰일	점판암
	현무암, 반려암	사문암	점판암	천매암
	사암	규암	천매암	편암
	석회암	대리석	편암	편마암
			역청탄	무연탄

4.1.1.2 불연속면의 종류

암반비탈면에서 마주칠 수 있는 불연속면은 다양하게 많다. 이런 불연속면은 비탈면에 불안정 요인으로 작용하게 되고 결국 비탈면 붕괴를 유발하는 주요 원인으로 작용하게 된다. 따라서 불연속면의 생성기원 또는 형상에 대하여 자세히 알아 둘 필요가 있다.

가. 단층

단층(fault)이란 암석 중에 생긴 틈을 경계로 양쪽의 암반이 상대적으로 이동하여 어긋나 있는 것을 칭한다. 지각에 있는 모든 암석에서 나타나지만, 괴상의 화성암이나 변성암의 경우는 단층면을 경계로 상대적인 변위량을 확인하기 어려운 경우가 많아 현장에서 인지하기는 간단치 않다. 그러나 퇴적암의 경우에는 인근 지층의 형성상태로 쉽게 단층을 인지할 수 있다. 단층의 종류로는 상대적인 변위량에 따라 정단층, 역단층, 주향이동 단층으로 구분할 수 있다.

비탈면 현장에서 주로 관찰되는 용어로는 단층활면(slickenside), 단층점토(fault gauge), 단층각력(fault breccia) 등이 있다. 단층활면은 두 단층면 사이의 미끄러지는 면으로 이동 방향이 비교적 나란하게 긁힌 줄무늬를 가지는 반짝이는 면을 말한다. 단층점토는 단층작용으로 발생된 단층면을 충진하고 있는 점토를 일컫는다. 이와 유사하게 단층각력은 단층면에 각력이 분포하고 있는 특징이 있다.

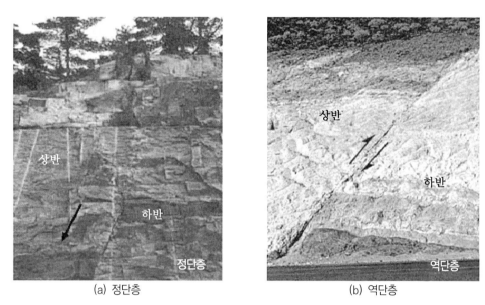

(a) 정단층   (b) 역단층

그림 4.1 단층 종류 사례 사진

나. 절리

절리(joint)란 암석 내에 존재하는 틈이나 균열로, 갈라진 면을 경계로 한 이동은 거의 없고, 마그마나 용암이 식어서 수축할 때 또는 지각의 변동, 풍화 등에 의해 생성되는 산물이다. 절리의 크기는 대체로 수 cm ~ 수 10m에 이른다. 절리의 종류로는 주상절리, 판상절리, 방사상절리, 불규칙절리, 풍화절리, 층상절리 등이 있으며 성인에 따라 인장절리(extensional joint)와 전단절리(shear joint)로 구분할 수 있다.

(a) 수평절리   (b) 주상절리

그림 4.2 절리 종류 사례 사진

표 4.4 불연속면의 종류 및 특징

종류	특징		기호
절리	• 암석에 발달된 갈라진 면으로서 틈 • 틈 양쪽에 전이가 발생되지 않은 것		20
역전된 절리	절리면이 비탈면 방향에 대하여 역방향인 경우		
층리	퇴적물의 입자의 크기와 색을 달리하며 쌓인 띠상의 평행구조		30
엽리	암석에 높은 압력이 작용하여 두 종 이상의 광물들이 교대로 늘어선 변성암의 조직		45
단층	• 지각 중에 생긴 틈을 경계로 양쪽 지반이 이동하여 어긋난 것 • 지각 중에 생긴 틈을 경계로 양측이 상대적으로 전이한 것		U D
습곡	지층의 구부러짐	솟아오른 부분은 배사	
		아래로 휜 부분은 향사	

4.1.2 암반비탈면 조사

4.1.2.1 육안조사

가. 불연속면 표기 방법

불연속면을 기하학적으로 표기하는 가장 보편적으로 사용되는 방법이 주향(strike)과 경사(dip)이다. 주향은 성층면과 수평면의 교선 방향을 말하며, 북을 기준으로 기술한다. 표기 예는 다음과 같다(예 : N30E, N40W). 경사는 성층면과 수평면이 이루는 각 중 90° 이하이면서 가장 큰 각을 말하며 성층면상의 주향선에 직각으로 그은 선과 수평면 사이의 각이다. 표기 예는 다음과 같다(예 : 35E, 50W, 40SE). 일반적으로 사용되는 경사는 진경사를 뜻하며, 이와 다르게 위경사가 있다. 위경사는 주향선에 직각이 아닌 모든 선과 수평면 사이의 각도로, 항상 진경사보다는 작은 값을 나타낸다. 최근 많이 사용되고 있는 주향과 경사를 다르게 표현하는 방법 중에 경사 방향(dip direction)을 표시하는 방법이 있다. 경사의 방향을 북을 기준으로 하여 360° 이내에서 표시하는 방법이다. 표기 예는 다음과 같다(예 : 030/70, 280/20).

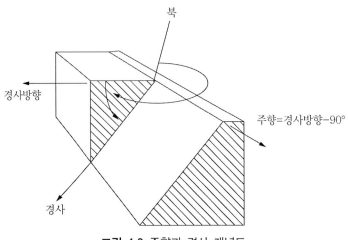

그림 4.3 주향과 경사 개념도

나. 불연속면 조사 방법

암반 내 존재하는 불연속면의 특징을 기술하기 위한 방법은 국제암반역학회(ISRM, 1981)에서 제안한 암반 불연속면의 정량적 기재에 대한 지침을 이용하는 것이 보편적이다. 다음은 불연속면(절리, 단층)의 일반적인 조사항목과 평가에 대한 내용을 정리한 것이다.

표 4.5 비탈면조사 체크리스트(불연속면 조사 사례)

	Set 1	Set 2	Set 3	Set 4
Orientation	80°/346°	63°/082°	50°/204°	34°/004°
Spacing	20~40cm	30cm	30~50cm	50cm
Aperture	tight~수 mm	2~3mm	1~3cm	수 mm
Persistence	5~6m 이상	3~5m	5m	2~3m
Roughness	undulating/rough	undulating/rough	undulating/rough	undulating/rough
Filling material	MnO_2	soils	soils	clay & soils
Wall strength	250 kg/cm²	–	–	–
Seepage	Dry	Dry	Dry	Dry
Block size	1×1×2m	–	–	–
Remarks	수직절리	비탈면과 평행한 절리군	–	random set

1) 절리의 방향성

절리의 방향성(joint orientation)은 경사각 및 경사 방향으로 표시하는 것이 일반적이다. 절리계를 이루고 있는 절리 중 암괴의 안정에 중요한 영향을 미치는 절리를 측정하고 기술한다. 절리의 방향성을 측정하는 기기로는 클리노컴파스, 클리노미터, 브란튼컴파스 등이 사용되고 있으며 최근에는 전자식으로 측정하여 데이터를 관리하는 전자클리노컴파스도 개발되고 있다.

2) 절리의 틈간격

절리는 틈새(joint aperture)가 폐쇄되어 있을 수도 있고 벌어져 있을 수 있다. 틈의 폭(aperture)은 암반 전단강도와 투수성에 영향을 주고 있으므로 비탈면에서는 매우 중요한 역할을 한다. 비탈면이 파괴가 일어날 경우, 활동면으로 작용할 가능성이 매우 높다. 충전물질이 없는 경우 틈새정도는 틈 게이지(aperture gauge)에 의하여 측정한다.

표 4.6 절리면의 틈새 기재방법

틈 간격	기술		구분
< 0.1mm	very tight		A1
0.1~0.25mm	tight	closed features	A2
0.25~0.5mm	partly open		A3
0.5~2.5mm	open		A4
2.5~10mm	moderately wide	gapped features	A5
> 10mm	wide		A6
1~10mm	very wide		A7
10~100mm	extremely wide	open features	A8
> 1mm	cavernous		A9

3) 절리의 간격

절리면의 간격(joint spacing)은 절리군을 이루는 절리 간의 수직거리를 말한다. 절리를 직접 측정할 수 없을 경우에는 시추코어를 사용하여 추정한다. 절리간격은 다음과 같은 값의 범위로 분류할 수 있다.

표 4.7 절리의 면간격 구분

기술	절리간격(mm)	구분
극히 좁은 간격(extremely close spacing)	< 20	S1
매우 좁은 간격(very close spacing)	20~60	S2
좁은 간격(close spacing)	60~200	S3
적당한 간격(moderate spacing)	200~600	S4
넓은 간격(wide spacing)	600~200	S5
매우 넓은 간격(very wide spacing)	2000~6000	S6
극히 넓은 간격(extremely wide spacing)	> 6000	S7

4) 암괴의 크기

암괴의 크기(block size)는 절리군의 수, 절리간격, 연속성에 의해 결정되며 특정 응력상태에서 암반의 공학적인 거동을 결정하는 지료로 이용되기도 한다.

표 4.8 암괴의 크기 구분

기술	암괴 크기(m^3)	암괴상에서 동등절리 간격	단위체적당 절리 수(J_v)	구분
매우 큼	8 이상	극도로 넓음	1개 이하	B1
큼	0.2~8	매우 넓음	1~3	B2
중간	0.008~0.2	넓음	3~10	B3
작음	0.0002~0.008	매우 좁음	10~30	B4
매우 작음	0.0002 이하	극도로 좁음	30 이상	B5

* J_v값이 60 이상은 파쇄된 암석, 전형적인 점토질 파쇄암을 나타낸다. $J_v = 1/S_1 + 1/S_2 + \cdots + 1/S_n$($S_n$은 각 절리군의 평균간격)

5) 절리의 연장성

절리의 연장성(joint persistence)은 절리의 크기 또는 절리가 연장되는 크기를 말한다. 절리의 연속성은 반드시 측정하도록 한다. 이는 붕괴 규모 산정 및 추정에 중요한 요인이 된다.

표 4.9 절리의 연장성 구분

기술	연장성(m)	구분
매우 낮은 연장성(very low persistence)	< 1	P1
낮은 연장성(low persistence)	1~3	P2
적당한 연장성(medium persistence)	3~10	P3
높은 연장성(high persistence)	10~20	P4
매우 높은 연장성(very high persistence)	> 20	P5

6) 절리의 거칠기

절리면의 거칠기(joint roughness)는 전단강도에 있어 중요한 요소이다. 절리면의 거칠기는 전체 절리의 굴곡 정도(waviness)와 작은 규모의 절리면 요철(unevenness)로 나누어 기재한다. 굴곡정도는(waviness) 절리표면에서 파동과 같은 1차 거친 정도(first order asperities)와 작은 규모에서 절리면 요철은 2차 거친 정도(second order of asperities)로 구분한다. 이 외에도 거칠기 분류법은 다음과 같은 방법이 있다. ISRM과 Barton에 의한 분류법이 있다. ISRM은 총 9개로 분류하고 있으며 Barton(1978)은 육안관찰로 수 cm(소규모)에서 수 m(중규모) 크기로 분류하고 있다.

표 4.10 절리면의 거칠기 분류법(ISRM에 의한 분류법)

중규모 거칠기 (waviness)	소규모 거칠기 (unevenness)
평면형(planar)	매우 거칠음형(very rough)
	거칠음형(rough)
계단형(stepped)	단층조선형(slickenside)
	미끄러운형(smooth)
물결형(undulating)	매우 미끄러운형(very smooth)

7) 절리 충진물질의 종류 및 두께

절리의 틈새는 공기, 물, 점토 같은 물질로 충진되어 있다. 절리면에 충진물이 있을 경우, 충진물에 따라서 비탈면이 붕괴가 일어나기 쉬운 상태가 될 가능성이 높으므로 주의 깊게 조사하여야 한다. 절리면에 충진물이 있는 경우, 충진물의 두께 및 종류에 따라 마찰각은 감소하게 된다. 만약 충진물이 충분히 두껍다면 절리면의 전단강도는 충진물의 전단강도가 된다. 그러므로 현장에서 각 절리면에 대한 충진물의 종류와 두께를 측정할 필요가 있다.

8) 풍화도

일반적으로 풍화도는 ISRM의 분류법을 따르고 있다.

9) 절리면 강도

절리면 강도(wall strength)는 절리면의 일축압축강도를 말한다. 강도값은 칼로 긁거나 망치로 타격하여서 정성적인 값을 추정하는 방법과 슈미트해머타격(schmidt hammer test), 점하중시험(point load test) 등의 정량적인 값 측정법이 이용된다. 현장에서 정성적 암석의 강도는 다음과 같은 기준에 준하여 기재한다.

표 4.11 풍화도에 의한 분류 기준(ISRM, 1978)

기술	구분	특징
잔류토 (residual soil)	RS	• 풍화가 매우 심해 소성을 띠는 흙으로 변한 상태로 암의 조직과 구조는 완전히 파괴되어 있음
완전 풍화 (completely weathered)	CW	• 광물은 풍화되어 흙으로 변했지만 암의 조직과 구조는 남아 있음 • 시료는 쉽게 부서지거나 관입됨
심한 풍화 (highly weathered)	HW	• 대부분 광물이 풍화되어 있으며 암시료는 손으로 힘들여 부러뜨릴 수 있으며 칼로 긁어낼 수 있음 • 암반에 핵석이 있을 수 있음 • 조직은 뚜렷치 않지만 구조는 남아 있음
적당한 풍화 (moderately weathered)	MW	• 전체적으로 풍화변색되고 장석과 같이 풍화에 약한 광물은 풍화됨 • 신선한 암보다 약하지만 손으로 부러뜨리거나 칼로 긁을 수 없음 • 암조직은 남아 있음
약간의 풍화 (slightly weathered)	SW	• 갈라진 틈의 내부에 다소 풍화변색된 상태를 제외하곤 신선과 비슷함
신선 (fresh)	F	• 풍화된 흔적이 없으며 지질조사용 해머로 타격 시 금속음을 내며 울림

- 매우 약함(very weak) : 손가락 또는 엄지손가락의 압력으로 눌러 으스러지는 정도
- 약함(weak) : 해머로 눌러 으스러지는 정도
- 보통 강함(moderately strong) : 1회의 약한 해머 타격으로 쉽게 깨지거나 모서리가 으스러지는 정도
- 강함(strong) : 1, 2회의 강한 해머 타격으로 깨지나 모서리가 각이 지는 정도
- 매우 강함(very strong) : 여러 번의 강한 해머타격으로 깨지며 패각형의 조각이 날카로운 정도

10) 절리면 누수

절리면의 침출수 문제는 암반의 공학적, 역학적 특성에 지대한 영향을 미치는데 충진물의 함수비 변화에 따른 충진물 강도변화, 간극수압 증대에 따른 전단강도 및 지반지지력약화 등으로 대표된다. 절리면의 누수(seepage) 정도는 건조(dry), 축축함(damp), 젖음(wet), 흐름(flow)의 4단계로 기재한다.

4.1.2.2 시추조사

시추조사는 지반상태를 규명하기 위해 실시하는 조사 중 가장 직접적인 조사방법이다. 시추조사적용기준은 각 기관별로 상이한 부분이 있으나, 2021년 국가기준센터에서 발표한 설계기준을 참조하는 것이 좋다. 다음 박스 안의 표는 비탈면에 적용될 최소 시추조사 적용기준표이다. 그러나 시추조사는 제한된 지역에 국한되어 시추되므로 다른 조사결과와 병행하여 적용하는 것이 올바른 비탈면해석의 결과를 도출해 낼 것이다. 다음은 건설공사 비탈면 설계기준에 제시된 시추조사 내용을 인용한 것이다.

① 시추조사는 심도별 지층구성과 지하수위를 파악하고 교란시료 및 암석시료를 채취하며, 시추공을 이용한 현장시험 등을 수행하기 위하여 실시한다.
② 시추는 원칙적으로 NX 규격의 이중 코어배럴을 사용하고, 풍화대와 파쇄대 등에서는 코어회수율을 높이고 원상태의 시료를 채취하기 위하여 삼중 코어배럴이나 D-3 샘플러를 사용할 수 있다.
③ 지층구성 파악을 위한 시추횟수와 심도는 비탈면 규모, 예상되는 문제의 종류와 범위, 요구되는 지반조사 자료의 정밀도에 따라 지반분야 책임기술자의 판단에 따라 결정하며, 지층이 불규칙하거나 주요구조물 인근에서는 시추빈도를 늘려 실시할 수 있다. 비탈면 설계에서 최소 시추조사 기준은 다음의 표와 같다.
④ 시추공 내에서의 최종 지하수위는 시추 종료 최소 72시간 경과 후 안정 지하수위를 측정하는 것을 기본으로 하고, 72시간 이내인 경우에는 시추공 내 회복수위를 측정하여 결정한다.
⑤ 모든 시험이 종료된 후에는 지하수법에 의거하여 폐공처리 하여야 한다.
⑥ 시추조사에서 시료채취는 지반의 육안관찰과 각종 시험을 실시하기 위하여 실시한다. 시료채취 방법과 특징은 KS F 2317, KS F 2319를 참고한다.

• 시추조사 최소 적용 기준

구분		적용 기준	
		개소별	공통
깎기 비탈면	일반 비탈면	• 깎기 높이 20m 미만 비탈면에 대해 1개소 시추 • 대표 비탈면 단면에 대하여 비탈면 경계부 위치에서 부지계획면 아래 2m 이상 시추	• 연장이 긴 경우는 200m마다 시추조사 추가 • 불안정 요인을 갖는 지형, 지질에 해당하는 경우 추가

대규모 비탈면	• 깎기 높이 20m 이상 비탈면에 대해서 최소 2개소 시추 • 비탈면의 대표 단면에 대하여 비탈면 경계부와 비탈면 중간부에서 부지계획면 아래 2m 이상 시추, 비탈면 중간부 시추는 경암 노출 시 경암 2m 아래 이상 시추	• NX 규격 시추 실시, 전 구간 교란시료 및 코어 회수 • 필요시 물리탐사를 실시하여 시추위치 결정
쌓기비탈면	• 쌓기구간 내 대표단면 또는 구조물 위치에서 최소 1회 실시(필요시 물리탐사를 실시하여 시추위치 결정) • 쌓기연장 200~300m마다 시추조사 추가 • 지지층의 종류를 판단할 수 있는 깊이까지 실시(연암 2m 아래 이상 시추하여 확인 또는 표준관입시험에서 N = 50/10을 7m 이상 확인) • 시추규격 및 시료채취 시 NX 크기 적용 • 연약지반 예상지역에서는 현지 여건을 감안하여 핸드오거보링을 200m마다 시행(단면 변화 지점 및 지질상태가 급변하는 지점에서는 추가 실시)	

* 이 기준은 일반적인 최소권장사항이며 대상비탈면별 또는 사업규모에 따라 지반분야 책임기술자의 판단에 따라 시추조사 계획을 수립하여 실시한다.

시추조사 방법은 일반적으로 변위식, 수세식, 충격식, 회전식 및 오거식 시추로 분류된다. 시추방법의 분류표는 다음과 같다.

표 4.12 시추방법의 분류

구분	특징	굴진방법	지층판정방법	적용지반	용도
변위식 시추	• 가장 단순한 시추로 케이싱을 사용하지 않음	• 선단을 폐쇄한 샘플러를 동적 또는 정적 관입	• 관입량에 대한 타격 횟수 • 압입하중	• 공벽이 붕괴되지 않는 점성토 및 사질토	• 개략 및 정밀조사
수세식 시추 (Wash boring)	• 장치가 간단하고 경제적임	• 비트의 회전 및 작업수의 분사 • 슬라임 배출	• 관입 또는 비트 회전 저항 • 슬라임 확인	• 연약점토 및 세립, 중립의 사질토	• 개략, 정밀, 보충조사 • 지하수조사
충격식 시추 (Percussion boring)	• 깊은 시추공법 중 가장 긴 역사를 가짐	• 중량 비트를 낙하시켜 파쇄 • 슬라임 배출	• 굴진속도, 슬라임 • 일반적으로 지층판정 곤란	• 토사 및 균열이 심한 암반 • 연약지반 부적합	• 지하수 개발 • 전석, 자갈층 • 시료채취 부적합
회전식 시추 (Rotary boring)	• 굴착이수 사용 • 지반교란 적음 • 코어채취 가능	• 비트 회전으로 지반분쇄 굴진 • 슬라임 배출	• 굴진속도 • 순환 배출토 • 채취시료 관찰	• 토사 및 암반 등 거의 모든 지층에 적용	• 정밀, 보완조사 • 암석코어 채취 • 지하수는 부적합
오거식 시추 (Auger boring)	• 인력 및 기계 • 가장 간편한 시추방법이나 시료는 교란됨	• 오거를 회전하면서 지중에 압입 굴진 • 주기적으로 오거를 인발하여 샘플링	• 채취된 시료의 관찰	• 공벽붕괴가 없는 지반 • 연약하지 않은 점성토 • 점착성이 다소 있는 토사	• 얕은 지층의 개략, 정밀조사 • 동력식은 보충조사에 적합

4.1.2.3 암반비탈면 현황도

절토비탈면 현황도(face map)에 대한 기본적인 사항에 대하여 살펴보고 현황도 작성 기법에 대하여 기술하고자 한다.

가. 절토비탈면 현황도 개요 및 목적

도로, 철도, 부지조성 등 건설을 위하여 지반을 절취할 경우, 원시 상태 비탈면형상, 지질 상태, 풍화 정도, 불연속면, 지하수 특성 등 제반 특성을 평면상에 기재(스케치)한 도면을 현황도(face map)라고 한다. 현황도를 데이터베이스 관리함으로써 예상치 못한 붕괴 또는 녹화 후 부분적인 붕괴에 대한 효율적인 대책을 강구하기 위함이다.

나. 절토비탈면 현황도 작성

절토부의 현황도는 절토비탈면의 절취뿐만 아니라, 절토비탈면의 안정성에 영향을 미칠 수 있다고 판단하여 조사를 실시한 일정범위(상부자연비탈면, 비탈면하부지반, 절토비탈면 좌우일정부분 등)를 포함하여 작성한다. 현황도는 절토비탈면의 크기에 따라 1/100~1/250의 축척을 사용해 A3 크기로 작성하는 것을 기본으로 하며, 비탈면의 규모가 크거나 지반조건이 복잡하여 A3 크기에 기재하지 못할 경우에는 현황을 분할하여 작성하도록 한다.

다. 현황도에 포함될 조사 항목

절토비탈면 현황도 작성에 필요한 조사항목은 암반비탈면의 특성을 대별할 수 있는 항목으로 구성되어 있다. 예를 들면 불연속면의 경우, 다음과 같이 기호로서 표시한다. 그림 [4.4]는 암반비탈면의 현황도 작성 예를 나타낸 것이다. 표 [4.13]은 절토비탈면 현황도에 사용된 기호에 대한 개략 설명이다(현황도 표기는 기호로서 표기).

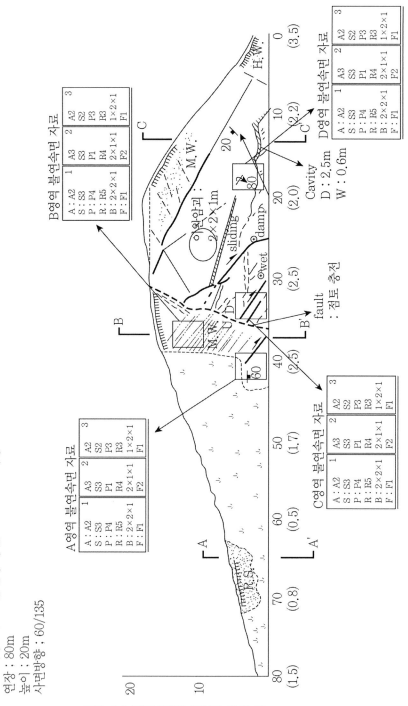

위치 : N 36°59'20"/E 128°2'017" (시점)
　　　 N 36°59'21"/E 128°2'017" (종점)

HMS이정표 : 5호선 단양 방면 4km 600m 하행
연장 : 80m
높이 : 20m
사면방향 : 60/135

A영역 불연속면 자료

A영역 불연속면 자료	1	2	3
A : A2	A3	S2	A2
S : S3	S3	S3	S2
P : P4	P1	P3	P3
R : R5	R4	R3	R3
B : 2×2×1	2×1×1		1×2×1
F : F1	F2		F1

B영역 불연속면 자료

B영역 불연속면 자료	1	2	3
A : A2	A3	S2	A2
S : S3	S3	S3	S2
P : P4	P1	P3	P3
R : R5	R4	R3	R3
B : 2×2×1	2×1×1		1×2×1
F : F1	F2		F1

C영역 불연속면 자료

C영역 불연속면 자료	1	2	3
A : A2	A3	S2	A2
S : S3	S3	S3	S2
P : P4	P1	P3	P3
R : R5	R4	R3	R3
B : 2×2×1	2×1×1		1×2×1
F : F1	F2		F1

D영역 불연속면 자료

D영역 불연속면 자료	1	2	3
A : A2	A3	S2	A2
S : S3	S3	S3	S2
P : P4	P1	P3	P3
R : R5	R4	R3	R3
B : 2×2×1	2×1×1		1×2×1
F : F1	F2		F1

Cavity
D : 2.5m
W : 0.6m

fault
: 점토 충전

그림 4.4 절토비탈면 현황도 작성 예

표 4.13 절토비탈면 현황도 작성 사용기호

기호	대상	비고	기호	대상	비고
0 10 80 (1.5) (1.2) (2.0)	연장(이격거리)		S : S3	불연속면 간격	
20 ↕ 0	높이		P : P4	불연속면 연장성	
M.W.	풍화도		R : R5	불연속면 거칠기	
20	절리(20 : 경사)		B : 2×2×1	암괴의 크기	
역전된 절리 기호	역전된 절리		F : F2	불연속면 충진물질	
30	층리(30 : 경사)		(●)damp	누수정도	
45	엽리(45 : 경사)		붕괴부 기호	붕괴부	
U / D	단층(U ; 상반, D ; 하반)		슬라이딩 기호	슬라이딩	
습곡(향사) 기호	습곡(향사)		동굴 기호	동굴	
습곡(배사) 기호	습곡(배사)		식생 기호	식생	
A : A2	불연속면 틈 간극		붕괴가능지역 기호	붕괴가능지역	

4.1.3 암반비탈면 평가기법

암반비탈면을 정량적으로 평가하는 방법 중에는 RMR 분류법을 이용한 SMR 평가방법이 있다. 본 절에서는 SMR 평가기법을 살펴보기 전, 먼저 RMR 기법에 대하여 살펴보기로 한다.

4.1.3.1 RMR 기법

RMR(Rock Mass Rating)은 암반에 점수를 주어 암반을 평가하는 방법으로 1972~1973년에 Z.T.Bieniawski에 의해 제안되었다. Lauffer(1958)의 무지보 자립시간 분류법이나 Wickham(1972)

의 RSR 분류법을 기초로 개발되었다.

암반을 평가하는 방법으로는 5가지 요소로 구성된다. 암석의 일축압축강도, 암질 지수 (RQD), 불연속면의 간격, 불연속면의 상태, 지하수의 상태이다. 이후 Bieniawski는 현장적용 시험과정을 거쳐 체계를 1989년 수정 보완하였다. 세부적인 내용으로 풍화상태 항목은 일축 압축강도에서 설명되므로 제외시켰다. 절리의 틈새나 간격, 연속성 및 절리상태는 포함시켰 으며 불연속면의 주향과 경사는 기본요소의 항목에서 제외시켰다. 반면, 불연속면 주향과 경사의 영향은 다른 기본 변수를 고려하여 보정한다.

표 4.14 RMR 시스템

분류 기준			특성치 구분 및 평점						
R1	시료강도 (MPa)	점하중강도지수 일축압축강도	10 250	4 100	2 50	1 25	일축압축강도 5		이용 1
	R1 평점		15	12	7	4	2	1	0
R2	암질표시율(RQD)(%)		90	75	50	25			
	R2 평점		20	17	13	8	3		
R3	절리면 간격(Js)(cm)		200	60	20	6			
	R3 평점		20	15	10	8	5		
R4	절리면 상태(Jc)	연장길이(m)	< 1	1~3	3~10	10~20	> 20		
		평점	6	4	2	1	0		
		분리폭(mm)	밀착	< 0.1	0.1~1.0	1~5	> 5		
		평점	6	5	4	1	0		
		거칠기	매우거침	거침	약간 거침	매끄러움	아주 매끄러움		
		평점	6	5	3	1	0		
		충전물두께(mm)	없음	견고한 충전물		연약한 충전물			
				< 5	> 5	< 5	> 5		
		평점	6	4	2	2	0		
		풍화도	신선함	약간풍화	중간풍화	심한풍화	완전풍화		
		평점	6	5	3	1	0		
R5	지하수 상태	터널길이 10m당 유입량(L/분) 또는 수압/주응력 비 또는 건습 상태	0 0 완전건조	10 0.1 습윤	25 0.2 젖음	125 0.5 물방울이 떨어짐	물이 흐름		
	R5 평점		15	10	7	4	0		

- 5개의 요소에 가중치를 두어 0~100까지 범위로 결정(기본 RMR값)(표 [4.14])
- 6번째 요소는 터널 굴진 방향에 대한 불연속면 방향을 보정(최종 RMR 산출)(표 [4.15])

표 4.15 구조물과 불연속면의 방향에 대한 보정

터널의 굴진 방향		불연속면의 경사		상태
주향과 직교	경사 a 방향 b	45~90° 20~45°	A B	매우 유리 유리
	역경사 b 방향 a	45~90° 20~45°	A B	보통 불리
주향과 평행		20~45° 45~90°	D C	보통 매우 불리
주향과 무관		0~20°		보통

	주향과 경사	매우 유리	유리	보통	불리	매우 불리
점수	터널과 광산	0	−2	−5	−10	−12
	기초	0	−2	−7	−15	−25
	비탈면	0	−5	−25	−50	−60

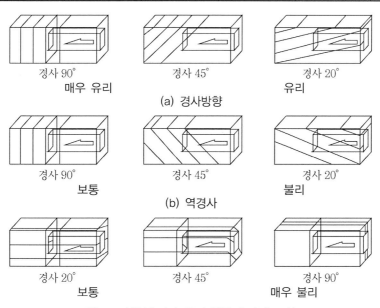

경사 90° 매우 유리   경사 45°   경사 20° 유리

(a) 경사방향

경사 90° 보통   경사 45°   경사 20° 불리

(b) 역경사

경사 20° 보통   경사 45°   경사 90° 매우 불리

그림 4.5 불연속면과 굴진 방향의 관계 모식도

암반등급 결과 분석은 다음과 같이 정리할 수 있다.

표 4.16 암반등급 결과 분석

RMR 평점	100~81	80~61	60~41	40~21	20 이하
암반 등급	I	II	III	IV	V
암반 상태	매우 우수	우수	양호	불량	매우 불량
평균 자립 시간	스팬 15m 20년	스팬 10m 1년	스팬 5m 1주일	스팬 2.5m 10시간	스팬 1m 30분
암반의 점착력(kPa)	> 400	300~400	200~300	100~200	< 100
암반의 내부 마찰각(°)	> 45	35~45	25~35	15~25	< 15

4.1.3.2 SMR 기법

1973년 Bieniawski가 제안한 RMR(Rock Msaa Rating) 분류법은 주로 터널에서 지보의 적합성을 평가하는 암반분류법으로 발전되어 왔기 때문에 비탈면에 적용하기가 다소 곤란한 면이 있었다. 1989년 수정한 암반의 경험적인 분류법인 RMR 분류법을 근간으로 재작성하였다. SMR(Slope Mass Rating)에 의한 비탈면 암반 분류법은 암반비탈면의 안정성을 1차적으로 평가하는 방법으로 Bieniawski의 RMR을 근거로 하여 비탈면에 대한 요소들을 보정하는 방식으로 Romana(1985 & 1988)에 의해 제안되었으며, 분류등급에 따라 예상되는 파괴형태와 지보대책에 대한 방법도 제시하고 있다.

SMR 평가법의 평가 항목 및 평점은 RMR 분류법과 동일하며, 평점의 보정기준은 다음과 같다.

- 불연속면과 절토비탈면의 주향차이각
- 평면파괴 시 불연속면의 경사각
- 불연속면과 절토비탈면 경사각의 상관관계
- 절취공법

표 4.17 불연속면의 영항에 대한 보정치(Romana, 1985)

		매우 유리	유리	보통	불리	매우 불리
P T	$\|\alpha j - \alpha s\|$ $\|\alpha j - \alpha s - 180°\|$	$>30°$	$30-20°$	$20-10°$	$10-5°$	$<5°$
P T	F1	0.15	0.40	0.70	0.85	1.00
P	$\|\beta_i\|$	$<20°$	$20-30°$	$30-35°$	$35-45°$	$>45°$
P T	F1 F2	0.15 1	0.40 1	0.70 1	0.85 1	1.00 1
P T	$\beta_i - \beta_s°$ $\beta_i + \beta_s°$	$>10°$ $<110°$	$10-0°$ $110-120°$	$0°$ $>120°$	$0\sim-10°$ $-$	$<-10°$ $-$
P T	F3	0	-6	-25	-50	-60

* P : 평면파괴 αs : 비탈면 경사 방향 β_s : 비탈면경사   T : 전도파괴
   αj : 절리면 경사 방향 β_i : 절리면 경사

표 4.18 굴착방법에 따른 보정치

굴착방법	자연비탈면	프리 스플리팅 (Pre splitting)	스무스 블라스팅 (Smooth Blasting)	발파 및 기계굴착	과도한 발파
F4	15	10	8	0	-8

① F_1 : 암반비탈면의 경사 방향과 불연속면 경사 방향과의 각도 차이를 절댓값으로 구하며 차이각이 30° 이상일 때는 붕괴가능성이 희박한 것으로 본다. F_1은 0.15에서 서로 평행한 경우인 1 사이의 값을 가진다. 이들 값은 경험적으로 산정되지만 대략적인 상관관계는 다음과 같다.

$$F_1 = (1 - \sin \alpha)^2$$

여기서, α는 비탈면과 절리의 주향 사이 각도

② F_2 : 평면파괴 형태에서의 불연속면의 경사각과 관련된 요소로 불연속면의 전단거동 가능성의 척도를 나타내며 이 값은 1.00(경사각이 45°보다 큰 경우)에서 0.15(경사각이 20°보다 작은 경우) 사이의 값을 가지며, 전도파괴에 대한 값은 1로 본다. F_2는 경험적으로 정립된 다음 식으로 계산된다.

$$F_2 = \tan 2\beta_j$$

여기서, β_j는 절리 경사(전도파괴형태에 대해서 F_2는 1.0)

③ F_3 : 비탈면과 불연속면의 경사각의 차이 값으로 나타내며, 평면파괴에서는 불연속면이 비탈면의 법면에 노출될 수 있는 가능성과 관련된다. 비탈면과 불연속면이 평행할 때는 양호한 상태를 나타내며, 비탈면의 경사각이 불연속면의 경사각보다 10° 이상 클 때는 불안정한 상태가 된다. 또한 전도 파괴의 경우는 비탈면경사와 절리면 경사의 합이 클수록 불안정해지나 개개의 암석 블록들이 떨어지는 것은 심각한 피해를 가져오지 않기 때문에 불안정(unfavorable)하거나 매우 불안정(very unfavorable)한 상태는 없는 것으로 본다.

④ F_4 : 비탈면의 굴착방법에 따라 변하는 보정요소굴착방법에 따라 다음과 같이 경험적으로 결정된다.

- 비탈면이 장기간 부식되면 식물뿌리, 표면건조 등으로 비탈면을 안정화시키는 작용을 하여 자연비탈면은 더욱 안정화된다. $F_4 = +15$
- 프리 스플리팅(Pre splitting)은 비탈면의 안정성을 증가시킨다. $F_4 = +10$
- 스무스 블라스팅(Smooth blasting)을 잘하면 비탈면의 안정성을 증가시킨다. $F_4 = +8$
- 보통의 발파방법으로는 비탈면의 안정성을 증가시키지 못한다. $F_4 = 0$
- 부적절한 발파(폭발력이 너무 크다거나, 발파시간이 적절치 못하거나, 장약공이 평행하지 못한 경우)안정성을 감소시킨다. $F_4 = -8$
- 리퍼(ripper)로 비탈면을 굴착할 수 있는 것은 비탈면이 매우 연약하거나 선발파한 경우에 가능하고 비탈면 정리가 어렵다. 이 방법은 비탈면의 안정성에 영향을 주지 못한다. $F_4 = 0$

표 4.19 발파방법에 따른 교란효과와 F₄의 비교

표 4.19 발파방법에 따른 교란효과와 F_4의 비교

굴착방법	N	교란두께		SMR
		범위	평균	
자연비탈면	4	0	0	+15
프리 스플리팅(pre splitting)	3	0~0.6	0.5	+10
스무스 블라스팅(Smooth blasting)	2	2~4	3	+8
리퍼(ripper)	1	3~6	4	0

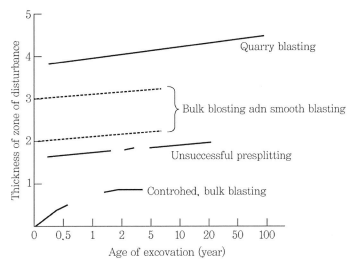

그림 4.6 굴착기술, 굴착연령 및 측정할 수 있는 교란 정도 관계

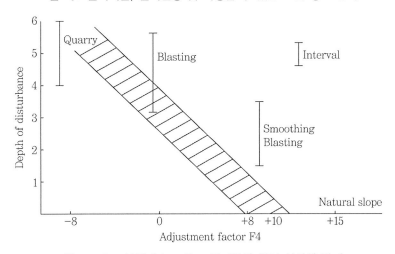

그림 4.7 SMR보정계수 F_4와 교란지역의 깊이 사이의 관계

결과적으로 이러한 보정요소가 고려된 SMR의 값은 다음 식으로 구한다.

$$SMR = RMR\ basic + (F_1 \times F_2 \times F_3) + F_4$$

위의 기준에 의거하여 비탈면을 5등급으로 분류하면 다음과 같다.

표 4.20 SMR 분류 및 추천 보강법

분류	SMR	암반상태	안정성	붕괴	보강
I	81~100	매우 좋음	완전히 안정함	없음	필요 없음
II	61~80	좋음	안정	일부 블록	때때로 필요
III	41~60	보통	부분적으로 안정	일부절리 혹은 많은 쐐기파괴	체계적인 보강
IV	21~40	나쁨	불안정함	평면 또는 대규모 쐐기파괴	중요/보완
V	0~20	매우 나쁨	완전히 불안정함	대규모 쐐기파괴 또는 토층 파괴	재굴착

등급	SMR	보강법
Ia	91-100	필요 없음
Ib	81-90	필요 없음. 부석 제거
IIa	71-80	일부 볼팅(필요 없음, 사면하부에 도랑 또는 펜스 설치)
IIb	61-70	사면하부 도랑 또는 벽체, 그물/일부/체계적 볼팅
IIIa	51-60	사면하부 도랑 또는 그물/일부 체계적 볼팅, 일부 숏크리트
IIIb	41-50	(사면하부 도랑 또는 그물) 체계적 볼팅, 앵커/체계적 숏크리트 사면하부 벽체/덴탈(dental) 콘크리트
IVa	31-40	앵커, 체계적 숏크리트/사면하부 벽체/콘크리트, (재굴착) 배수
IVb	21-30	체계적인 보강 숏크리트/사면하부 벽체/콘크리트 재굴착, 깊은 배수
V	11-20	중력식/앵커링한 벽체, 재굴착

SMR 분류를 실시하여 경험적으로 파괴유형을 구분하면 다음과 같다.

표 4.21 SMR 분류와 파괴유형

SMR	평면파괴	쐐기파괴	SMR	전도파괴	SMR	토층파괴
> 75	None	None				
60~75	None	Some	> 65	None		
40~55	Big	Many	50~65	Minor	> 30	None
15~40	Major	No	30~35	Major	10~30	Possible

경험적으로 20점 이하의 SMR 점수를 가진 모든 비탈면은 빠른 시일 안에 붕괴가 발생되었고 10점 미만의 점수를 갖는 비탈면은 드물게 분포한다.

4.2 암반비탈면 안정성 해석

4.2.1 암반비탈면 붕괴의 기본 역학

현지 암반은 균열, 절리, 층리, 단층 등과 같은 불연속면에 의해 나누어진 암석블록 등의 집합체로 볼 수 있는데, 암반비탈면에서 발생하는 파괴 형태는 주로 이러한 불연속면의 역학적 특성에 크게 영향을 받는다. 특히 가장 취약한 불연속면의 주향과 경사에 따라 파괴 형태가 결정되는데, 암반비탈면의 파괴 형태로는 원호파괴, 평면파괴, 쐐기파괴, 전도파괴가 있다.

이 절에서는 암반비탈면 붕괴의 기본적인 역학과 관련하여 최대비탈면높이와 비탈면각의 관계, 비탈면 붕괴에 있어서 불연속면의 역할, 자중에 의한 미끄러짐, 수압의 영향, 비탈면의 안전율 계산 방법 등을 기술하였다.

4.2.1.1 굴착된 비탈면에 대한 최대 비탈면높이와 비탈면각의 관계

암반의 안정성이 지질학적 불연속면들에 의해 비록 큰 영향을 받지만, 판상 암반이나 블록 혹은 쐐기형 암반의 단순 미끄러짐이 일어날 수 없는 방위각과 경사를 갖는 불연속면들도 반드시 존재한다. 이러한 비탈면에서의 파괴는 불연속면들의 움직임과 무결암질 파괴가 함께 수반되어 나타나는데, 이 경우에는 평균적인 경우보다 더 높고 더 경사진 비탈면들이 굴착될 수 있다고 예상할 수 있으나, 이러한 가정이 합리성을 가지려면 실제적인 증거들이 있어야 한다.

Kley와 Lutton, 그리고 Ross-Brown이 노천광산, 채석장, 댐 기초의 굴착 및 고속도로의 절삭면 등 굴착 비탈면에 대해 수집한 자료들 중에서 경암으로 분류된 암석으로 이루어진 비탈면의 경우에 비탈면높이와 여기에 상응하는 비탈면각을 정리한 내용이 그림 [4.8]에 나타나 있다. 이 그림은 안정한 비탈면과 불안정한 비탈면들을 모두 포함하고 있는데, 점선은 안정한 비탈면들 중에서 가장 높고 가파른 비탈면을 나타내는 것으로 일반적인 노천채굴 광산계획의 경우에 고려할 수 있는 가장 경사가 급한 비탈면들에 관해 유용한 실제적인 지침을 제공한다.

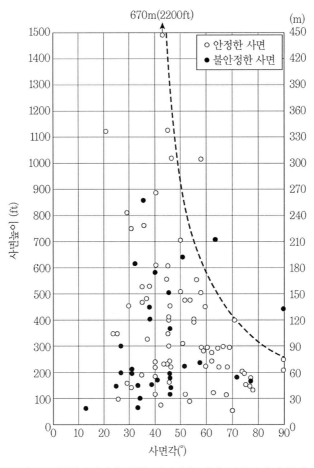

그림 4.8 암반비탈면에 대한 비탈면 높이와 비탈면각의 관계

4.2.1.2 비탈면붕괴에 있어 불연속면의 역할

수백 미터 높이의 가파른 비탈면들이 안정한 반면, 단지 몇 십 미터 높이의 완만한 비탈면들에서 붕괴가 발생하기도 하는데, 이러한 차이는 암반 내에 존재하는 단층, 절리, 층리면과 같은 불연속면들의 경사에 따라 비탈면의 안정성이 달라진다는 사실에 기인한다.

이러한 불연속면들이 수직이거나 수평일 때는 단순 미끄러짐이 일어날 수 없고, 비탈면붕괴는 일부 불연속면을 따른 이동뿐만 아니라 무결암 블록의 파쇄도 포함한다. 한편, 암반이 비탈면과 동일한 방향으로 30~70° 사이의 각도로 경사져 있는 불연속면을 포함하고 있을 때는 단순 미끄러짐이 일어날 수 있으며, 이러한 비탈면들의 안정성은 단지 수직과 수평의 불연속면들만 존재할 때보다 현저하게 낮아진다.

비탈면 안정성에 대한 파괴면 경사의 영향은 건조한 암반비탈면의 한계높이와 불연속면 각도의 관계를 나타낸 그림 [4.9]에 설명되어 있다. 이 곡선을 유도하는 데 있어서는 아주 경암인 암반 내에 단지 하나의 불연속면군이 있고, 이러한 불연속면들 중의 하나가 그림 [4.9]에 그려진 바와 같이 수직비탈면의 하단에서 외부에 노출되어 있다고 가정하였다. 한계 수직 높이 H는 수직 혹은 수평 불연속면인 경우에 61m를 넘는 값에서부터 55°의 경사를 가진 불연속면인 경우는 약 21m로 감소한다는 사실을 알 수 있다.

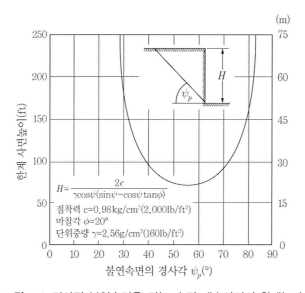

그림 4.9 경사진 불연속면을 갖는 수직 배수사면의 한계높이

4.2.1.3 자중에 의한 미끄러짐

수평에 대해 Ψ의 각도를 갖는 비탈면 위에 놓여 있는 중량 W의 블록에는 중력만이 작용하므로, 중량 W는 그림 [4.10]에서와 같은 연직 방향으로 작용한다. 비탈면의 아래 방향으로 작용하여 블록의 미끄러짐을 유발시키는 중량 W의 분해성분은 $W\sin\Psi$이고, 비탈면에 수직으로 작용하여 블록을 안정화시키는 W의 성분은 $W\cos\Psi$이다.

대표적인 암석표면이나 흙시료의 경우 전단응력과 수직응력의 관계는 다음과 같이 표현될 수 있다.

$$\tau = c + \tan\phi \tag{4.1}$$

잠재적인 미끄러짐면에 작용하는 수직응력 σ는 다음에 의해 주어진다.

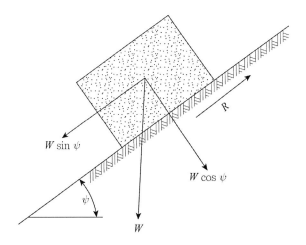

그림 4.10 경사진 면의 암석블록에 작용하는 힘

$$\sigma \;=\; \frac{W \cos\psi}{A} \tag{4.2}$$

A : 블록의 밑면적

이 표면의 전단강도는 식 (4.1)에 의해 정의된다고 가정하고, 식 (4.1)의 수직응력의 부분에 식 (4.2)를 대입하면 다음과 같다.

$$\tau \;=\; c + \frac{W \cos\psi}{A}\tan\phi$$
$$R \;=\; cA + W\cos\psi\tan\phi \tag{4.3}$$

여기서 R = τA는 미끄러짐에 저항하는 전단력이다.

경사면 아래로 미끄러지려는 힘이 저항력과 정확히 같을 때 블록은 미끄러짐이 일어나려는 순간, 즉 극한평형 상태에 있게 된다.

$$W \sin\psi \;=\; cA + W\cos\psi\tan\phi \tag{4.4}$$

점착력 c가 0이면, 식 (4.4)에 정의된 극한평형 조건은 다음과 같이 된다.

$$\psi \;=\; \phi \tag{4.5}$$

4.2.1.4 수압의 영향

접촉하고 있는 두 표면의 전단강도에 미치는 수압의 영향은 맥주통 실험을 통하여 가장 효과적으로 설명될 수 있다.

그림 [4.11](a)와 같이 물로 채워진 맥주통이 경사진 나무판 위에 놓여 있는 경우를 고려해 보자. 맥주통 바닥과 나무 사이의 점착력을 0으로 가정하여 단순화시키면, 물로 채워진 통은 식 (4.5)에 따라 $\psi_1 = \phi$일 때 나무판 아래로 미끄러질 것이다.

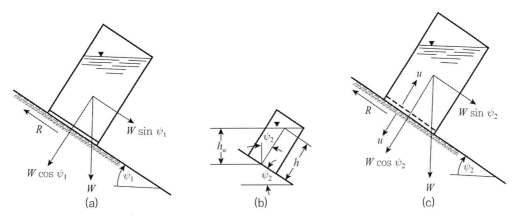

그림 4.11 전단강도에 대한 수압의 영향

여기서 통의 바닥에 구멍을 내어 물이 통 바닥과 나무판 사이의 틈으로 들어갈 수 있도록 하면 수압 u, 즉 부양력 $U=uA$가 발생된다. 여기서 A는 통의 밑면적이다.

수직력 $W\cos\psi_2$는 부양력 U에 의해 감소되고, 미끄러짐에 저항하는 힘(R)은 다음과 같다.

$$R = (W\cos\psi_2 - U)\tan\phi \tag{4.6}$$

통과 물 전체의 단위부피당 중량을 γ_t로 정의하고 물의 단위부피당 중량을 γ_w라 한다면 $W=\gamma_t h A$, $U=\gamma_w h_w A$가 된다. 여기서 h와 h_w는 그림 [4.11](b)에서 정의된 높이이다. 이 그림으로부터 $h_w = h\cos\psi_2$임을 알 수 있고, 따라서 다음의 관계가 성립한다.

$$U = \frac{\gamma_w}{\gamma_t} W\cos\psi_2 \tag{4.7}$$

이를 식 (4.7)에 대입하면,

$$R = W\cos\psi_2\left(1 - \frac{\gamma_w}{\gamma_t}\right)\tan\phi \tag{4.8}$$

식 (4.4)에서 정의된 극한평형 조건은 다음과 같이 된다.

$$\tan\psi_2 = \left(1 - \frac{\gamma_w}{\gamma_t}\right)\tan\phi \tag{4.9}$$

통과 나무 사이 접촉면의 마찰각을 30°로 가정하면, 구멍을 뚫지 않은 통은 비탈면이 $\psi = 30°$로 경사질 때 미끄러질 것이다[식 (4.5)로부터]. 한편 구멍 뚫린 통의 경우는 부양력 U가 수직력을 감소시켜 결과적으로 미끄러짐에 대한 마찰 저항을 감소시키기 때문에 더 작은 경사에서도 미끄러질 수 있다. 통과 물의 전체 중량은 물의 중량보다 약간 크다. $\gamma_w / \gamma_t = 0.9$, $\phi = 30°$로 가정하면 구멍 뚫린 통은 식 (4.9)에 의해 비탈면이 $\psi_2 = 3°18'$으로 경사질 때 미끄러짐이 일어날 수 있다.

한편, 경사면 위에 놓여 있는 블록이 인장균열에 의해 갈라지고 그 틈에 물이 채워진 경우를 고려해 보자. 인장균열에서의 수압은 깊이에 따라 선형적으로 증가하고, 합력 V는 블록의 뒷면에 작용하는 이 수압에 의해 비탈면의 아래 방향으로 작용한다. 수압이 인장균열과 블록 밑면의 접촉부분을 통하여 전달된다고 가정하면 그림 [4.12]에 설명된 것과 같은 수압분포가 블록의 밑면을 따라 발생한다. 이 수압분포에 의해 위 방향으로 작용하는 힘인 부양력 U가 생기고 이 힘은 비탈면을 가로질러 작용하는 수직응력을 감소시킨다.

자중 W와 함께 물에 의해 생긴 힘인 수력 V와 U가 블록에 작용하는 경우에 극한평형 조건은 다음 식에 의해 정의된다.

$$W\sin\psi + V = cA + (W\cos\psi - U)\tan\phi \tag{4.10}$$

이 식으로부터 경사면 아래로 미끄러짐을 유발하는 힘은 증가시키고, 미끄러짐에 저항하는 마찰력은 감소시키는 U와 V는 두 성분 모두 비탈면의 안정성을 감소시킴을 알 수 있다. 동반된 수압이 상대적으로 작다 하더라도 이러한 압력들이 넓은 지역에 걸쳐 작용한다면 물에 의한 힘은 매우 클 수 있으므로 비탈면의 안정해석에서는 수압에 의한 영향을 고려해 주어야 한다.

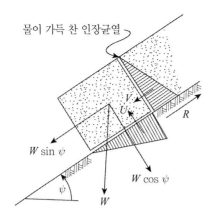

그림 4.12 인장균열 내에 수압 영향

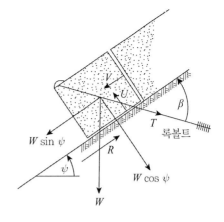

그림 4.13 록볼트에 의한 미끄러짐 방지

4.2.1.5 미끄러짐 방지를 위한 보강

경사진 불연속면에서 미끄러지기 쉬운 블록이나 판상 암반을 안정시키는 가장 효과적인 방법들 중의 하나는 인장볼트나 케이블을 설치하는 것이다. 비탈면 위에 블록이 놓여 있고, 수압에 의한 부양력 U와 힘 V가 인장균열에 작용하는 경우 그림 [4.13]과 같이 T의 인장력을 갖는 록볼트가 비탈면과 β의 각도로 설치되면, 면에 평행하게 작용하는 록볼트 인장력 T의 분해성분은 $T cos\beta$이고, 블록이 놓여 있는 표면에 수직으로 작용하는 성분은 $T sin\beta$이다. 이 경우의 극한평형 조건은 식 (4.11)과 같이 나타낼 수 있다.

$$Wsin\psi + V - Tcos\beta = cA + (Wcos\psi - U + Tsin\beta)tan\phi \tag{4.11}$$

이 식에서 볼트의 인장력은 비탈면의 아래 방향으로 작용하는 미끄러짐을 유발하는 힘을 감소시키고 수직응력을 증가시킴으로써 결과적으로 블록 바닥면과 비탈면 사이의 마찰저항을 크게 하는 역할을 한다.

4.2.1.6 비탈면의 안전율

경사면에 놓여 있는 블록의 안정성을 정의하는 모든 식들은 극한평형 상태, 즉 미끄러짐을 유발시키는 힘들이 미끄러짐에 저항하는 힘들과 정확히 균형을 이루는 조건을 나타내기 위해 제안되어 왔다. 극한평형 상태가 아닌 다른 조건하에서의 비탈면 안정성을 비교하기 위해서는 어떤 지표의 형태가 필요한데, 가장 널리 사용되는 지표는 안전율(factor of safety)이다.

안전율은 미끄러짐을 유발하는 합력에 대한 미끄러짐에 저항하는 합력의 비로 정의될 수 있다. 수력이 작용하고 인장볼트를 설치하여 안정시킨 블록의 경우를 고려하면 안전율은 다음과 같이 주어진다.

$$F = \frac{cA + (W\cos\psi - U + T\sin\beta)\tan\phi}{(W\sin\psi + V - T\cos\beta)} \tag{4.12}$$

비탈면이 붕괴할 때에는 식 (4.11)에 정의된 것과 같이 미끄러짐에 대한 저항력과 미끄러짐을 일으키는 힘이 같은 극한평형 상태에 있게 되며, 이때의 안전율은 $F = 1$ 이다. 비탈면이 안정할 때는 미끄러짐에 대한 저항력이 미끄러짐을 일으키는 힘들보다 크며 안전율 값은 1보다 클 것이다.

실제의 굴착현장에서 비탈면의 거동을 관측한 결과, 붕괴가 막 발생하려 하여 비탈면의 안정화 대책을 결정하여야 한다면, 식 (4.12)에서의 안전율 값은 배수를 통해 U와 V값을 모두 감소시키거나 록볼트 또는 인장케이블을 설치해 T를 증가시킴으로써 크게 할 수 있다. 또한 떨어져 나가는 암반 덩어리의 중량 W를 변화시키는 것도 가능하지만 중량의 변화가 안전율에 미치는 영향은 미끄러짐을 일으키는 힘들과 미끄러짐에 저항하는 힘들이 W의 감소에 의해 함께 줄어들기 때문에 신중하게 검토되어야 한다.

어떤 일정한 안전율 F를 얻는 데 필요한 볼트의 인장력은 각 β가 식 (4.13)을 만족시킬 때 최소가 된다.

$$\tan\beta = \frac{1}{F}\tan\phi \tag{4.13}$$

이 결과는 식 (4.12)를 β에 대해 미분하고 $dT/d\beta = 0$, $dF/d\beta = 0$이 되도록 함으로써 구해진다.

실제의 경험을 통해 본다면 앞에서 서술한 것과 같은 상황에서 안전율을 1.0에서 1.3으로 증가시키는 것이 일반적으로 오랜 기간 동안 안정한 상태로 유지할 필요가 없는 광산비탈면에 적합하다고 할 수 있다. 반면 운반도로나 주요 시설물에 인접한 중요한 비탈면의 경우는 보통 1.5의 안전율을 택한다.

4.2.2 불연속면의 자료 처리와 해석

4.2.2.1 기하학적 용어의 정의

경사(dip)는 그림 [4.14]에서 ψ각으로 정의된 것처럼 수평면과 구조적 불연속면과의 최대 경사각을 말한다. 비스듬히 경사진 면의 노출부위를 조사할 때 그 면상의 임의사선의 경사인 위경사(apparent dip)에 대하여 진경사(true dip)를 나타내는 것이 때로는 매우 어렵다. 위경사는 항상 진경사보다 작은 값을 가지는데, 면의 경사를 확인할 수 있는 가장 간단한 방법의 하나는 비탈면에 공을 굴려보는 것이다. 공의 궤적은 항상 그 면의 진경사와 일치하는 최대 경사선을 따라 놓이게 된다.

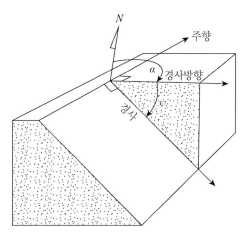

그림 4.14 기하학적 용어의 정의

경사방향(dip direction) 또는 경사 방위(dip azimuth)는 경사선의 수평궤적의 방향으로서 그림 [4.14]에서 α각으로 표시된 것처럼 북으로부터 시계방향으로 측정한다.

주향(strike)은 수평기준면과 비탈면 교선의 궤적으로서 경사와 경사방향에 직각이다. 면의 주향은 암반의 수평면에서 관측할 수 있는 불연속면의 궤적이기 때문에 실제적으로 매우 중요하다. 암반비탈면 해석에서 어떤 면을 정의하기 위해 주향과 경사를 사용할 때는 그 면의 경사방향을 명기하는 것이 필수적이다. 그렇게 함으로써 N45°E(또는 045°)의 주향과 60°SE의 경사를 갖는 면을 정의할 수 있게 되는 것이다. 60°NW의 경사를 가지는 면 역시 N45°E의 주향을 가질 수 있다는 것에 주의하여야 한다.

선경사(plunge)는 두 면의 교선 또는 시추공이나 터널의 축과 같은 선의 경사이고, 선주향

(trend)은 선을 수평면에 투영하였을 때의 방향인데 북으로부터 시계 방향으로 측정한다. 따라서 선주향은 면에서의 경사방향과 같다.

많은 지질전문가들은 경사와 경사방향을 기록할 때 35/085로 쓰는 체계를 사용한다. 면의 경사는 0°와 90° 사이에 놓여야 하므로 35로 표시한 각은 경사를 뜻하고, 085는 0°와 360° 사이에 놓인 경사방향을 말한다.

4.2.2.2 평사투영법에 의한 지질 자료 해석

비탈면파괴의 여러 형태는 각기 다른 지질구조와 관련이 있는데, 중요한 것은 비탈면 설계자가 설계의 초기단계에서부터 잠재적인 안정성 문제를 인식할 수 있어야 한다는 점이다. 극점도표를 검토할 때 관찰해야 하는 몇 가지 지질구조 형태를 다음에 개략적으로 서술하였다.

그림 [4.15]는 이 장에서 다루는 4가지 주요 파괴형태와 그러한 파괴를 유발하기 쉬운 지질 조건의 전형적인 극점도표를 보여준다. 주목해야 할 것은 안정성 평가에서 비탈면의 절단면이 평사투영도에 포함되어야 한다는 점인데, 그 이유는 미끄러짐이 단지 굴착으로 인해 형성된 자유면 쪽으로의 이동 결과로써 발생할 수 있기 때문이다.

그림 [4.15]에 제시한 그림은 구분의 명확성을 위해 단순화한 것으로, 실제 암반비탈면에서는 여러 가지 형태의 지질구조가 복합적으로 존재하며, 이것이 부가적인 파괴를 발생시킬 수도 있다. 예를 들어 쐐기형 암반의 미끄러짐을 일으킬 수 있는 면과 전도파괴를 초래할 수 있는 불연속면이 함께 존재할 때에는 인장균열에 의해 암반으로부터 분리되는 쐐기형 블록의 미끄러짐이 발생될 수 있다.

지질구조 자료를 평사투영망에 표시하는 전형적인 야외조사에서 다수의 의미 있는 극점밀도가 존재할 수 있다. 그러므로 잠재적인 파괴면을 나타내는 극점들을 확인하고 비탈면파괴에 포함되지 않을 지질구조를 나타내는 극점들을 제거하는 것이 필요하다.

Markland의 방법은 그림 [4.15]에 설명된 것처럼 2개의 평면 불연속면의 교선을 따라 미끄러짐이 발생하는 쐐기파괴의 가능성을 입증하기 위해 고안된 것이다. 또한 그림 [4.15](b)에 있는 평면파괴는 쐐기파괴의 특수한 경우이므로 이 방법에 포함된다. 양쪽면에서의 접촉이 유지된다면 미끄러짐은 오직 교선을 따라 발생하므로 이 교선은 비탈면에 노출되어야 한다. 다시 말하면 교선의 경사가 교선 방향에서 측정한 비탈면의 경사각보다 더 작아야 한다.

비탈면의 안전율은 교선의 경사, 불연속면의 전단강도, 쐐기의 기하학적 형상에 좌우된다. 극한적인 경우에서는 쐐기형태가 평면으로 바뀌는데, 이 경우는 두 면의 경사와 경사 방향이 같아지고 이 면의 전단강도가 오직 마찰에만 기인할 때이다. 이러한 조건하에서의 미끄러짐

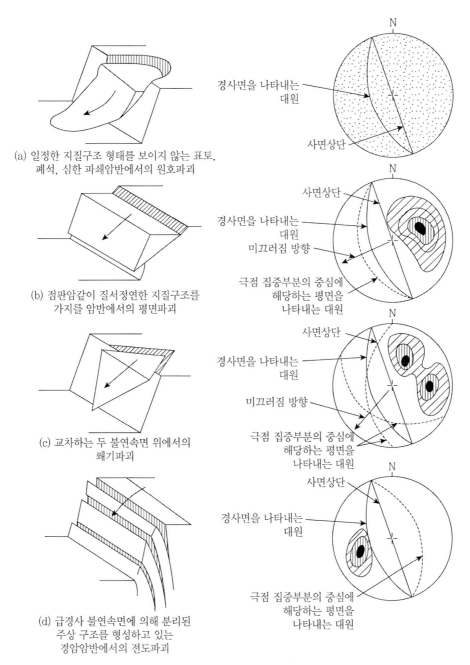

그림 4.15 지질 구조 조건들의 평사투영도 및 이에 따른 비탈면 파괴의 유형

은 그 면의 경사가 마찰각 ϕ를 초과할 때 발생하므로 쐐기의 안정성에 대한 최초의 근사해는 교선의 경사가 암반표면의 마찰각을 초과하는지를 고려함으로써 얻어진다.

Markland의 방법에 대한 교정이 Hocking에 의해 논의되었는데, 이 교정안은 교선을 따른 쐐기의 미끄러짐과 쐐기바닥면 중의 어느 하나를 따라 쐐기가 미끄러지는 것을 사용자가 구별할 수 있게 한 것이다. Markland의 해석조건이 만족되고 즉, 그림 [4.16](a)에서 보는 것처럼 초승달 모양의 음영 내에 두 면의 교선이 놓이고, 두 면 중 어느 하나의 경사 방향이 비탈면의 경사 방향과 교선의 경사 방향 사이에 놓인다면 미끄러짐은 교선보다는 오히려 그 면 위에서 일어날 것이다. 이 추가적인 분석이 그림 [4.15](b)에 설명되어 있다.

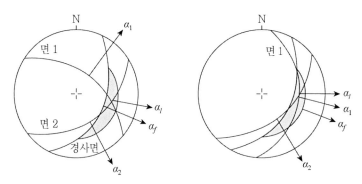

그림 4.16 불연속면의 경사와 경사 방향에 따른 쐐기파괴와 미끄러짐

4.2.3 암반비탈면 파괴 특성과 안정성 해석

암반비탈면의 안정성은 불연속면과 비탈면의 방향 그리고 상대적인 위치에 따라 좌우되며 불연속면의 강도특성 및 연장성, 그리고 간격에 의해 붕괴 가능성이나 붕괴 규모 등이 결정된다. 따라서 이러한 암반비탈면의 특성은 해석상의 과정과 방법에 있어서 토사비탈면과 차이를 보이고 있다. 즉 암반비탈면의 안정성 해석은 운동학적 해석(kinematic analysis)과 역학적 해석(kinetic analysis)으로 구분되며 운동학적 해석에서는 비탈면 내에 작용하는 응력에 대한 고려 없이 불연속면의 방향과 비탈면 방향의 상대적인 위치를 파악하여 비탈면의 붕괴 가능성을 결정한다. 한편 역학적 해석에서는 운동학적으로 불안정한 것으로 해석된 암반블록에 작용하는 응력들을 분석하여 한계평형해석 등과 같은 방법으로 붕괴가능성을 해석한다. 암반비탈면의 안정해석에서 이 두 분석은 독립적으로 수행되는 것이 아닌 두 분석이 필수적으로 그리고 순차적으로 수행되어야 한다. 즉, 먼저 운동학적인 분석에 의해 불연속면과 비탈면의

상대적인 위치 등 기하학적으로 불안정한 것으로 해석되는 경우 역학적 해석이 수행된다. 따라서 만일 운동학적 해석을 통해 안정한 것으로 해석되는 경우 더 이상의 해석이 필요 없이 안정한 것으로 해석된다.

4.2.3.1 암반비탈면의 파괴 특성

암반비탈면에서 발생하는 파괴형태의 구분은 주로 Hoek and Bray(1981)에 의해 제안된 분류법이 사용되며 이 분류법에서는 암반비탈면내 파괴 활동면의 기하학적 형상을 중심으로 파괴유형을 분류하여 평면파괴(plane failure), 쐐기파괴(wedge failure), 전도파괴(toppling), 원호파괴(circular failure) 등으로 구분하였다.

평면파괴는 층리면과 같은 불연속면이 비탈면의 경사 방향과 동일한 방향을 가지고 있고 마찰각보다 더 큰 각도로 비탈면 방향으로 기울어져 있을 때 발생한다. 평면파괴는 암반비탈면의 파괴유형 중 상대적으로 드문 유형인데 그 원인은 실제 비탈면에서 평면파괴가 발생할 수 있는 모든 기하학적 조건들을 충족시키기가 어렵기 때문이다. 그럼에도 불구하고 평면파괴의 중요성이 강조되는 것은 평면파괴의 단순한 파괴메커니즘을 통해 해석상의 다양한 시도가 가능하기 때문이다. 즉, 평면파괴를 이용하여 지하수위나 전단강도 등을 변동시키면서 비탈면의 안정성에 나타나는 민감도를 파악할 수 있으며 이러한 시도를 통해 쐐기파괴와 같이 3차원적인 해석이 요구되는 복잡한 문제에 대한 고려도 가능하기 때문이다.

쐐기파괴는 두 불연속면이 비탈면을 비스듬하게 가로지르면서 발달하고 그 교차선이 비탈면에 드러나 있으며 이 교차선의 경사가 마찰각보다 큰 경우 그 교차선을 따라서 활동면 위의 쐐기형 암반이 미끄러지는 형태의 파괴이다. 쐐기파괴는 평면파괴에 비해 매우 다양한 지질학적 및 기하학적 조건하에서 파괴가 발생할 수 있다. 따라서 쐐기파괴에 대한 분석 및 연구는 암반비탈면 공학에서 매우 중요한 의미를 가지며 다양한 지반공학적 접근과 분석이 수행되었다.

하나 또는 두 개의 불연속면에 의해 파괴의 형태가 결정되고 이러한 불연속면에 의해 안정성이 좌우되는 평면파괴 및 쐐기파괴와는 달리 원호파괴는 암반이 심하게 풍화되어 있거나 절리가 매우 조밀하게 발달하여 안정성을 좌우할 뚜렷한 불연속면이 존재하지 않을 경우 또는 비탈면 내에서 최소저항면이 자유롭게 발생할 수 있는 경우의 암반비탈면에서 발생하는 파괴형태이다. 이러한 유형의 파괴는 흙이나 암반 내의 입자 크기가 비탈면의 크기에 비해 매우 작을 경우 주로 발생하는 데 파쇄된 암석입자의 크기가 전체 비탈면의 규모에 비해 현저히 작을 경우 파쇄된 암석 조각이 흙입자처럼 움직여 흙비탈면에서 주로 발생하는 원호 파괴의 형태를 보이게 되는 것이다.

전도파괴의 경우 암반블록이나 암편의 회전에 의해 파괴가 발생하므로 앞서 살펴본 평면, 쐐기, 원호파괴와는 발생하는 메커니즘에 큰 차이를 보인다. 그러나 안정성의 해석에 있어서는 평면파괴나 쐐기파괴에서와 같이 기하학적 특성에 의해 파괴가 발생할 것인가를 판단하는 운동학적 해석(kinematic analysis)이 우선적으로 수행된다. 운동학적 해석을 통해 파괴의 가능성이 인지되면 역학적 해석(kinetic analysis)이 수행되는 과정을 거치게 된다.

4.2.3.2 운동학적 해석

암반비탈면에서 발생하는 파괴의 유형은 암반 내에 존재하는 지질학적 불연속면에 의해 좌우된다. 따라서 암반비탈면의 설계나 안정성 해석 시 어떤 종류의 불연속면이 존재하고 있는지를 조사하고 불연속면의 특성을 파악하는 것은 매우 중요하다. 운동학적 해석 (kinematic analysis)은 이미 존재하고 있거나 계획되어 있는 암반비탈면에 대해 암반블록의 기하학적 특성을 이용하여 어떤 종류의 파괴가 발생할 것인가를 파악하는 해석 과정으로 비탈면과 불연속면의 기하학적 특성에 의하여 결정된다. 즉, 운동학적 해석에서는 비탈면과 상부비탈면, 그리고 불연속면의 상대적인 방향성 및 그 조합에 의해 비탈면파괴의 종류와 가능성이 결정된다. 대개 이러한 해석은 해석 대상이 되는 평면(불연속면과 비탈면)과 선구조 의 평사투영에 의해 수행되며 이를 위하여 하반구 평사투영해석기법이 활용된다. 그림 [4.17] 은 평사투영기법을 통해 암반비탈면에서 주로 발생하는 평면파괴, 쐐기파괴, 전도파괴 그리고 원호파괴를 유발하는 불연속면의 전형적인 극점 분포를 보여 주고 있다. 따라서 현장지질 조사를 통해 획득된 불연속면의 방향에 대한 평사투영 결과를 통해 어떠한 종류의 파괴가 발생할 것인가 하는 것을 판단할 수 있으며 비탈면 파괴와 무관한 불연속면 자료를 해석으로부터 제외할 수 있다. 일단 평사투영해석을 통해 파괴유형이 결정되면 같은 평사투영망을 이용하여 불연속면의 방향과 비탈면의 상대적인 방향을 이용하여 암반블록이 미끄러질 수 있는 가를 판단하는 과정을 거치게 되며 이를 운동학적 해석(kinematic analysis)이라고 한다. 평사투영해석에 의한 비탈면의 안정성 평가는 매우 보수적인데 이는 다음과 같은 운동학적 해석의 2가지 가정에 기인한다.

- 모든 불연속면은 연속적이고 비탈면의 하부로부터 상부비탈면까지 연결되어 있는 것으로 가정한다. 그러나 실제 현장에서 이러한 불연속면은 존재하기 어려우며 따라서 이러한 가정은 작은 규모의 암석(rock bridge)이 불연속면상에 존재할 경우 파괴가 발생하지 않을 정도로 높은 전단강도를 제공할 수 있다는 점에 비추어 볼 때 매우 보수적인 결과를 초래할 수 있다.
- 평사투영해석에서 점착력은 고려되지 않는다. 따라서 이러한 가정은 불연속면의 전단강도를 감소시키는 효과와 같아 보수적인 해석결과를 초래한다.

암반 내에 분포하는 불연속면의 방향성에 따른 평사투영 해석결과의 예는 그림 [4.17]과 같다. 그림 [4.17](a)와 같이 세 방향의 불연속면이 암반 내에 분포하고 있다고 가정하면 직관적인 판단에 의해 잠재적으로 불안정한 불연속면은 불연속면 AA이다. 불연속면 AA는 비탈면의 경사보다 작은 경사를 가지고 있으며($\psi_A < \psi_f$) 따라서 비탈면의 방향으로 데이라이트(daylight)라고 있다. 그러나 불연속면 BB의 경우 비탈면의 경사보다 높은 경사를 가지고 있어 데이라이트하지 않으며($\psi_B > \psi_f$) 마찬가지로 불연속면 CC는 비탈면 안쪽 방향으로 경사져 있어 미끄러짐이 발생할 수 없다. 이러한 불연속면들과 비탈면의 방향을 극점으로 평사투영망에 투영하면 그림 [4.17](b)와 같다. 이때 불연속면의 주향은 비탈면의 주향과 일치한다고 가정한다. 그림에서와 같이 비탈면에 대한 불연속면 극점의 위치로 불연속면의 데이라이트 여부와 불안정성 여부를 판정할 수 있으며 불연속면 극점의 위치가 비탈면의 극점(P_f)보다 안쪽에 있을 경우 데이라이트가 발생하고 잠재적으로 불안정한 것으로 해석된다. 이러한 영역을 데이라이트 엔벨로프(daylight envelope)라 하며 쉽게 불안정한 블록을 판정할 수 있다. 불연속면의 경사 방향도 안정성에 중요한 영향을 미치는데, 평면파괴의 경우 불연속면의 경사 방향과 비탈면의 경사방향의 차이가 20° 이상일 경우 안정한 것으로 해석된다.

이것은 방향의 차이가 20° 이상일 경우 암반블록의 한 쪽이 충분한 두께를 가지며 미끄러짐에 저항하는 충분한 전단저항력을 가지게 되기 때문이다. 그림 [4.17](b)에서와 같이 평사투영에서도 이러한 제한이 표시될 수 있다.

한편 쐐기 파괴의 경우 두 불연속면이 교차하는 교차선의 극점과 비탈면과의 상대적인 위치에 의해 안정성을 판단한다. 즉, 교차선의 극점이 데이라이트하는 경우 불안정하게 된다. 평면파괴에서와는 달리 쐐기파괴에서는 운동학적으로 불안정한 쐐기의 미끄러짐 방향에 대한 조건이 덜 까다로운데 이는 두 불연속면이 이완면을 형성하기 때문이다.

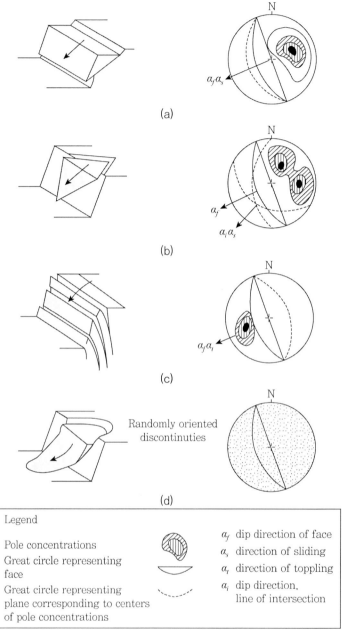

Legend

Pole concentrations
Great circle representing face
Great circle representing plane corresponding to centers of pole concentrations

a_f dip direction of face
a_s direction of sliding
a_t direction of toppling
a_i dip direction. line of intersection

그림 4.17 암반비탈면의 파괴 유형(Hoek & Bray, 1981)

따라서 그림 [4.17](b)에서와 같이 쐐기파괴의 데이라이트 엔벨로프는 평면파괴의 엔벨로프보다 훨씬 넓은 것을 알 수 있다. 쐐기파괴의 엔벨로프는 교차선의 경사 방향이 비탈면의 법면 내에 존재하는 모든 교차선의 극점이 그리는 궤적이다.

전도파괴의 경우 불연속면의 경사 방향이 비탈면의 경사 방향으로부터 10° 내의 방향을 가지며 불연속면이 비탈면의 안쪽 방향으로 기울어져 있을 경우 발생한다. 또한 불연속면의 경사가 불연속면들 사이에서 미끄러짐이 발생할 수 있을 정도로 충분히 커야 한다. 따라서 불연속면 사이의 마찰각이 ϕ_j라 하면 불연속면의 경사 ψ_p는

$$(90 - \psi_f) + \phi_j \; < \; \psi_p \tag{4.14}$$

일 경우 전도파괴가 발생한다(Goodman & Bray, 1976). 이러한 조건을 평사투영망에 도시하면 그림 [4.18]과 같이 전도 파괴의 엔벨로프로 표시된다.

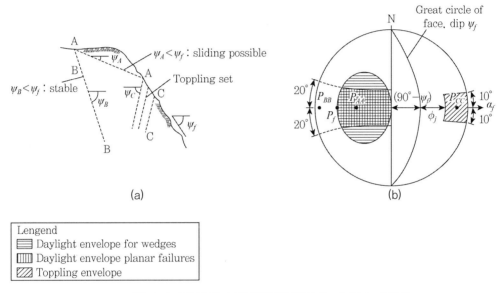

그림 4.18 불연속면과 평사투영해석(Wyllie & Mah, 2004)

데이라이트 엔벨로프를 통해 암반 내 블록이 운동학적으로 미끄러질 것으로 판단되면 엔벨로프가 표시된 평사투영망과 마찰각(friction angle)을 이용하여 추가적인 안정성 검토를 수행할 수 있다. 이 해석은 미끄러짐이 발생하는 불연속면에 점착력이 존재하지 않고 마찰력만 존재한다는 가정으로부터 수행된다. 암블록과 불연속면 사이의 마찰각 ϕ을 갖는 비탈면 위에 블록이 놓여 있다고 가정하면 미끄러짐이 발생하지 않는 상태인 경우 불연속면에 수직인 힘의 벡터는 마찰콘(friction cone) 내에 위치한다(그림 [4.18]). 따라서 암블록에 작용하는 힘이 중력만 존재한다면 불연속면의 극점과 수직응력의 방향이 일치하므로 불연속면의 극점이

마찰원(friction circle) 내에 존재할 경우 블록은 안정하다. 그림 [4.18](b)는 불안정한 블록을 형성하는 불연속면의 극점위치를 보여주고 있다. 비탈면의 경사각이 각각 60도와 80도를 보일 때 급경사의 비탈면이 더 큰 엔벨로프를 보이게 되므로 불안정해질 가능성이 증가한다. 또한 마찰각의 감소에 따라 엔벨로프가 증가한다. 따라서 마찰콘 개념을 이용하면 그림 [4.18]에서 제시되었던 데이라이트 엔벨로프를 그림 [4.19]와 같이 수정할 수 있다. 즉 마찰콘 내의 위치는 미끄러짐이 발생하지 않는 안정한 영역이므로 데이라이트 엔벨로프로부터 제외할 수 있다.

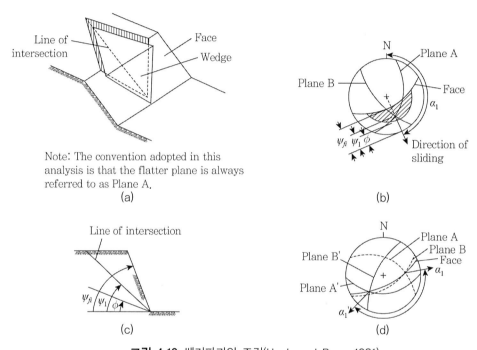

그림 4.19 쐐기파괴의 조건(Hoek and Bray, 1981)

4.2.3.3 역학적 해석

암반비탈면의 안정성 해석에서는 일단 운동학적 해석에 의해 미끄러짐이 가능할 것으로 판단되면 암반비탈면의 블록에 작용하는 힘들의 상관관계를 고려하여 파괴가능성을 검토하는 역학적 해석(kinetic analysis)을 수행한다. 현재 암반비탈면의 안정해석에서 주로 활용되고 있는 역학적 해석기법은 한계평형해석(limit equilibrium analysis)에 기초한 안전율(factor of safety)의 개념이다.

암반비탈면의 안정성은 미끄러짐이 발생하는 면을 따라 형성되는 전단강도에 의존한다. 전단파괴가 발생하는 비탈면 붕괴에서 암석은 Mohr-Coulomb의 전단강도를 갖는 것으로 가정하며 이에 따라 유효응력이 작용하는 활동면에서 전단강도(τ)는 다음과 같이 표현된다.

$$\tau = c + \sigma' \tan\phi \tag{4.15}$$

이 식은 그림 [4.20](a)에서와 같이 수직응력과 전단응력을 축으로 하는 평면에서 직선의 형태로 표현된다. 또한 그림 [4.20](b)에서와 같이 연속적이고 비탈면 방향으로 데이라이트하고 있는 불연속면이 존재한다고 가정하면 이때 불연속면에 의해 형성된 활동면에 작용하는 힘은 면에 수직인 힘(수직응력)과 평행인 힘(전단응력)으로 구분되며 이들을 이용하여 안전율을 계산할 수 있다. 즉, 활동면의 경사가 ψ_p, 미끄러짐이 발생하는 면의 면적이 A, 블록에 작용하는 힘이 W라고 하면 수직응력(σ)과 전단응력(τ_s)은 각각 다음과 같이 표현된다.

$$\sigma = \frac{W\cos\psi_p}{A} \qquad\qquad \tau_s = \frac{W\sin\psi_p}{A} \tag{4.16}$$

이를 이용하여 앞서 제안된 식에 대입하면 다음과 같다.

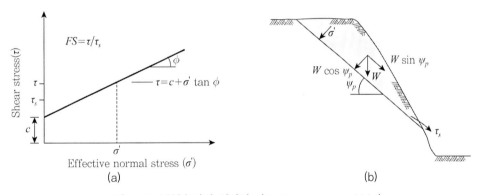

그림 4.20 불연속면의 전단강도(Wyllie and Mah, 2004)

$$\tau = c + \frac{W\cos\psi_p \tan\phi}{A} \tag{4.17}$$

안전율은 미끄러지는 면(활동면)에 작용하는 미끄러짐을 발생시키려는 힘, 즉 활동력(driving force)과 이에 저항하는 힘, 즉 저항력(resisting force)의 비로 정의된다. 즉 안전율은 다음과 같다.

$$FS = \frac{cA + W\cos\psi_p \tan\phi}{W\sin\psi_p} \tag{4.18}$$

4.2.4 평면파괴(Plane Failure) 안정성 해석

4.2.4.1 평면파괴의 기하학적 조건

평면파괴가 발생할 수 있는 기하학적 조건은 Hoek & Bray(1981)와 Wyllie & Mah(2004) 등이 앞서 살펴보았던 운동학적 해석기법과 마찰콘 개념을 통합하여 다음과 같이 제시하였다.

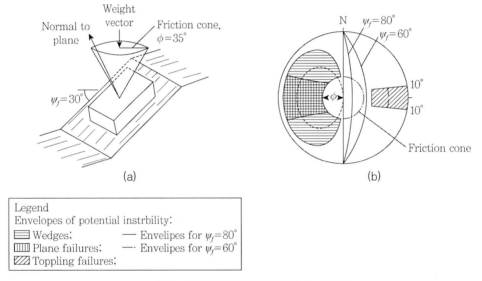

그림 4.21 마찰콘(Wyllie & Mah, 2004)

- 미끄러짐이 발생하는 면, 즉 불연속면의 방향과 비탈면의 방향과의 차이가 20도 이내이어야 한다.
- 미끄러짐이 발생하는 불연속면의 경사는 그 면의 마찰각보다 크고 비탈면의 경사보다 작아야 한다(그림 [4.22](a)).
- 미끄러짐이 발생하는 불연속면의 위쪽 끝은 상부비탈면과 만나거나 인장균열과 만나야 한다(그림 [4.22](a)).
- 미끄러짐이 발생할 수 있기 위해서는 비탈면의 측면에 전단저항이 거의 없는 이완면 (release plane)이 존재하여야 한다(그림 [4.22](b)). 그러나 돌출형의 형태로 비탈면의 횡단 형상이 이루어져 있는 경우 이완면이 없어도 파괴가 가능하다.

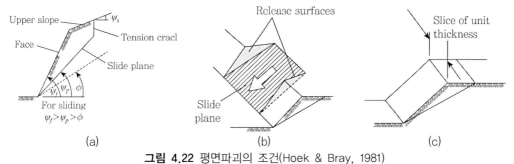

그림 4.22 평면파괴의 조건(Hoek & Bray, 1981)

4.2.4.2 평면파괴의 한계평형해석

평면파괴의 한계평형해석에서 우선적으로 고려되어야 할 것은 비탈면의 기하학적 형태와 지하수위이다. 특히 상부비탈면이나 비탈면의 법면 내에 위치하는 인장균열의 위치에 따라 미끄러지는 암반블록의 기하학적인 형태의 변화를 초래하며 이에 따라 안전율 계산상의 하중 조건이 변화하게 된다. 또한 인장균열의 유무와 깊이 역시 암블록의 기하학적 형태 변화에 영향을 미치게 된다.

그림 [4.23]은 균열의 위치에 따른 평면파괴의 안전율 산정 공식을 보여주고 있다. 그림 [4.23](a)는 인장균열이 비탈면의 법면 내에 존재하고 인장균열에 지하수가 존재하여 수압이 작용하는 조건을, 그림 [4.23](b)의 경우는 인장균열이 상부비탈면내에 존재하며 지하수로 인해 수압이 작용하는 조건을 보여주고 있다. 두 경우 모두 다음의 안전율 산정공식을 활용하여 안전율을 획득할 수 있다.

$$FS = \frac{cA + (W\cos\psi_p - U - V\sin\psi_p)\tan\phi}{W\sin\psi_p + V\cos\psi_p} \tag{4.19}$$

인장균열의 위치에 따라 비탈면의 기하학적 특성을 결정하는 활동면의 면적(A), 암반블록의 크기와 무게(W) 그리고 인장균열의 깊이(Z) 등이 차이를 보인다. 즉, 인장균열이 비탈면 내에 존재하는 경우 인장균열의 깊이(Z), 암반블록의 무게(W), 활동면의 면적은 각각 다음과 같다.

$$Z = (H\cot\psi_f - b)(\tan\psi_f - \tan\psi_p) \tag{4.20}$$

$$W = \frac{1}{2}\gamma_r H^2\left[(1 - Z/H)^2\cot\psi_p(\cot\psi_p\tan\psi_f - 1)\right] \tag{4.21}$$

$$A = (H\cot\psi_f - b)\sec\psi_p \tag{4.22}$$

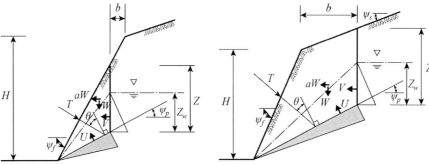

The stability equations are as follows:

For Case a:

Depth of tension crack:

$Z = (H\cot\Psi_f - b)(\tan\Psi_f - \tan\Psi_p)$

Weight of block:

$W = (^1/_2)\gamma_r H^2[(1 - Z/H)^2 \cot\Psi_p(\cot\Psi_p\tan\Psi_f - 1)]$

Area of Sliding plane:

$A = (H\cot\Psi_f - b)\sec\Psi_p$

For case b:

Depth of tension crack:

$Z = H + b\tan\Psi_s - (b + H\cot\Psi_f)\tan\Psi_p$

Weight of block:

$W = (^1/_2)\gamma_r (H^2\cot\Psi_f X + bHX + bZ)$

$X = (1 - \tan\Psi_p\cot\Psi_f)$

Area of sliding plane:

$A = (H\cot\Psi_f + b)\sec\Psi_p$

For either Case a or b:

Uplift water force:

$U = (^1/_2)\gamma_w Z_w A$

Driving water force:

$V = (^1/_2)\gamma_w Z_w^2$

Factor of safety:

$FS =$

$$\frac{\{cA + [W(\cos\Psi_p - a\sin\Psi_p) - U - V\sin\Psi_p + T\cos\theta]\tan\phi\}}{[W(\sin\Psi_p + a\cos\Psi_p) + V\cos\Psi_p - T\sin\theta]}$$

where

H = height of slope face;

Ψ_f = inclination of slope face;

Ψ_s = inclination of upper slope face;

Ψ_p = inclination of failure plane;

b = distance of tension crack from slope crest;

a = horizontal acceleration, blast or earthquake loading;

T = tension in bolts or cables;

θ = inclination of bolt or cable to normal to failure plane;

c = cohesive strength of failure surface;

ϕ = friction angle of failure surface;

γ_r = density of rock;

γ_w = density of water;

Z_w = height of water in tension crack;

Z = depth of tension crack;

U = uplift water force;

V = driving water force;

W = weight of sliding block; and

A = area of failure surface.

그림 4.23 평면파괴의 안전율 산정(Norrish & Wyllie, 1996)

반면 인장균열이 상부비탈면에 존재하는 경우는 다음과 같이 계산되어 인장균열의 위치에 따라 암반블록의 무게와 활동면의 면적이 달라지게 된다.

$$Z = H + b\tan\psi_s - (b + H\cot\psi_f)\tan\psi_p \tag{4.23}$$

$$W = \frac{1}{2}\gamma_r\left(H^2\cot\psi_f X + bHX + bZ\right), \quad X = \left(1 - \tan\psi_p\cot\psi_f\right) \tag{4.24}$$

$$A = \left(H\cot\psi_f + b\right)\sec\psi_p \tag{4.25}$$

한편 비탈면을 안정화시킬 목적으로 볼트 등과 같은 외력이 비탈면에 적용된 경우 볼트 등에 작용하는 외력의 크기(T)와 방향(θ)을 고려하여 비탈면의 안전율은 다음의 식을 사용하여 계산한다.

$$FS = \frac{cA + (W\cos\psi_p - U - V\sin\psi_p + T\cos\theta)\tan\phi}{W\sin\psi_p + V\cos\psi_p - T\sin\theta} \tag{4.26}$$

또한 그림 [4.23]에서와 같이 지하수의 영향과 볼트 등과 같은 외력 그리고 지진의 영향을 동시에 고려하는 경우 다음과 같은 안전율 산정 공식을 사용한다.

$$FS = \frac{cA + [W(\cos\psi_p - a\sin\psi_p) - U - V\sin\psi_p + T\cos\theta]\tan\phi}{W(\sin\psi_p + a\cos\psi_p) + V\cos\psi_p - T\sin\theta} \tag{4.27}$$

지하수의 경우도 평면파괴의 해석에 중요한 영향을 미치는 데 지하수위와 함께 수압분포가 안정성 해석에 중요한 인자로 작용한다. 대개의 경우 그림 [4.23]에서와 같이 불연속면을 따라 삼각형 형태의 수압분포를 가정하는 것이 일반적이며 이 경우 활동면에 작용하는 수압(U)과 인장균열에 작용하는 수압(V)는 다음의 식으로 계산된다.

$$U = \frac{1}{2}\gamma_w Z_w A \tag{4.28}$$

$$V = \frac{1}{2}\gamma_w Z_w^2 \tag{4.29}$$

그러나 불연속면의 특성이나 조건에 따라 그림 [4.24]에서와 같이 다양한 형태의 수압분포를 가정할 수 있으며 이에 따라 안전율 값에 큰 차이를 보인다.

그림 [4.24](a)의 경우는 동결 등에 의해 불연속면을 따라 지하수의 유출이 제한된 경우로 이 경우는 앞서 가정했던 수압보다 더 큰 수압이 작용하게 되며 따라서 수압의 분포를 삼각형이 아닌 사각형의 형태로 가정하게 된다. 따라서 이 경우 그림 [4.24](a)에서와 같이 인장균열 내에서 작용하는 수압(V)의 경우 삼각형의 형태로 앞선 계산식을 활용할 수 있으나 활동면을 따라 작용하는 수압(U)의 경우는 다음의 식으로 계산된다.

$$U = A\gamma_w Z_w \tag{4.30}$$

반면 그림 [4.24](b)와 같이 인장균열의 하단부보다 지하수면이 아래에 위치한 경우 수압은 활동면에만 작용하게 된다. 만일 지하수가 활동면을 따라 배출되고 있다면 수압은 삼각형의 형태로 계산할 수 있으며 다음의 식을 이용한다.

$$U = \frac{1}{2}\frac{Z_w}{\sin\psi_p}h_w\gamma_w \tag{4.31}$$

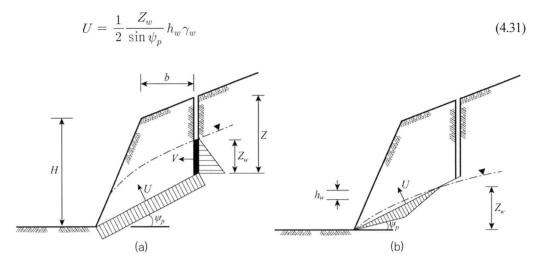

그림 4.24 수압분포(Gonzalez de Vallejo & Ferrer, 2011)

4.2.5 쐐기파괴(Wedge Failure) 안정성 해석

4.2.5.1 쐐기파괴의 기하학적 조건

Hoek & Bray(1981)과 Wyllie & Mah(2004)에 의해 정리된 쐐기파괴의 운동학적 조건은 다음과 같다.

- 두 개의 평면이 만나 교차선을 형성하며 교차선은 평사투영망상에 두 개의 대원(great circle)이 만나는 한 점으로 표시된다. 교차선의 방향은 선주향(trend, α_i)과 선경사(plunge, ψ_i)로 표시한다(그림 [4.24](a)).

- 교차선의 경사는 비탈면의 경사보다 완만하고 두 면의 평균 마찰각보다 커야 한다. 즉, $\psi_{fi} > \psi_i > \phi$이어야 한다. 이때 비탈면의 경사($\psi_{fi}$)는 교차선의 방향에 대한 겉보기 경사로 획득되어야 한다(Park and West, 2001; Wyllie and Mah, 2004). 이 경우 교차선의 경사 방향이 비탈면의 경사 방향과 일치할 경우에만 ψ_{fi} 값이 비탈면의 참경사값(ψ_f)와 일치한다(그림 [2.4](c)).

- 쐐기파괴는 교차선의 방향이 그림 [4.25](d)에서와 같이 α_i 값과 $\alpha_i{}'$ 값 사이에 있을 때 가능하다.

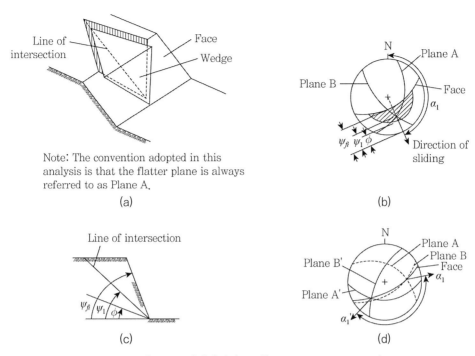

그림 4.25 쐐기파괴의 조건(Hoek and Bray, 1981)

4.2.5.2 쐐기파괴의 한계평형해석

쐐기파괴 안전율 계산의 기본적인 개념은 두 불연속면이 교차하여 쐐기형태의 암블록이 형성되고 두 면을 따라 미끄러짐이 발생하므로 두 면에서 발생하는 마찰력을 모두 고려해야 한다는 점이다. 따라서 안전율의 기본적인 공식은 다음과 같이 고려될 수 있다.

$$FS = \frac{(R_A + R_B)\tan\phi}{W\sin\psi_i} \tag{4.32}$$

이때 R_A와 R_B는 각각 쐐기를 이루는 각 불연속면에 작용하는 수직응력이다.

쐐기파괴의 안정성을 계산하기 위한 식은 매우 복잡하고 다양하다. 따라서 다양한 해석기법들이 제안되었으며 각 해석기법들은 정확도에 차이가 있으므로 목적에 따라 적절한 기법을 선정하여 사용하여야 한다. 가장 폭넓게 사용되고 있는 Hoek & Bary(1981)의 해석적 방법은 안전율을 계산하기 위해 매우 복잡한 풀이과정을 수행해야 한다. 따라서 많은 경우 다양한 가정을 통해 계산식을 단순화하게 되며 이렇게 단순화된 계산식을 이용하면 간단한 계산을 통하거나 평사투영을 이용한 간단한 조작을 통해 쐐기파괴의 안전율을 산정할 수 있다.

쐐기파괴의 안전율 획득과정 중 가장 간단한 방법은 쐐기를 이루는 두 불연속면에 마찰각만 존재하며 두 마찰각의 값이 동일하다는 가정을 바탕으로 계산된 다음의 식이다.

$$FS = \frac{(R_A + R_B)\tan\phi}{W\sin\psi_i} \tag{4.33}$$

이때 R_A와 R_B는 각각 A면과 B면에 수직으로 작용하는 힘이다. R_A와 R_B를 획득하기 위하여 교차선에 수직인 힘과 평행한 힘을 다음과 같이 표현할 수 있다.

$$R_A\sin\left(\beta - \frac{1}{2}\xi\right) = R_B\sin\left(\beta + \frac{1}{2}\xi\right) \tag{4.34}$$

$$R_A\cos\left(\beta - \frac{1}{2}\xi\right) - R_B\cos\left(\beta + \frac{1}{2}\xi\right) = W\cos\psi_i \tag{4.35}$$

이때 ξ과 β는 각각 그림 [4.26](a)에 정의되어 있으며 그림 [4.26](b)에서와 같이 평사투영망으로부터 획득할 수도 있다. 이로부터

$$R_A + R_B = \frac{W\cos\psi_i\sin\beta}{\sin(\xi/2)} \tag{4.36}$$

이를 안전율의 공식에 대입하면

$$FS = \left(\frac{\sin\beta}{\sin\xi/2}\right) \cdot \left(\frac{\tan\phi}{\tan\psi_i}\right) \tag{4.37}$$

으로 표현된다.

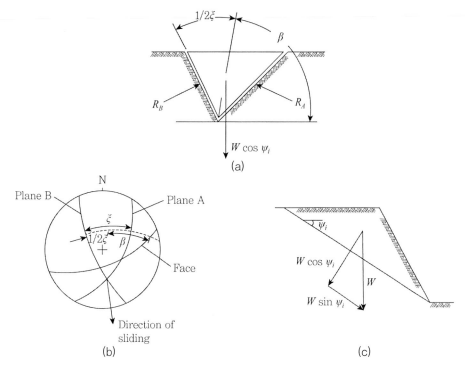

그림 4.26 쐐기파괴의 안전율 산정(Hoek & Bray, 1981)

만일 불연속면의 기하학적 특성과 함께 불연속면의 마찰각과 점착력 그리고 수압까지 고려해야 하는 경우 안전율의 계산식은 매우 복잡해진다. 그림 [4.27](b)의 경우는 불연속면의 마찰각과 점착력이 존재하며 불연속면이 지하수로 포화된 경우 안전율의 계산식을 보여주고 있다. 변수인 X, Y, A 그리고 B의 경우 제안된 식을 통해 계산할 수 있으며 그림 [4.28]에서와 같이 평사투영을 통해 쉽게 획득할 수도 있다. 한편 그림 [4.27](c)의 경우는 불연속면의 마찰각과 점착력이 존재하지만 수압이 존재하지 않는 경우 안전율의 계산식을 보여주고 있다.

(a) General Case

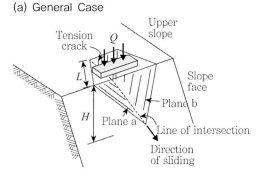

Use comprehensive solution by Hoek and Bray (1981)

Note: This solution required if external loads to be included. Typically solved using computer program.

그림 4.27 쐐기파괴의 안전율 계산(Norrish & Wyllie, 1996)

(b) Tension Crack Not Present

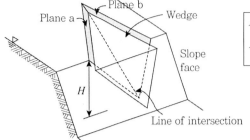

Note: Saturated slope assumed.

$$FS=$$
$$\frac{3}{\gamma_r H}(c_a \cdot X + c_b \cdot Y) + A - \frac{\gamma_w}{2\gamma_r}X)\tan\phi_a + (B - \frac{\gamma_w}{2\gamma_r}Y)\tan\phi_b$$

PARAMERTERS:

c_a and c_b are the cohesive strenghts of planes a and b

ϕ_a and ϕ_b are the angles of friction on planes a and b

γ_r is the unit weight of the rock

γ_w is the unit weight of water

H is the total height of the wedge

X, Y, A and B are dimensionless factors which depend upon the geometry of the wedge

Ψ_a and Ψ_b are the dips of planes a and b

Ψ_i is the plunge of the line of intersection

$$X = \frac{\sin\theta_{24}}{\sin\theta_{45} \cdot \cos\theta_{na \cdot 2}}$$

$$Y = \frac{\sin\theta_{13}}{\sin\theta_{35} \cdot \cos\theta_{nb \cdot 1}}$$

$$A = \frac{\cos\Psi_a - \cos\Psi_b \cdot \cos\theta_{na \cdot nb}}{\sin\Psi_i \cdot \sin^2\theta_{na \cdot nb}}$$

$$B = \frac{\cos\Psi_b - \cos\Psi_a \cdot \cos\theta_{na \cdot nb}}{\sin\Psi_i \cdot \sin^2\theta_{na \cdot nb}}$$

(c) Fully Drained Slope

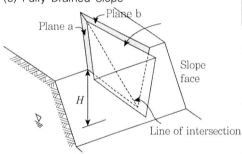

$$FS = \frac{3}{\gamma_r H}(c_a X + c_b Y) + A\tan\phi_a + B\tan\phi_b$$

PARAMERTERS:

c_a and c_b are the cohesive strengths of planes a and b

ϕ_a and ϕ_b are the angles of friction on planes a and b

γ_r is the unit weight of the rock

H is the total height of the wedge

X, Y, A and B are dimensionless factors which depend upon the geometry of the wedge

Ψ_a and Ψ_b are the dips of planes a and b

Ψ_i is the plunge of the line of intersection

$$X = \frac{\sin\theta_{24}}{\sin\theta_{45} \cdot \cos\theta_{na \cdot 2}}$$

$$Y = \frac{\sin\theta_{13}}{\sin\theta_{35} \cdot \cos\theta_{nb \cdot 1}}$$

$$A = \frac{\cos\Psi_a - \cos\Psi_b \cdot \cos\theta_{na \cdot nb}}{\sin\Psi_i \cdot \sin^2\theta_{na \cdot nb}}$$

$$B = \frac{\cos\Psi_b - \cos\Psi_a \cdot \cos\theta_{na \cdot nb}}{\sin\Psi_i \cdot \sin^2\theta_{na \cdot nb}}$$

그림 4.27 쐐기파괴의 안전율 계산(Norrish & Wyllie, 1996)(계속)

(d) Friction Only Shear Strengths

$$FS = A\tan\phi_a + B\tan\phi_b$$

(Parameters as above)

Note: Hoek and Bray (1981) have presented graphs to determine factors A and B.

(e) Friction Angle Same for Both Planes

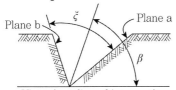

View along line of intersection

$$FS = \frac{\sin\beta}{\sin(\xi/2)} \cdot \frac{\tan\phi}{\tan\Psi i}$$

PARAMERTERS:

ϕ = friction angle

Ψ_i = Plunge of line of intersection

β = See sketch

ξ = angle between wedge − forming planes

그림 4.27 쐐기파괴의 안전율 계산(Norrish & Wyllie, 1996)(계속)

반면 쐐기를 구성하는 두 불연속면에 점착력이 존재하지 않고 각각 다른 마찰각 값이 보이며 배수로 인해 수압이 없는 경우 안전율 계산식은 다음과 같다.

$$FS = A\tan\phi_A + B\tan\phi_B \tag{4.38}$$

이때 ϕ_A와 ϕ_B는 각각 두 불연속면의 마찰각으로 경사각이 작은 불연속면이 A면으로 가정된다. 이 식에서 A와 B값은 불연속면의 경사와 경사 방향으로부터 계산할 수 있으며 Hoek and Bray가 제안한 chart로부터 획득할 수 있다. 그림 [4.28]과 그림 [4.29]는 Hoek and Bray chart의 예이다.

쐐기파괴의 안전율 계산은 고려해야 할 요소가 증가함에 따라 매우 복잡해진다. 즉, 볼트 등과 같은 외력을 고려해야 하거나 불연속면에 따라 점착력이나 마찰각이 다른 경우 또는 인장균열이 존재하는 경우 등과 같이 고려해야 할 요소가 많은 경우 앞서 제안되었던 안전율 계산공식은 사용할 수 없게 된다. 따라서 Hoek & Bary(1981)는 이러한 복잡한 조건에 적용할 수 있는 안전율 산정 과정을 제안하였다. 또한 이러한 복잡한 해석과정을 수행할 수 있는 상용 프로그램 등이 개발되어 활용되고 있으며 대표적인 예가 캐나다 Rocscience사의 SWEDGE이다. 이 프로그램에서는 수압뿐만 아니라 지진, 그리고 록볼트 등과 같은 외력도 함께 고려할 수 있으며 결정론인 해석뿐만 아니라 확률론적 해석도 수행할 수 있는 장점을 가지고 있다.

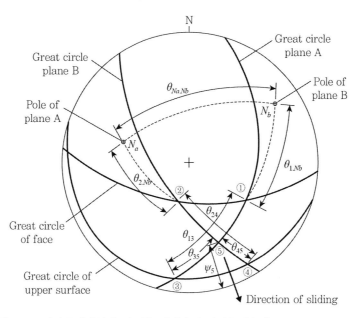

그림 4.28 평사투영해석에 기초한 쐐기파괴 안전율 획득(Hoek & Bray, 1981)

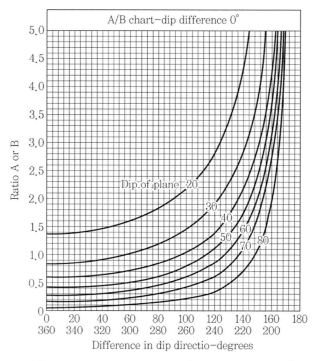

그림 4.29 Hoek and Bray Chart(Hoek & Bray, 1981)

4.2.6 전도파괴(Toppling Failure) 안정성 해석

4.2.6.1 전도파괴의 형태

전도파괴는 파괴형태에 따라 다음과 같이 분류할 수 있다.

가. 굴곡 전도파괴(flexural toppling)

이는 잘 발달된 급경사의 불연속면에 의해 분리되어 있는 연속적인 주상의 암반이 비탈면의 전면 방향으로 휘어지면서 굴곡되어 파괴되는 파괴 현상으로서 미끄러짐, 비탈면 선단(toe)의 침식 또는 굴삭 등으로 인하여 파괴가 시작되며, 이는 깊고 넓은 인장 균열을 생성하면서 암반 속으로 침투하여 비탈면의 후반부로 균열이 전파하여 전체적인 파괴가 이루어진다(그림 [4.30]).

그림 4.30 굴곡 전도파괴

나. 블록형 전도파괴(block toppling)

그림 [4.31]에 나타난 것처럼 이는 경암의 암주들에 서로 수직적인 절리들이 넓은 간격으로 분포되었을 때 발생한다. 파괴양상은 비탈면의 선단을 형성하는 짧은 암주들을 후반부의 긴 암주들이 전복하면서 생기는 하중에 의해 전반부로 슬라이딩이 발생하며, 이러한 비탈면선단의 슬라이딩은 파괴가 비탈면의 상부로 전개되는 동기가 된다.

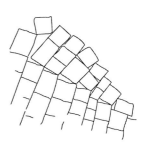

그림 4.31 블록형 전도파괴

다. 복합 전도파괴(block flexural toppling)

그림 [4.32]에서 볼 수 있는 바와 같이 이러한 파괴양상은 수많은 회전절리에 의해 분리된 암주들에서 발생하는 반연속적인 굴곡으로 특징지어진다.

전도파괴를 평사투영해석을 통해서 규명하는 방법은 다음과 같다. 비탈면의 경사가 α, 불연속면의 경사가 δ일 때 전도파괴가 일어날 조건은 먼저 층과 층 사이의 미끄러짐이 발생해야 하며

그림 4.32 복합 전도파괴

이는 아래의 조건식으로 나타낼 수 있다.

$$(90 - \delta) + \phi_i < \alpha \tag{4.39}$$

또 다른 전도파괴의 조건은 불연속면의 주향과 비탈면의 주향은 30° 이내이어야 한다는 조건이다.

4.2.6.2 전도파괴의 해석

Goodman은 전도파괴 현상의 간단한 물리적 모형연구에 이상적인 방법인 저면마찰 모형시험법에 대하여 상세하게 발표한 바 있다.

그림 [4.33]에 나타나 있듯이 이 장치는 모형 지지대와 한 쌍의 넓은 롤러를 유지하는 프레임으로 구성되는데, 롤러 위로는 사포벨트가 운행하게 된다. 이 사포벨트는 벨트 위에 놓여 있는 모형 밑면에 마찰력을 가해 주는데, 만일 모형의 기단을 이동하지 못하도록 한다면 저면마찰력은 모형을 구성하고 있는 블록 각각에 작용하는 중력에 해당될 것이다. 코르크, 석고, 플라스틱, 목재 등의 블록으로 만들어진 모형을 이용한 이러한 방법으로 블록 전도파괴의 거동을 연구할 수 있다.

그러나 이 방법은 현상설명과 교육적 목적으로는 이상적이나 암반비탈면공학에서 실제 설계목적으로 이용하기에는 그 가치가 한정되어 있다. 왜냐하면 모형에 적용할 수 있는 물리적 성질은 사용 가능한 모형재료에 의해 그 범위가 제한되기 때문이다.

이 장에서는 전도파괴의 해석에 극한평형의 원리를 사용하고 있는데, 이 해석방법은 몇 가지의 간단한 전도파괴 경우에 한정하여 적용할 수 있지만, 전도파괴의 상황에 있어서 중요시되는 요소들에 대한 기초적인 이해를 제공할 것이다.

계단식 기반에서 발생하는 전도파괴의 극한평형 해석 과정은 다음과 같다.

그림 4.33 저면 마찰 모형 시험장치

그림 [4.34]에서와 같이 규칙적인 블록체계를 생각해 보자. 경사각이 (90°-α)인 층들로 이루어진 암반에 비탈면이 경사각 θ로 굴착되어 있으며, 기반은 전체적인 경사각이 β인 계단식으로 되어 있다. 그림에서의 상수 a1, a2, b는 다음과 같이 주어진다.

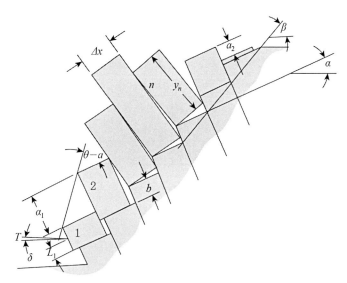

그림 4.34 계단식 기반위에서 발생하는 전도파괴의 극한평형 해석을 위한 모형

$$a1 = \Delta x \tan(\theta - \alpha) \tag{4.40}$$
$$a2 = \Delta x \tan(\alpha - \theta_u) \tag{4.41}$$
$$b = \Delta x \tan(\beta - \alpha) \tag{4.42}$$

여기서 Δx는 각 블록의 폭이며, θH는 상부 지표면의 경사각이다.

이러한 이상화된 모델에 있어서 비탈면상단의 아래에 위치하는 n번째 블록의 높이는 다음과 같다.

$$y_n = n(a_1 - b) \tag{4.43}$$

반면에 비탈면상단의 위쪽에 위치하는 블록의 높이는 아래와 같이 된다.

$$y_n = y_{n-1} - a_2 - b \tag{4.44}$$

그림 [4.35]에서와 같은 형태의 블록체계는 파괴되기 시작할 때 블록들의 거동양상에 따라 일반적으로 세 개의 영역으로 구분되는 것이 보통이다.

a. 비탈면 하단 구역의 미끄러지는 블록군

b. 비탈면 최상부에서의 안정한 블록군

c. 비탈면 중간부의 전도되는 블록군

어떤 경우의 비탈면형상에서는 미끄러짐이 없을 수도 있는데, 이때는 전도파괴 영역이 비탈면 하단까지 확장된다.

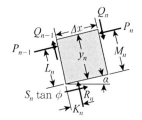

(a) n번째 블록에 작용하는 힘

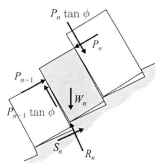

$$P_{n-1} = \frac{P_n(M_n - \Delta x \tan\phi) + \dfrac{W_n}{2}(y_n \sin\alpha - \Delta x \cos\alpha)}{L_n}$$

(b) n번째 블록의 전도파괴

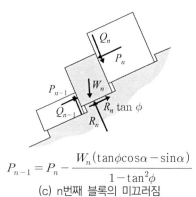

$$P_{n-1} = P_n - \frac{W_n(\tan\phi\cos\alpha - \sin\alpha)}{1 - \tan^2\phi}$$

(c) n번째 블록의 미끄러짐

그림 4.35 전도와 미끄러짐에 대한 n번째 블록의 극한평형 조건

그림 [4.35](a)는 바닥면에서 작용하는 힘(R_n, S_n)과 이웃하는 블록의 접촉면에 작용하는 힘(P_n, Q_n, P_{n-1}, Q_{n-1})이 표시된 대표적인 블록(n)을 보여 주고 있다.

전도파괴의 영역에 해당되는 블록의 경우, 그림 [4.35](b)에서와 같이 모든 힘들의 작용점을 알 수 있으며 아래의 식들로부터 구할 수 있다.

만일 n번째 블록이 비탈면상단의 아래에 있을 경우 :

$$M_n = y_n \tag{4.45}$$
$$L_n = y_n - a_1 \tag{4.46}$$

만일 n번째 블록이 비탈면상단의 블록일 경우 :

$$M_n = y_n - a_2 \tag{4.47}$$
$$L_n = y_n - a_1 \tag{4.48}$$

만일 n번째 블록이 비탈면상단의 위쪽에 있을 경우 :

$$M_n = y_n - a_2 \tag{4.49}$$
$$L_n = y_n \tag{4.50}$$

모든 경우에 있어서,

$$K_n = 0 \tag{4.51}$$

블록들이 불규칙적으로 배열되어 있는 경우의 y_n, L_n, M_n은 도해법으로 결정할 수 있다.

블록 측면에서의 한계마찰력 :

$$Q_n = P_n \tan\phi$$
$$Q_{n-1} = P_{n-1} \tan\phi$$

블록 바닥면에 수직으로 작용하는 힘과 평행하게 작용하는 힘 :

$$R_n = W_n \cos\alpha + (P_n - P_{n-1}) \tan\phi \tag{4.52}$$
$$S_n = W_n \sin\alpha + (P_n - P_{n-1}) \tag{4.53}$$

회전력의 평형을 고려하면, 전도파괴를 막기 위해 필요한 힘 P_{n-1}은 다음과 같은 값을 갖는다.

$$P_{n-1,t} = \frac{P_n(M_n - \Delta x tan\phi) + \frac{W_n}{2}(y_n sin\alpha - \Delta x cos\alpha)}{L_n} \qquad (4.54)$$

고려하고자 하는 블록이 미끄러짐 영역에 속할 때에는 다음과 같이 된다.

$$S_n = R_n tan\phi \qquad (4.55)$$

그러나 블록의 측면이나 바닥면에 작용하는 모든 힘들의 작용점과 크기는 알려져 있지 않다. 여기에서 전도파괴의 경우와 마찬가지로 미끄러짐의 경우에도 극한평형 조건이 블록측면에서 성립한다고 가정하면 식 (4.52)와 식 (4.53)을 적용할 수 있다. 식 (4.54)와 결합하면 미끄러짐을 방지하기 위해 필요한 힘 P_{n-1}은 다음과 같이 구해진다.

$$P_{n-1,s} = P_n - \frac{w_n(tan\phi cos\alpha - sin\alpha)}{1 - tan^2\phi} \qquad (4.56)$$

여기에 도입된 가정들은 상당히 임의적이지만, 조금만 생각하면 이것이 비탈면의 전체적인 안정성 계산에 아무런 영향을 미치지 않는다는 것을 알 수 있을 것이다. 다른 합리적인 가정도 동일한 결과를 얻게 해줄 것이다.

4.2.6.3 전도파괴에 대한 한계평형 해석에서의 안전율

전도파괴의 안전율(F)은 암반층들에서 작용하고 있다고 생각되는 마찰각의 기울기($tan\phi_{available}$)를 지지력 T가 주어질 경우 평형상태를 유지하는 데 필요한 마찰각의 기울기($tan\phi_{required}$)로 나눈 값으로 정의된다.

$$F = \frac{tan\phi_{availble}}{tan\phi_{required}} \qquad (4.57)$$

예를 들어, 암반면 간의 미끄러짐에 대해 최적으로 평가한 마찰계수가 $tan\phi$=0.800이라 하면, $tan\phi_{required}$=0.7855이고 블록 1에서의 지지력이 0.5kN인 경우의 안전율은 0.800/0.7855=1.02가 된다. $tan\phi_{required}$=0.650이고 지지력이 2013kN인 경우에는 안전율이 0.800/0.650=1.23이 된다.

일단 암주가 조금이라도 회전하게 되면, 더 이상의 회전이 발생하지 않도록 하기 위해 필요한 마찰력은 증가하게 된다. 그러므로 극한평형 상태에 있는 비탈면은 순안정상태이다. 그러나 $2(\beta - \alpha)$만큼의 회전은 암주의 측면을 따라 발생하는 가장자리와 면의 접촉을 연속적인 면의 접촉으로 바꾸며, 따라서 회전이 더 이상 일어나지 않도록 하기 위해 필요한 마찰력은 급격히 떨어지게 된다. 심지어 최초의 평형상태에서 요구되는 값보다도 작아질 수 있다. 그러므로 안전율의 선택은 얼마간의 변형이 허용될 수 있느냐 없느냐에 좌우된다.

전도가 발생한 암주에서 면과 면의 연속적인 접촉이 회복되는 것은 대규모 전도파괴의 방지 메커니즘에 있어서 매우 중요하다. 지표에서의 대규모 변위와 인장균열의 형성을 현장에서 많이 관찰할 수 있지만, 암반으로부터 분리된 암석의 양은 상대적으로 많지 않은 편이다.

4.2.7 암반비탈면의 수치해석

암반비탈면에 대한 수치해석은 한계평형해석에 비해 최근 제안되었으나 비탈면 안정해석에서 매우 범용적으로 사용되고 있다. 특히 저항력(resisting force)과 운반력(displacing force)의 상대적인 크기보다는 비탈면에서 발생하는 변형에 대해 파악하고자 하는 경우 효과적으로 활용될 수 있다. 또한 한계평형해석의 경우는 이미 결정되어진 활동면에 대해 비탈면의 안정성 해석을 수행하는 반면 수치해석의 경우 결정된 활동면 없이 비탈면의 전반적인 부분에 걸쳐 해석을 수행할 수 있다.

수치해석모델은 굴착과 같은 비탈면의 변형이나 경계조건, 지하수위와 초기응력 같은 초기조건들에 대해 비탈면 물질들이 어떤 역학적인 반응을 보이는 가를 표현하는 해석법으로 그 결과를 통해 비탈면의 일정 위치에서 예측된 응력이나 변형을 실제 발생한 값과 비교할 수 있거나 예상되는 파괴형태를 얻을 수 있다.

수치해석모델은 암반을 여러 영역으로 구분하여 각 영역에 구성물질의 모델과 물질의 특성을 부여한다. 이때 구성 모델은 비탈면 구성물질이 어떻게 반응하는 가를 표현하는 응력-변형률 관계를 표현하며 가장 단순한 모델로는 선형탄성모델(linear elastic model)이 사용된다.

수치모델은 한계평형해석과는 달리 다양한 문제에 범용적으로 사용할 수 있는 장점을 가지고 있다. 따라서 다양한 문제를 감안하기 위해서는 비탈면의 기하학적 형상과 역학적인 문제를 모두 고려해야 함을 의미하며 따라서 초기단계 설정과 수행에서 한계평형해석보다 많은 시간을 필요로 한다. 비탈면 안정해석에서 수치해석이 사용되는 이유는 다음과 같다.

수치해석은 지하수나 단층과 같은 핵심적인 지질요소를 고려하여 실제 비탈면에서 발생하는 거동을 좀 더 현실적으로 표현할 수 있다. 수치해석은 실제로 관찰된 물리적 거동을 설명하는 데 도움을 줄 수 있다. 수치해석은 다양한 지질학적 모델과 파괴형태 그리고 설계조건들을 고려할 수 있다.

암반비탈면의 안정성 해석프로그램 중에는 한계평형해석에 기초한 프로그램들도 존재하며 이 프로그램들은 예상되는 몇 개의 파괴면에 대해 안전율을 계산하여 그중 최소의 안전율을 보이는 활동면에서 파괴가 발생할 것으로 예측한다. 반면 수치해석에서는 응력-변형률에 대한 전반적인 분석을 수행하여 주어진 비탈면의 특성에 따라 전체 비탈면이 불안한지 여부를 판단한다. 따라서 수치해석은 해석결과를 도출하는 데 많은 시간을 요구되나 다양한 해석결과를 도출할 수 있다.

수치해석 기법의 분류는 해석의 방법 및 구성 방정식에 의해 다양하게 분류할 수 있으며 다루는 해석 대상인 암반의 특성에 따라 연속체(continuum)와 불연속체(discontinuum) 수치해석으로 구분된다. 표 [4.22]는 연속체 수치해석과 불연속체 수치해석에 사용되는 대표적인 수치해석 기법을 나타낸 것이다.

표 4.22 수치해석 기법의 종류

연속체 수치해석	불연속체 수치해석
유한요소법(finite element method) 유한차분법(finite differential method) 경계요소법(boundary element method)	개별요소법(Distinct Element method) 유형 기법(Modal methods) 불연속변형해석(Discontinuous deformation method) 운동량 교환 기법 (Momentum-exchange method)

불연속체적 지반은 해석 또는 평가 대상의 크기에 따라 연속체적으로 고려될 수 있다. Hoek(1998)의 그림 [4.36]은 지반 내 동일한 간격 또는 상태의 불연속면이 발달하더라도 평가 대상의 규모에 따라 다른 해석이 가능함을 보여주고 있다.

실내 시험 시료 규모의 수치 모델링일 경우, 불연속면이 없는 흙 입자 또는 암석 구성 광물을 독립적으로 인식하여 불연속체 모델을 사용한다. 그러나 비탈면이라는 일정 규모의 구조물에 대한 수치해석에서는 흙 비탈면 또는 괴상의 암반비탈면(massive rock slope)의 경우, 그 거동이 연속적인 조건 또는 대상 비탈면의 규모에 비해 대단히 작은 구성 입자 간의 불연속적 거동을 보이므로 대부분 이를 연속체로 모사하여 해석한다. 반면, 절리 등 불연속면에 의해 구분된 암반 블록의 불연속적 거동에 의해 비탈면의 안정성이 지배되는 절리 암반(jointed rock mass)은 불연속체 해석을 사용하는 것이 적절하다. 특히 비탈면에서와 같이 터널에 비해 낮은 응력 조건인 경우, 불연속체 해석을 적용하는 것이 보다 효율적이다. 그러나 심하게 파쇄된 암반비탈면(heavily fractured rock slope)의 경우, Hoek & Bray(1981)의 지적과 같이 연속체 거동의 대표적인 붕괴 형상인 원호 파괴(circular failure)가 발생할 수 있으며 따라서 연속체 해석을 수행하는 것이 적절한 것으로 보고되고 있다.

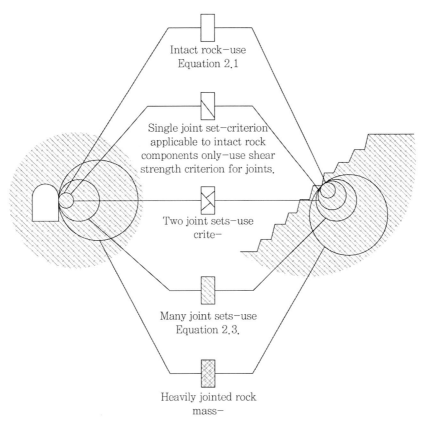

그림 4.36 평가 대상의 규모에 따른 불연속면 발달 및 암반 평가(Hoek, 1998)

4.2.8 암반비탈면 신뢰성 해석

비탈면의 설계나 안정성 해석에 가장 보편적으로 그리고 범용적으로 사용되는 기법으로 결정론적인 해석방법(deterministic analysis)이 사용되고 있다. 그러나 이미 알려진 바와 같이 비탈면의 안정성을 산정하는 과정에는 매우 다양한 종류의 불확실성이 포함되며 따라서 설계나 안정해석에 사용되는 대부분의 변수들은 확률변수(random variable)로 고려되어야 한다. 그러나 현재 사용되고 있는 허용응력 설계법(allowable or working stress design)의 경우에는 이러한 불확실성을 정량적으로 고려하는 것이 거의 불가능하다. 따라서 주요 선진국들은 이러한 문제점을 해결하기 위한 방법으로 한계상태설계법(limit state design)을 제안하여 사용하여왔다. 특히 국제무역기구(WTO) 산하의 국제표준화기구(ISO)는 구조물의 설계 시 불확실성을 정량적으로 고려하기 위하여 확률론적 해석기법에 바탕을 둔 신뢰성 설계법을 적용하도록 규정하고 있다. 또한 유럽의 경우 Eurocode 7을 통해 지반구조물에 대한 설계를 신뢰성 해석을 바탕으로 하도록 하고 있으며 미국의 경우 확률론적 해석기법에 바탕을 둔 하중-저항계수 설계법(Load and Resistance Factor Design, LRFD)을 제정하였다. 따라서 국내에서도 국제규격에 부합하는 설계기준과 건설시장 개방에 대비하기 위한 신뢰성기반의 설계기준에 대한 필요성이 증가하고 있다.

4.2.8.1 불확실성의 원인

지반성질의 불확실성은 다양한 원인에 기인하며 그중에서 중요한 4가지는 공간적 변동성(spatial variation), 측정오차(measurement error), 통계오차(statistical error), 그리고 모델의 불확실성(model uncertainty)을 고려할 수 있다.

지반의 공간적 변동성은 지반의 형성과정과 형성 후의 변화과정에서 지반구성 물질의 차이, 지반의 응력, 함수비 등 지반 조건에 따라 지반의 성질이 위치마다 다르고 또 수직 및 수평 방향에 따라 차이가 나타나는 현상을 의미한다. 반면 측정오차는 측정장비, 측정방법, 측정 인력의 차이에 의해 발생하는 불확실성을 의미한다. 이 오차는 측정장비 자체의 부정확성이나 일상적으로 사용되는 장비의 형상 및 시스템이 서로 다른 이유 등으로부터 기인한다. 한편 통계오차는 측정자료의 부족에서 발생하는 오차이다. 이 오차는 통계적인 의미에서 모집단에 비해 표본숫자가 너무 적기 때문에 발생하는 오차로 측정숫자나 데이터가 증가함에 따라 감소한다. 모델오차는 경험적 또는 다른 관련 식을 이용하여 현장 및 실내 실험값을 설계 지반정수로 변환하는 과정에서 발생하는 것이다. 일반적으로 현장 및 실내실험에서 획득된 측정치를 지반상수로 바로 적용할 수 있는 경우는 매우 드물기 때문에 지반 정수는 시험결과로부터 추정 및 변화하는 과정이 필요한데 이때 사용되는 공식이나 경험식들이 부정확하기 때문에 발생하는 불확실성이다.

결과적으로 이러한 불확실성으로 인해 설계나 해석 시에 고려된 절대적인 안정성을 획득하는 것은 불가능하며 따라서 일정 부분 구조물의 안정성이 확보되지 못할 수 있는 위험을 감수하여야 한다. 따라서 비탈면 설계의 목적은 만족할 만한 수준의 확률 내에서 비탈면의 수명 동안 설계목적을 충실히 수행하도록 하는 것이다.

4.2.8.2 신뢰성 해석기법

구조물의 설계에 있어 가장 중요한 목표는 경제적이면서도 구조물이 정상적인 기능을 수행하도록 하는 것이다. 즉, 구조물의 안정성과 더불어 적절한 기능 수행이 가능하도록 하는 것이 설계자의 가장 중요한 임무이다. 그러나 이러한 목적을 달성하는 것은 어려운 일인데 그것은 대부분의 구조물 설계에 있어 필수적으로 요구되는 충분한 자료의 제공이 불가능하기 때문에 발생한다. 결과적으로 구조물의 안정성이나 기능에 대한 확신을 가지지 못한 상태에서 설계나 해석이 수행되는 것이다. 더구나 불확실한 상태 속에서 구조물의 설계나 계획에 대한 여러 가지 판단을 행하여야 하며 이러한 판단에 근거하여 설계가 수행되어야 한다. 따라서 어느 정도의 위험성을 감안하여야 하는 것이 필수적이며 이러한 환경 속에서는 구조물의 안정성이나 기능에 대하여 확신을 갖기란 매우 어려운 일이다.

구조물의 신뢰성과 관련된 문제는 결국 수용능력(capacity)과 요구(demand)의 문제로 귀착된다. 다시 말해 구조물의 신뢰성에 대한 문제는 요구나 필요조건에 대한 구조물의 능력 또는 용량의 문제로 공식화될 수 있다. 구조물의 안정성을 고려해 볼 때 구조물의 강도(즉, capacity)가 최대한의 하중(demand)에 충분히 저항할 수 있을 때 안정성을 확보할 수 있는 것이다. 전통적으로 구조물의 신뢰성은 보수적인 가정을 사용한 안전율이나 안전여유(safety margin)의 개념을 이용하여 왔다. 안전율이나 안전여유의 개념에서는 최소의 수용능력과 최대의 요구를 비교하여 안정성을 산정한다. 그러나 전통적인 설계 또는 해석기법은 이러한 최소의 능력과 최대의 요구를 결정하는 과정에서 주관적인 판단이 포함되며 불확실성을 정량적으로 분석에 이용하기 힘들다는 단점을 가지고 있다. 결국 안전의 정도나 신뢰도를 정량적으로 계산할 수 없다는 단점을 가지고 있다. 이러한 문제점을 극복하기 위해 제안된 방법이 확률론적 해석 기법을 바탕으로 한 신뢰성 분석기법이다.

실제적으로는 불확실성으로 인해 수용능력과 요구를 정확히 결정할 수 없으므로 신뢰성 해석기법에서는 이를 일정한 범위 내에서 분포를 보이는 확률변수(random variable)로 파악하여 분석에 이용한다. 확률론적 해석에서는 확률변수를 확률로서 표현함으로서 구조물의 안정성을 확률로 계산해 낼 수 있다. 이를 위하여 능력과 요구를 다음의 식과 같이 확률변수로 표현한다.

$$X = 수용능력(The\ supply\ capacity)$$

Y = 요구(The demand requirement)

따라서 신뢰성 해석은 구조물에 있어서 X가 Y보다 큰 경우(X > Y)의 가능성 또는 확률을 분석하는 것이다. 반대의 경우 즉 X가 Y보다 작을 경우는 구조물이 그 기능을 수행하지 못하는 경우를 의미한다. 따라서 구조물의 파괴확률은 X가 Y보다 작을 경우의 확률을 계산한 값을 의미한다. 따라서 그림 [4.37]에서와 같이 X와 Y의 확률분포를 $f_x(x)$와 $f_y(y)$로 표현하면 X와 Y의 분포가 겹치는 부분이 X가 Y보다 작은 경우로 파괴가 발생하는 부분이다.

한편 안전여유(safety margin)의 개념을 사용할 경우 안전여유는 $SM = X - Y$로 표현될 수 있다. X와 Y가 모두 확률변수이므로 안전여유 역시 확률변수이다. 따라서 안전여유의

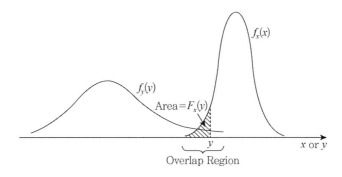

그림 4.37 수용능력과 요구의 확률분포

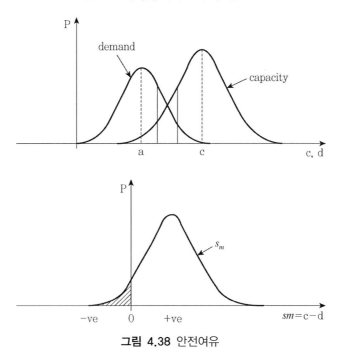

그림 4.38 안전여유

확률분포함수를 $f_{s_m}(s_m)$로 표현하면 파괴가 발생하는 경우는 $SM < 0$이므로 안진여유의 개념을 이용한 파괴확률은 다음과 같다(그림 [4.38]).

$$P_f = \int_{-\infty}^{0} f_{s_m}(s_m)\,ds_m \tag{4.58}$$

4.2.8.3 파괴확률의 산정

신뢰성 해석에서 비탈면의 안정성을 산정하기 위해서는 파괴함수(failure function)를 사용하여 극한 상태(limit state)를 가정하고 이로부터 파괴함수를 계산한다. 파괴함수를 $g(x_i)$라 하면, $g(x_i)$가 0보다 클 경우를 안정, 0보다 작을 경우를 불안정, 0일 경우를 극한 상태로 파악하며 파괴확률을 다음의 식과 같이 산정한다.

$$P_f = \int_{g(x_i) < 0} f(x_i)\,dx_i \tag{4.59}$$

파괴확률을 산정할 때 파괴함수나 확률변수에 대한 정보가 충분할 경우 즉, 확률변수에 대한 확률밀도함수, 평균 및 표준편차 등의 자료가 획득되어 있을 경우 파괴확률은 다양한 방법을 통해 획득가능하다.

특히, 이러한 경우 몬테 카를로 시뮬레이션(Monte Carlo simulation)에 의한 기법이 사용되며 이러한 신뢰성 기법을 Level III 신뢰성 분석이라고 한다. 그러나 확률변수에 대한 통계적인 정보(즉, 평균 및 표준편차)가 부족하거나 확률분포함수(probability density function)에 대한 정보가 부족할 경우 파괴확률 자체에 불확실성이 포함되게 되며 파괴확률의 신뢰성에 문제가 발생할 수 있다. 대개 이런 경우 평균과 표준편차 등과 같은 두 개의 모멘트 값만이 통계적인 정보로 제공되며 이러한 정보만을 바탕으로 계산하는 신뢰성 해석 기법을 Level II 신뢰성 해석이라고 한다.

가. 파괴함수

파괴함수 또는 신뢰함수는 한 구조물에 대해 그 구조물이 임의의 조건에서 설계자의 의도에 따라 정확한 기능을 수행하고 있는지를 판단하기 위하여 정의된 함수이다. 따라서 신뢰성 해석에서는 비탈면의 안정성을 평가할 수 있는 물리적인 현상과 관련된 많은 변수들이 고려되어야 하며 이러한 파괴함수를 올바로 정의하는 것이 매우 중요하다.

비탈면에 대한 신뢰성 이론은 불확실성에 대한 합리적인 분석을 통해 비탈면의 내구성과 안정성을 판단하는 방법을 의미하는 것으로 수학적인 식을 통해 비탈면의 안정성과 연관성이 있는 다양한 변수들이 표현되어야 한다. 경험적인 모델이 사용되건 또는 이론적인 식이 사용되건 파괴함수는 일반적으로 저항함수와 하중함수의 차 또는 비로 정의할 수 있다. 이때 저항함수는 외력에 저항할 수 있는 확률변수들로 구성되며, 하중함수는 반대로 비탈면의 기능수행능력을 약화시키는 외력과 관련된 확률변수들로 구성된다.

신뢰성 해석은 세 단계의 분석이 수행된다. 먼저 비탈면의 안정성에 영향을 줄 수 있는 확률변수들을 결정한다. 확률변수에는 기하학적인 변수, 재료의 특성을 나타내는 변수, 외력과 관련 있는 변수가 있다. 이러한 변수들 중 어떤 변수를 확률변수로 설정하고 다른 변수를 고정변수로 설정하는가에 따라 매우 다른 파괴함수가 정의될 수 있으며 결국 서로 다른 파괴확률 산정 결과를 얻을 수 있다. 다음 단계에서는 파괴함수를 결정한다. 파괴함수는 비탈면의 안정성에 영향을 미칠 것으로 판단되는 모든 변수를 포함하여야 하며 경험식으로부터 물리적 현상을 수식으로 표현한 식까지 다양한 방법으로 정의할 수 있다. 마지막 단계는 저항함수와 하중함수를 구성하는 각 확률변수들에 대한 확률적인 분포특성과 통계적 변수들을 획득하는 과정이다. 이러한 과정은 확률변수들에 대한 실험이나 현장관찰 등을 비롯하여 다양한 자료 획득과정을 통해 얻은 자료에 대한 분석을 통하여 획득할 수도 있고 자료의 물리적인 특성을 감안하여 임의로 정의할 수도 있다. 대개 확률변수의 확률특성을 파악하거나 신뢰성 해석을 위해 사용되는 자료는 확률변수의 확률분포함수와 통계적인 자료, 즉 기댓값과 분산이 있다.

나. 신뢰지수

비탈면의 신뢰도 또는 파괴 가능성을 수량화하기 위해 많이 사용되는 것이 신뢰지수(reliability index)이다. 이 방법은 확률변수들의 기댓값(평균)과 표준편차에 대한 적절한 추정값을 이용하여 파괴함수의 기댓값(평균)과 표준편차를 획득할 수 있다는 개념에 기초를 두고 있다. 이 방법은 파괴함수의 확률분포에 대한 정보가 제공되지 않으므로 정밀한 파괴확률을 구할 수 없으나 간단한 계산과정을 통해 파괴확률을 획득할 수 있다는 장점을 가지고 있다. 신뢰지수는 β로 표기되며 이 값은 한계상태를 상회하는 파괴함수의 표준편차 값으로 정의하며 다음식과 같이 표현될 수 있다.

$$\beta = \frac{E[g(x_i)] - \epsilon}{\sigma[g(x_i)]} \tag{4.60}$$

이때 $g(x_i)$는 파괴함수, ϵ는 한계상태 값(limit state value), 즉 파괴함수가 안전여유인 경우는 0, 파괴함수가 안전율인 경우 1인 값이다.

만일 한계상태를 파괴함수가 0인 경우로 가정한다면 신뢰지수는 파괴함수 $g(x_i)$의 평균값에 대한 표준편차의 비로 계산할 수 있다.

$$\beta = \frac{\mu_{g(x_i)}}{\sigma_{g(x_i)}} \tag{4.61}$$

한편 신뢰지수 β는 상대적인 신뢰도를 평가할 수 있는 척도로 사용될 수 있다. 즉, 높은 β값을 보이는 비탈면은 낮은 β를 보이는 비탈면에 비해 상대적으로 안전하다. 신뢰지수 β를 이용하여 파괴확률을 산정하기 위해서는 파괴함수로부터 획득된 계산 값들의 확률밀도분포를 알아야 한다. 이때 모든 변수가 정규분포함수(normal distribution)를 따른다고 가정하면 아래 식을 이용하여 파괴확률을 획득할 수 있다.

$$P_f = 1 - \Phi(\beta) \tag{4.62}$$

이때 Φ는 표준정규분포함수를 의미한다.

다. 신뢰성 해석의 분류

신뢰성 해석의 목표는 비탈면이 일정한 한계상태에 도달할 확률을 산정하는 것이다. 안정성 평가의 경우 하중함수와 저항함수로 구성되는 신뢰함수를 설정하고, 설계변수의 확률분포를 적용하여 이에 따른 신뢰함수의 확률분포와 파괴확률을 산정하는 것이다. 예를 들어 신뢰함수는 '저항함수-하중함수' 혹은 '저항함수/하중함수'의 꼴로 설정할 수 있다. 신뢰성 설계에 있어 신뢰성 해석법은 설계변수의 확률분포 고려방법과 신뢰함수의 확률분포 산정 및 이용방법에 따라 다양하게 구분된다. 신뢰성 해석법은 확률적 개념을 얼마나 엄밀하게 반영하는지에 따라 Level Ⅰ, Ⅱ, Ⅲ 신뢰성 해석으로 구분된다. 각 Level의 해석개념은 다음과 같다.

1) Level Ⅰ 해석

Level Ⅰ 해석은 가장 하위단계의 신뢰성 해석 방법으로 설계변수의 확률분포를 반영하기보다는 설계변수의 공칭값(대푯값)에 부분안전율(partial safety factor)을 적용하여 설계변수를 결정하거나 혹은 하중함수와 저항함수에 각각 하중계수와 저항계수를 적용하여 안정성을 평가하는 방법이다. 전자의 방법은 부분안전율 설계법으로 EURO코드에 적용되고 있으며, 후자의 방법은 하중저항계수설계법(LRFD)으로 US코드에 적용되고 있다.

2) Level Ⅱ 해석

Level Ⅱ 해석은 중간단계의 신뢰성 해석 방법으로 설계변수의 실제 확률분포를 적용하기보다는 정규분포와 같은 임의의 확률분포를 따르는 것으로 가정하여 파괴확률을 산정해내는 방법이다. 설계변수의 확률분포를 가정하였으므로 변수의 평균값과 표준편차만 있으면 신뢰성 해석이 가능하다.

3) Level Ⅲ 해석

Level Ⅲ 해석은 가장 엄밀한 신뢰성 해석 방법으로 설계변수의 실제 확률분포를 신뢰함수에 적용함으로써 여러 확률변수들의 상호작용을 엄밀하게 고려하여 파괴확률을 정확하게 산정해내는 방법이다. 따라서 Level Ⅲ 해석은 가장 완벽한 형태의 신뢰성 해석 방법으로 확률변수에 대한 정확한 확률특성을 기초로 하여 분석하므로 가장 정확하고 신뢰할 수 있는 결과를 획득할 수 있다. 다만 Level Ⅲ 신뢰성 해석의 확률변수에 관한 방대한 자료가 필요하며 신뢰함수식이 복잡할 경우 반복적 계산수행이 가능한 프로그램이 필수적이다. 대표적인 Level Ⅲ 해석 기법으로는 Monte-Carlo 시뮬레이션이 있다. Level Ⅱ와 Ⅲ 신뢰성 해석은 확률변수의 취급과 파괴확률 산정방법에 차이가 있을 뿐 기본개념은 동일하다.

4.3 암반비탈면 붕락사례 및 대책

4.3.1 편마암 비탈면의 붕괴사례 및 대책

4.3.1.1 검토목적 및 내용

본 검토비탈면은 고속도로 건설공사 터널시점부 절토 비탈면으로 편마암으로 이루어져 있으며 암질상태가 매우 불량한 상태이고 4개의 지점에서 붕괴가 발생되어 있으며 장기적인 측면에서의 안정성 확보를 위한 대책방안이 필요한 구간이다. 현장의 검토안은 비탈면 구간에 비탈면경사를 완화하는 안을 제시하였으며 조사를 통해 현장안의 타당성에 대해 검토하고 필요한 안정대책을 수립하고자 한다.

표 4.23 비탈면 현황

위치	비탈면 높이	조사연장	비탈면 경사	현황
터널시점부	약 22m	약 40m	1 : 0.8 ~ 1 : 1.0	– 편마암으로 구성된 비탈면으로 암질이 매우 불량하고 단층 및 불연속면에 의해 붕괴가 발생되어 있음 – 불연속면의 방향이 비탈면 방향으로 경사져 있으며 불연속면 방향 및 암질상태를 고려하여 안정대책을 수립하고자 함

그림 4.39 조사비탈면의 전경사진 및 평면도

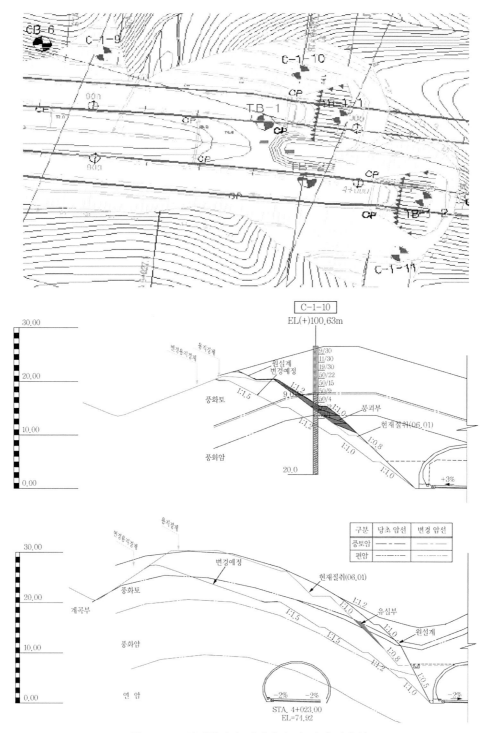

그림 4.39 조사비탈면의 전경사진 및 평면도(계속)

4.3.1.2 조사 현황

가. 지표지질조사

1) 지형 및 지질

검토대상 구간은 한국 방향(북북서-남남서주향)을 취하는 태백산맥의 중축부에 위치하며 전반적으로 편마암이 분포하고 높은 산릉이 병립하는 지역이다. 검토대상 지역의 서측 설악산의 지맥들은 태백산맥을 구성하며, 이는 북동 내지 남북으로 연속 배열하는 특징을 보이고 산릉사이 V자형의 협곡의 곡저는 폭이 좁아 유로의 폭과 큰 차이 없이 기반암이 노출된다. 대표적인 하천은 후천과 남대천이며 후천은 북동류하여 양양읍에서 남대천하류와 합류하여 동해로 유입되며 짧은 수로인 특징이 있다.

본지역의 지질은 거의 전역에 걸쳐 선캠브리아기의 것으로 보이는 퇴적암기원 변성암은 반상변정질편마암과 호상편마암이 분포하고 이를 국부적으로 시대미상의 우백질화강편마암이 관입하고 화강암류와 맥암에 의해서 관입되어 있다. 반상변정편마암은 호상편마암과 점이적인 변화를 보이며 미사장석의 반상변정이 엽리 방향으로 나란히 배열되며 일부에서는 우백질 또는 괴상의 화강편마암상을 띠며 일부에서는 호상편마암과 뚜렷이 구분할 수 없을 정도의 다양한 암상을 나타낸다.

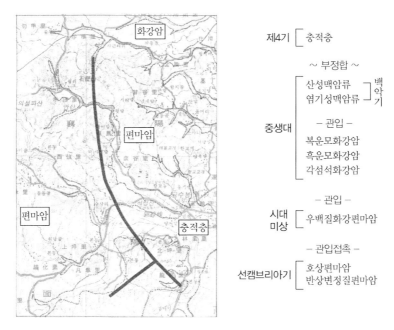

그림 4.40 검토구간의 지질도

나. 원설계 현황

양양1터널 시점부 비탈면에 대하여 원설계는 안정성 검토를 실시하여 보강공법을 적용하였으며 그 내용은 다음과 같다.

표 4.24 원설계 보강공법 적용 현황

단면 (방향)	적용 현황	단면형상	지층상태 / 해석조건
토사비탈면 해석 (TALREN)	FRP보강 C.T.C.=2.0×2.0, L=6m		• 지층 및 적용경사 • 1번층 : 토사 $\Rightarrow$ 1 : 1.2 • 2번층 : 리핑 $\Rightarrow$ 1 : 1.0 • 해석조건 : 우기 시

	해석조건	안 전 율	평 가
• NATM시점 배면비탈면에 대한 토사비탈면 안정해석 결과, 건기 시와 우기 시에 대해 안정한 것으로 평가됨.	건 기 시	$F_s = 2.24 \geq 1.50$	O.K.
	우 기 시	$F_s = 1.22 \geq 1.20$	O.K.

다. 비탈면 조사결과

터널시점부 횡단비탈면 안정성 검토를 위한 현장조사 시 확인시추 위치 및 결과는 다음과 같다.

표 4.25 확인시추 위치 및 결과

공번	STA.	심도 및 층후(m)			굴진 심도 (m)
		풍화토	풍화암	연암	
C-1-10	3+975	0.0~9.0 (9.0)	9.0~24.0 (15.0)	–	24.0
TB-1-1	3+993	0.0~7.5 (7.5)	7.5~18.5 (11.0)	18.5~21.0	21.0

터널시점부 횡단 비탈면의 원설계 현황을 검토하고, 실제 시공을 위한 현황측량을 통해 용지경계 및 시추조사 결과를 분석하여 다음과 같이 변경 사항을 확인하였다.

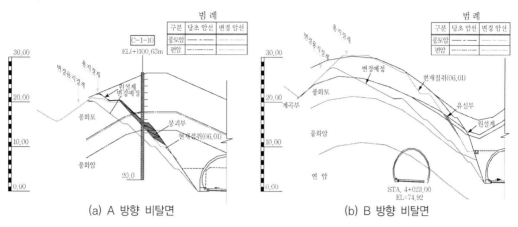

그림 4.41 터널 시점부 횡단 방향

1) 현장조사 내용

편마암으로 구성되어 있으며 단층파쇄대 및 지각운동에 의해 파쇄가 매우 심한 상태를 형성하고 있다. 풍화상태는 절리구조가 심하게 발달하는 풍화 정도의 풍화상태를 보이며 전반적으로 HW(Highly Weathered)의 풍화 정도를 보이고 상부 및 국부적으로 토층이 분포하고 있다. 풍화에 대한 내구성이 약한 상태로 해머의 타격 시 쉽게 부서지는 특성을 보이고 현재 8m 정도가 미굴착된 상태이나 확인시추결과 터널 하부까지 풍화암 정도가 분포하는 것으로 나타나고 있다.

A 방향 비탈면은 두 구간에 붕괴가 발생되었는데 1구간은 비탈면 방향으로 경사진 절리면이 우세하게 발달하고 있어 이 면을 따라 평면파괴의 양상을 보이고 2구간은 단층파쇄대 및 점토층을 가진 불연속면에 의해 비교적 큰 규모의 쐐기파괴가 발생되었다.

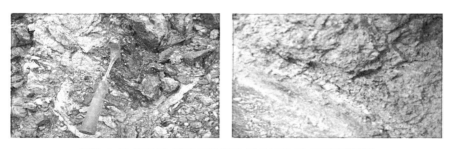

그림 4.42 주문진 방향 비탈면의 풍화상태 및 점토충전양상

B 방향의 비탈면은 풍화암 정도의 풍화상태를 보이고 암편화 현상이 심한 상태이고 터널갱구부 좌측상단에서는 붕적층이 분포하고 계곡을 형성하고 있어 용수가 매우 심하게 발생되고 있다. 두 지점에 붕괴가 발생되었고 3구간은 1구간과 마찬가지로 비탈면 방향으로 경사진 절리면에 의해 평면파괴가 발생된 구간이며 4구간은 불연속면을 경계로 상부의 토층구간에서 붕괴가 발생되었다.

그림 4.43 B 방향 비탈면의 풍화상태 및 점토충전양상

불연속면 상태는 절리군이 1set가 우세하게 발달하고 있으며 비탈면 방향으로 경사져 있다. 불연속면 사이에는 얇게 점토층이 충전되어 있으며 절리간격은 매우 좁게 형성되어 얇게 암편화되는 현상이 심하다. 주절리면의 방향은 38~55/70~115° 범위가 우세하고 평균적으로 45° 내외의 경사에서 분포한다. A 방향에서는 탄층이 협재된 단층파쇄대가 넓게 분포하고 점토층을 형성하고 있는데 이 점토층을 따라 2구간에서 쐐기파괴가 발생되어 있고 파쇄대가 형성된 구간에서는 용수가 발생하고 있으며 장기적으로 세굴에 대한 문제를 가지고 있다.

그림 4.44 A 방향 비탈면에 발달하는 절리 및 단층

B 방향은 붕괴가 발생된 구간에서 절리면 사이의 점토가 충전된 것이 심하고 이들 면을 따라 쉽게 붕괴되는 양상을 보인다. 절리면의 기칠기는 매우 메끄러운 상태로 부분적으로

수직절리 및 절리면을 따라 점토층이 코팅되어 있다. 부분적으로 단층대가 분포하는 구간에서는 수직절리면을 따라 점토층이 충전된 구간도 존재하나 비탈면안정에는 큰 영향을 미치지 않을 것으로 판단된다.

그림 4.45 A 방향 정면현황도

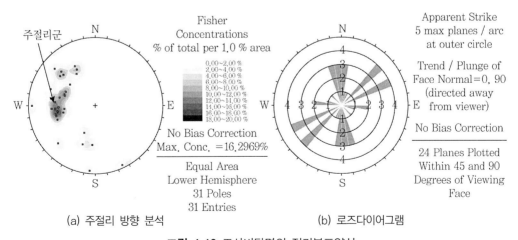

(a) 주절리 방향 분석   (b) 로즈다이어그램

그림 4.46 조사비탈면의 절리분포양상

라. 비탈면 안정성

전반적으로 불연속면은 비탈면 방향으로 경사진 절리면이 우세하게 발달하고 암질이 매우 불량한 상태를 이루고 있으며 비탈면 방향으로 경사진 면에 의해 1구간과 3구간에서 평면파괴가 발생되었다. A 방향의 2구간은 단층파쇄대 구간은 단층점토층에서 쐐기파괴가 발생되었으며 B 방향의 4구간은 최근 장마철 강우에 의해 토층구간에 원호파괴가 발생된 구간으로 좌측 경계면은 비탈면 방향의 절리면을 따라 발생되었다.

A 방향과 B 방향의 비탈면 방향으로 경사진 절리면에 의한 평면파괴의 가능성이 있으며 단층대 및 암질 불량으로 인한 전반적으로 풍화암 및 토층으로 이루어져 있으므로 원호파괴가 발생될 가능성이 있다. B 방향의 터널갱구 좌측부는 계곡부를 형성하고 용수의 유출이 붕적층과 원지반의 경계면을 따라 심하게 발생되고 있으므로 세굴 및 유실에 대한 문제를 가지고 있다. 상부 토층구간은 경사가 급하게 형성되어 있으므로 원호파괴가 발생되었으므로 경사를 완화하는 경우, 이 구간을 제거할 수 있는지의 여부를 판단해야 한다.

그림 4.47 B 방향 정면현황도

4.3.1.3 비탈면 안정대책

가. 대책방안 적용 사유

본 비탈면은 전반적으로 암질이 불량한 상태이고 풍화암 및 토층으로 형성하고 있으므로 원호파괴의 발생가능성에 대해 안정성 확보를 위한 대책방안과 주절리면이 38°～55° 정도의 분포를 보이므로 절리면에 대한 평면파괴에 대한 안정성 확보를 위한 방안을 수립하고자 한다. 안정대책방안으로 현장에서 제안된 비탈면경사완화방안에 대한 안정성 확보여부를 판단하고자 한다.

나. 경사완화대책

A 방향에 대하여 비탈면경사완화를 검토한 결과(그림 [4.48]), 상부가 계곡을 형성하므로 경사완화 시 높이가 낮아져 노면-2소단은 1：1.0, 2소단은 1：1.5, 3소단-상부는 1：1.8로 방안을 수립하였다. 또한 비탈면경사완화 후의 안정성 검토결과는 그림 [4.49]에 나타내었다.

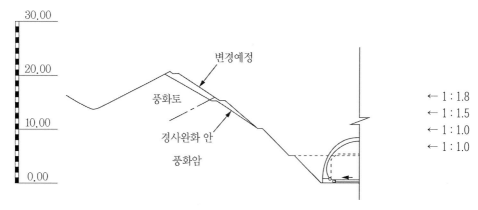

그림 4.48 A 방향 좌측구간 경사완화 방안

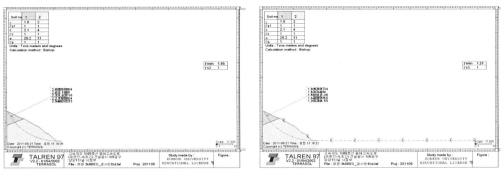

건기 시 F_s = 1.95(>1.5 안정)   우기 시 F_s = 1.21(>1.2 안정)
(a) 비탈면 안정성 해석 결과

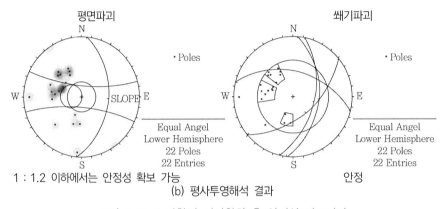

1 : 1.2 이하에서는 안정성 확보 가능   안정
(b) 평사투영해석 결과

그림 4.49 A 방향의 경사완화 후 안정성 검토결과

B 방향에 대하여 비탈면경사완화를 검토한 결과(그림 [4.50]), 노면-1소단은 1 : 1.0, 1소단
-2소단은 1 : 1.2, 2소단-4소단은 1 : 1.5, 4소단-상부는 1 : 2.3으로 방안을 수립하였다. 또한
비탈면경사완화 후의 안정성 검토결과는 그림 [4.51]에 나타내었다.

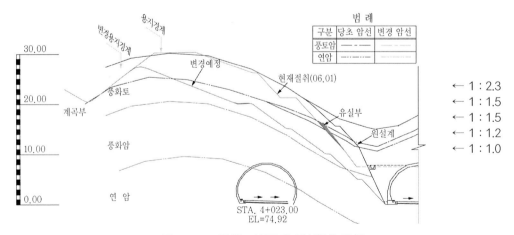

그림 4.50 B 방향 좌측구간 경사완화 방안

■ 비탈면경사완화 후의 안정성 검토

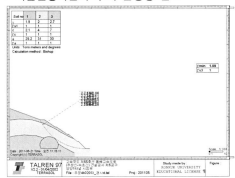
건기 시 F_s=1.99(>1.5 안정)

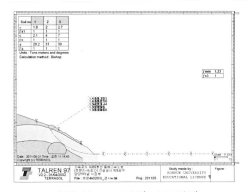
우기 시 F_s= 1.23(>1.2 안정)

(a) 비탈면경사완화 후의 안정성 해석 결과

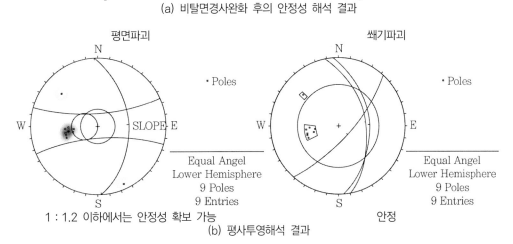

평면파괴

쐐기파괴

1 : 1.2 이하에서는 안정성 확보 가능

안정

(b) 평사투영해석 결과

그림 4.51 B 방향의 경사완화 후 안정성 검토결과

1) 기타 사항

4구간은 비탈면경사를 완화하는 경우, 현재 붕괴가 발생된 구간이 제거되지 않을 수 있으므로 이 구간에서는 붕괴구간이 제거될 수 있도록 경사를 완화해 주어야 한다.

용수가 발생되는 구간에 대해서는 주문진 방향은 설계에 반영된 수평배수공을 집중적으로 반영하여 주고, 속초 방향의 계곡부 하단부는 세굴 및 유실이 심하게 발생되고 유량이 많을 것으로 예상되므로 이 구간은 유실부를 정리하여 주고 하부에 콘크리트 측구를 설치하고 상부에 배수필터층을 형성한 후에 전면부에 덮개식 돌망태를 시공하여 추가적인 세굴이나 유실을 방지하여 준다. 이 구간은 배수시설을 보완하여 설치하여 주는 방안을 추천한다.

4.3.2 퇴적암 비탈면의 붕괴사례 및 대책

4.3.2.1 검토목적 및 내용

본 비탈면은 퇴적암의 절토비탈면 구간으로 35m 정도의 높이의 절토비탈면이 형성되어
있으며 주 암종은 역질사암 및 사암으로 이루어져 있으며 층리면이 우세하게 발달하고 층리
면은 비탈면 방향으로 경사져 있다. 현재 하부를 굴착 중에 있으며 대규모의 평면파괴가 발생
되었고 추가 붕괴가능성을 가지고 있다. 활동이 발생된 층리면은 30°~35° 정도의 경사가
우세하고 1cm 내외의 얇은 점토층이 충전되어 있으며 용수가 발생되고 있으며 대규모의 붕
괴구간 이외에 두 지점에서 평면파괴가 발생되었다. 당초 설계 시 전면부에 앵커가 반영되어
있고 평면파괴의 발생으로 인해 전반적인 안정성에 대한 재검토가 요구되는 비탈면이다.

표 4.26 비탈면 현황

위치	비탈면 높이	조사 연장	비탈면 경사	현황
A	약 35m	약 200m	1 : 0.7 (55°)	• 층리 및 수직절리의 발달이 우세하며 비탈면 방향과는 유사한 방향으로 발달함 • 비탈면 전반에 걸쳐 발달하는 층리면 사이의 얇은 점토층을 형성하고 이 면을 따라 평면파괴가 발생되었음 • 층리면에 안정성 및 점토층에 대한 안정성 확보를 위한 전반적인 비탈면안정 검토가 필요하고 이에 대한 안정대책이 요구됨

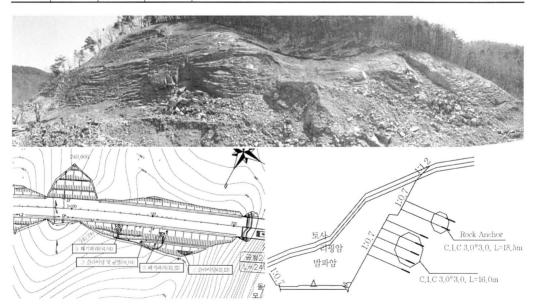

그림 4.52 조사비탈면의 전경사진 및 평면도

4.3.2.2 조사현황

가. 백야리층의 지질 특성

과업구간의 시점부에서 중간부에 분포하는 퇴적암층으로 그림 [4.53]의 한국자원개발연구소 1976년 발행된 음성도폭 자료에 의하면 백야리층은 하부 초평층 및 편마암류를 부정합으로 덮고 있는 지층으로 회색역암, 역질사암, 알코즈사암 및 셰일로 구성되어 있으며, 셰일은 역질사암과 호층을 이루면서 식물화석편을 일부 함유한다고 기술되어 있다. 본 검토비탈면 인근지역은 음성분지의 경계부로 음성분지 경계부에서 충적선상지와 하천계의 조립질 퇴적물로 채워진 반면, 분지 중앙부는 주로 범람원과 호소계의 세립질 퇴적물로 구성되어 있는 음성분지의 특성을 감안할 때 화석분포의 가능성이 희박한 것으로 판단된다.

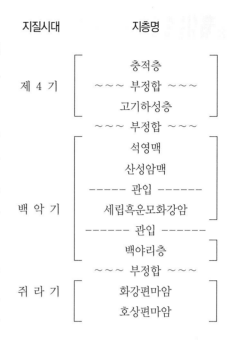

지질시대	지층명
제 4 기	충적층 ~~~ 부정합 ~~~ 고기하성층
백 악 기	석영맥 산성암맥 ----- 관입 ----- 세립흑운모화강암 ------ 관입 ------ 백야리층
쥐 라 기	화강편마암 호상편마암

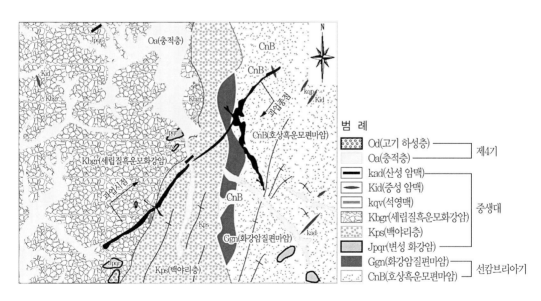

그림 4.53 조사구간 인근의 지질도

나. 지표지질조사

1) 암종

본 조사구간일대의 지질은 중생대 백악기에 분포하는 퇴적암류는 주로 역암, 역질사암, 알코즈사암, 셰일로 나타나며 선캄브리아기에 분포하는 변성암류는 호상편마암 및 화강편마암과 백악기에 관입된 화성암류로 세립흑운모 화강암, 석영맥, 산성 암맥 등으로 구성되어 있다.

2) 풍화상태

토층분포가 1m 이내로 매우 얇게 분포하고 있으며 전반적인 풍화상태는 MW~SW 정도를 보이고 파쇄가 심한 풍화암 정도(HW 정도)의 풍화상태를 보이며 상부 풍화토층이 분포하고 있다. 그림 [4.54]와 같이 층리면 및 수직절리 등의 불연속면의 발달로 암편화 현상이 심하고 부분적으로 단층파쇄대가 분포하고 있다. 암반이 노출된 구간에서 schmidt hammer 타격결과, SHV가 16~40 정도의 범위 값을 보이고 상부에서 타격한 결과는 20~40 정도의 분포를 보이는데 일부 비교적 강한 암반이 분포하기도 한다.

그림 4.54 비탈면 전반의 암질 상태 : 비탈면 방향의 층리 발달

3) 불연속면 상태

불연속면의 발달은 수직절리와 층리면의 발달이 우세하고 층리간격이 좁게 형성되어 있으며 수직절리 발달로 인해 큐빅형의 암괴형상을 보인다. 그림 [4.55]의 같이 층리면의 발달

방향(30~35/330~340)은 비탈면 방향(55/337)과 유사하게 발달하고 있고 비탈면 안정성에 영향을 주는 불연속면으로는 비탈면 방향으로 경사진 절리면에 의한 평면파괴의 가능성을 가지고 있으며 비탈면 방향으로 경사진 수직 절리면은 인장균열로 작용 및 암괴를 블록화 및 전도파괴의 가능성이 있다.

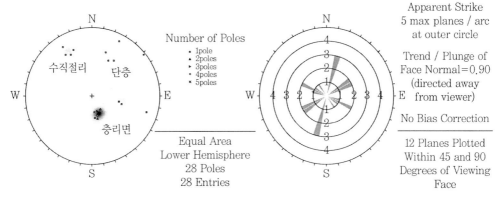

그림 4.55 조사구간에 발달하는 불연속면의 방향 분석

비탈면 내의 단층파쇄대는 여러 구간에서 존재하며 붕괴가 발생된 구간의 좌우 측면부는 단층이 형성되어 있다. 붕괴가 발생된 구간은 층리면 사이에 점토층이 충전된 층이 존재하고 이 면을 따라 용수가 발생되고 있으며 점토층의 두께는 1cm 이내로 분포하고 있다(그림 [4.56]). 하부 붕괴가 발생된 구간의 층리면은 27/331~335 방향으로 분포하고 층리면의 거칠기는 매우 매끄러운 상태이다(그림 [4.57]).

그림 4.56 비탈면 방향으로 발달하는 활동면

단층면 따라 대규모 붕괴　　　　층리면 발달　　　　활동면(층리면 30도)　　　　인장균열 발생

평면파괴 발생　　　　층리면에 점토 충전　　　　층리면에 점토 충전　　　　평면파괴 발생

그림 4.57 조사비탈면의 정면현황도

다. 붕괴 현황

　　붕괴구간은 그림 [4.58]과 같이 크게 3개의 구간에서 발생되었는데 제1구간은 층리면에 점토층이 충전된 면을 따라 대규모의 붕괴가 발생되었고(그림 [4.59]), 2구간은 상부 풍화가 HW-CW 정도의 풍화층에서 층리면을 따라 붕괴가 발생되었다. 그리고 3구간은 굴착작업 중에 층리면을 따라 붕괴가 발생된 구간으로 점토가 충전되지 않은 층에서도 층리면에 의한 붕괴가능성이 있음을 반영하여 주는 자료이다.

그림 4.58 조사비탈면의 붕괴발생 구간

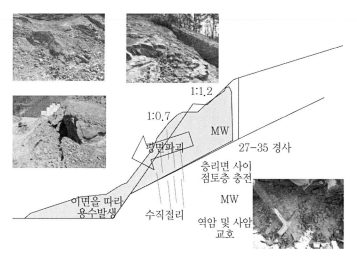

그림 4.59 붕괴가능유형 개략도

1) 제1구간

뚜렷한 활동면을 가지고 있는 구간으로 점토층이 분포하는 구간으로 하부에서 관찰된 층리면의 경사각은 27° 정도이고 점토층은 1cm 내외로 얇게 분포하고 있으며 용수가 발생되고 있다. 붕괴원인은 그림 [4.60]과 같이 27~30° 경사로 비탈면 방향으로 경사진 점토충전 층리면을 따라 평면파괴가 발생한다.

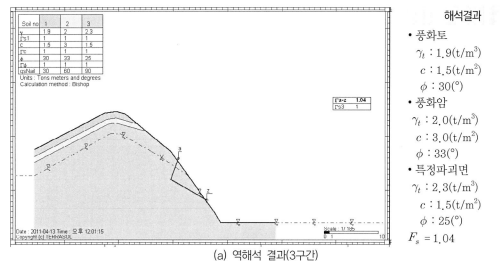

(a) 역해석 결과(3구간)

그림 4.60 역해석에 의한 평면파괴면의 지반정수 추정

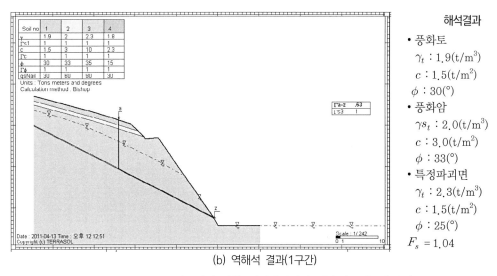

해석결과

- 풍화토
  $\gamma_t : 1.9(t/m^3)$
  $c : 1.5(t/m^2)$
  $\phi : 30(°)$
- 풍화암
  $\gamma s_t : 2.0(t/m^3)$
  $c : 3.0(t/m^2)$
  $\phi : 33(°)$
- 특정파괴면
  $\gamma_t : 2.3(t/m^3)$
  $c : 1.5(t/m^2)$
  $\phi : 25(°)$
  $F_s = 1.04$

(b) 역해석 결과(1구간)

그림 4.60 역해석에 의한 평면파괴면의 지반정수 추정(계속)

2) 제2구간

30m 상부구간에서 발생되었으며 풍화가 HW-CW 정도로 활동면을 매끄러운 층리면을 따라 상부에 붙어 있는 암괴가 평면파괴가 발생되었다.

3) 제3구간

층리면의 경사가 30° 내외로 분포하므로 현재의 시공경사인 1 : 0.7 경사에서는 안정성확보가 어려우므로 보강이 필요한 상태로 비교적 소규모의 평면파괴가 발생된 구간이다.

4.3.2.3 비탈면 안정성 검토

가. 적용 기준 안전율

본 조사비탈면의 파괴에 의한 건설공사의 안전율 기준을 제시하면 표 [4.27]과 같다.

표 4.27 암반비탈면의 안정해석 시 적용하는 기준안전율

구분	기준안전율	지하수위 영향
건기	$F_s \geq 1.5$	• 인장균열면이나 활동면을 따라 수압이 작용되지 않음(지하수가 없는 것으로 해석)
우기	$F_s \geq 1.2$ 또는 $F_s \geq 1.3$	• 암반비탈면은 인장균열면의 1/2심도까지 지하수를 위치시키고 해석수행, 토층 및 풍화암은 지표면에 지하수위를 위치시키고 해석수행.(F_s = 1.2 적용) • 강우의 침투를 고려한 해석을 실시하는 경우(F_s = 1.3 적용)
지진 시	$F_s \geq 1.1$	• 지진관성력은 파괴토체의 중심에 수평 방향으로 작용시킴 • 지하수위는 실제측정 또는 평상시의 지하수위 측정
단기	$F_s \geq 1.0$	• 기간 1년 미만의 단기간의 안정성 검토 시

* 건설교통부 제정 건설공사비탈면 설계기준, 2006

나. 적용 지반물성치

적용 지반물성치는 지반조사보고서에 기재되어 있는 설계정수는 표 [4.28]과 같다.

표 4.28 지반조사 보고서에 적용된 지반정수

구분	단위중량 γ_t(t/m³)	점착력 c(t/m²)	내부마찰각 ϕ(°)	비고
토사	1.9	1.5	30	
풍화암	2.0	3.0	33	
불연속면	2.3	2.7	32.1	
연암	2.3	10.0	35	
경암	2.5	30.0	40	

지표지질조사 결과, 굴착 중에 무너진 3구간은 점토가 충전되어 있지 않은 층리면을 따라 붕괴가 발생된 상태이므로, 본 구간에 대하여 발달하는 층리면을 활동면으로 가정하고 역해석을 실시하여 강도정수 값을 산정하였다. 1구간의 대규모 붕괴는 점토가 충전된 층리면이 활동면에 의해 붕괴가 발생되었으며, 붕괴 활동면 내에 계속적으로 용수의 유출이 관찰되고 있어 붕괴가능성이 매우 높은 상태이므로 역해석단면으로 선정하여 안정해석을 실시하였다 (그림 [4.60]). 해석에 의해 추정된 특정파괴면의 전단강도는 표 [4.29] 및 표 [4.30]과 같다.

표 4.29 점토충전된 층리면의 지반정수 추정값

구분	단위중량(tf/m³)	점착력(tf/m²)	내부마찰각(°)	비고
불연속면	2.3	0.5	10	점토충전 층리면

표 4.30 층리면의 지반정수 추정값

구분	단위중량(tf/m³)	점착력(tf/m²)	내부마찰각(°)	비고
불연속면	2.3	1.5	25	층리면

4.3.2.4 비탈면 안정대책공법

가. 대책방안 적용 사유

본 비탈면은 점토층으로 인해 대규모의 평면파괴가 발생된 비탈면이므로 붕괴가 암괴를 제거하는 것이 바람직하나 경사를 30° 정도까지 완화하는 방안은 무한비탈면을 형성하므로 어려운 상태이므로 경사를 어느 정도 완화한 후에 보강을 하는 것이 적절할 것으로 판단되며 붕괴가 발생되지 않은 구간에서도 층리면에 의해 평면파괴의 가능성을 가지고 있으므로 경사를 완화한 후에 보강하는 방안이 적절할 것으로 판단된다.

앵커의 보강을 위한 안정성 검토는 두 개의 단면으로 구분하여 실시하였고 비탈면 방향으로 경사진 층리면이 전반에 걸쳐 분포하고 있으므로 전면에 대한 보강이 적절할 것으로 판단되어 앵커의 인장하중을 30~35tonf/본 정도를 고려하여 대책방안을 수립하였다.

나. 보강대책

1) 경사완화 방안

각 구간에 대하여 절토비탈면의 경사를 현재 붕괴가 발생한 붕괴암괴를 감안하여 1 : 1.0으로 완화하는 방안은 설계안율 확보가 어려우므로 앵커공법과 병용하는 방안을 제안한다.

2) 앵커보강 방안

비탈면의 경사를 1 : 1.0으로 완화하여 안전율 계산결과 두 구간에서 모두 불안정한 것으로 해석되어 앵커로 보강하는 방안을 제안한다(그림 [4.61-63]).

건기 시	우기 시

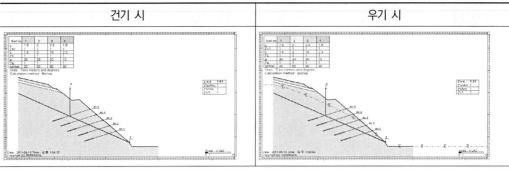

- 앵커 인장력 : 35ton/1본
- 설치 방향 : 하향 20°
- 자유장 길이 : 하부부터 9, 9, 11, 11, 12m
- 설치 간격 : 2.5×2.5m(수직×수평)
- 정착장 길이 : 4m
- 총설치단 수 : 5단

그림 4.61 1구간 대표단면 보강 후 안전율 계산 결과

건기 시	우기 시

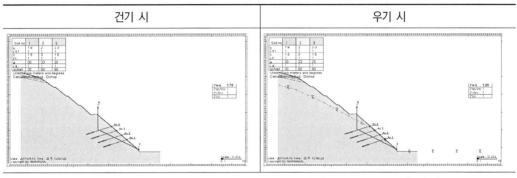

- 앵커 인장력 : 30ton/1본
- 설치 방향 : 하향 20°
- 자유장 길이 : 8, 8, 9, 9m
- 설치 간격 : 2.5×3.0m(수직×수평)
- 정착장 길이 : 4m
- 총설치단 수 : 4단

그림 4.62 2구간 대표단면 하부 보강 후 안전율 계산 결과

건기 시	우기 시

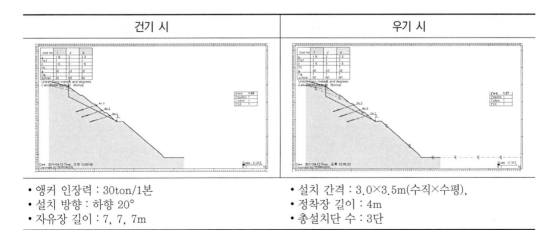

- 앵커 인장력 : 30ton/1본
- 설치 방향 : 하향 20°
- 자유장 길이 : 7, 7, 7m
- 설치 간격 : 3.0×3.5m(수직×수평),
- 정착장 길이 : 4m
- 총설치단 수 : 3단

그림 4.63 2구간 대표단면 상부 보강 후 안전율 계산 결과

4.3.3 풍화 암반비탈면의 붕괴 및 대책

본 비탈면은 편마암의 풍화토층으로 이루어진 비탈면으로 비탈면의 활동이 깊은 심도에서 발생되어 배후 비탈면에서 대규모의 슬라이딩이 발생되어 도로포장이 약 90cm 정도 융기가 발생되고 상부에 인장균열이 대규모로 발생된 사례이다. 비탈면의 변상은 1차 조사 시에 35cm 정도 도로면의 융기가 발생되었고 인장균열은 상부의 부채도로 분묘하부까지 진행 중이고 2차 조사 시에는 약 90cm 정도까지 융기가 진행되었고 인장균열은 상부의 분묘까지 진행되어 있어 점진적으로 변상이 진행 중에 있는 것으로 판단된다. 본 절에서는 대규모의 비탈면파괴에 대한 적절한 안정대책 수립에 사례를 검토하고자 한다.

4.3.3.1 조사현황

가. 비탈면현황

본 비탈면은 절토고가 22m 정이고 연장은 약 100m이고 비탈면경사는 1 : 1.55~2.0 정도로 시공되어 있으며 시공초기에 붕괴가 일부 구간에 붕괴가 발생되어 경사를 완화하는 방법 등으로 시공되었으나 여름철 집중호우로 인해 비탈면 내에 인장균열 및 도로포장에서 융기가 발생된 상태이며 비탈면의 변상이 상부로 진행 중인 상태이다(그림 [4.64]). 비탈면은 전반적으로 풍화대가 깊게 형성되어 있으며 강우 시 배수가 되지 않는 투수계수가 작은 토층으로 구성되어 있다.

그림 4.64 조사비탈면의 전경 및 평면, 단면도

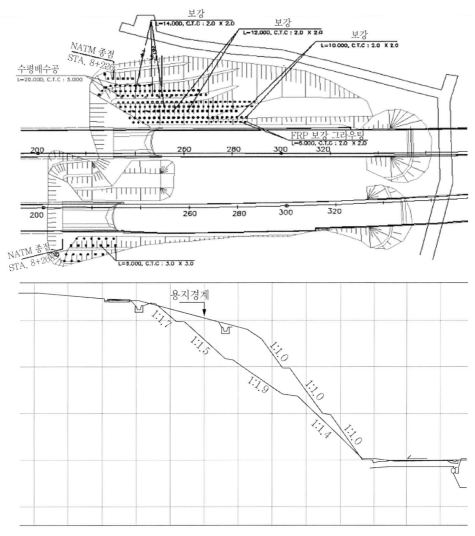

그림 4.64 조사비탈면의 전경 및 평면, 단면도(계속)

나. 지질 개요

 본 조사지역의 지질은 그림 [4.65]와 같이 캄브리아기 편마암류와 부분적으로 중생대 암층이다. 편마암류는 편암류 세립질 흑운모 편마암, 호상 흑운모 편마암, 혼성질 편마암, 화강편마암 및 반상 변정질 화강편마암으로 되어 있으며 중생대 화강암류는 엽리상 화강암과 남원화강암으로 이루어져 있다. 백악기 암층은 셰일, 안산암 및 응회암, 유문암, 산성 맥암 등으로구성되어 있다.

LEGEND

제4기	☐ Qa	충적층		PCjgrgn	화강편마암
			선캄브리아시대		
쥐라기	☐ Jgr	화강암류		PCjbgn	흑운모편마암

그림 4.65 조사비탈면의 지질도 및 지질계통도

다. 현장조사결과

1) 풍화상태

비탈면 내에 큰 규모의 핵석이 분포하고 있으며 핵석의 풍화상태는 SW 정도의 풍화상태를 보이고 전반적으로 토층으로 구성되어 있으며 토층은 붕적층과 풍화토층으로 구성되어 있으며 씰트질 및 점토질이 많은 토층의 구성을 보여 강우 시 비배수 조건을 형성하고 있다(그림 [4.66]).

그림 4.66 토층의 구성상태(붕적층 + 핵석 및 원지반 풍화토)

2) 붕괴현황

비탈면의 붕괴는 터널갱구부에서 인장균열이 상부 부채도로 쪽에서 발생되었고 비탈면의 변상 및 부채도로구간에서 발생되었고 도로포장구간에 균열 및 융기가 발생되었다(그림 [4.67]). 비탈면의 변상은 1차 조사 시에 35cm 정도 도로면의 융기가 발생되었고 인장균열은 상부의 부채도로 분묘하부까지 진행 중이고 2차 조사 시에는 약 90cm까지 융기가 진행되었고 인장균열은 상부의 분묘까지 진행되어 있어 점진적으로 변상이 진행 중에 있었다.

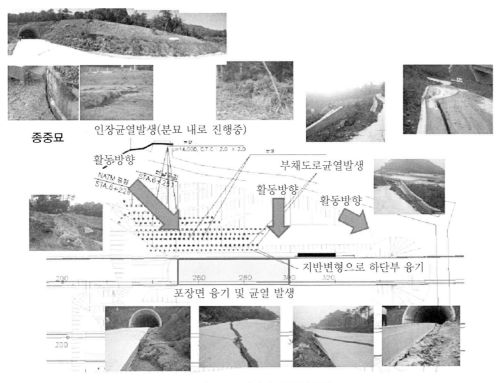

그림 4.67 비탈면의 붕괴현황

라. 지반조사결과

활동면파악을 위한 지반조사는 그림 [4.68]의 위치에 대해 시추조사 5개소, 공내수위 측정 5개소, 광내전단시험, 실내시험을 실시하였으며 그 결과는 다음과 같다.

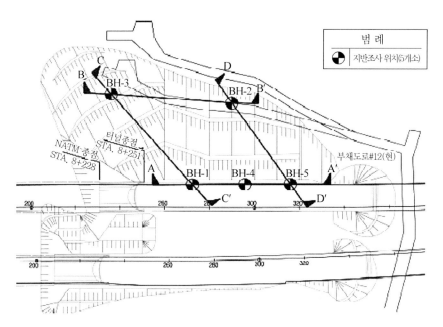

그림 4.68 비탈면의 조사현황

1) 시추조사결과

시추조사는 지층특성을 파악하고자 총 5개소에서 실시하였으며, 각 지층별 상태 및 물리적 특성을 요약하면 다음과 같다(표 [4.31], 그림 [4.69]).

표 4.31 시추조사 결과

공번	지층두께(m)					SPT (회)	지하수위 GL.-(m)
	붕적층	풍화토	풍화암	연암층	계		
BH-1	1.80	4.50	–	1.90	8.20	8	0.80
BH-2	4.50	19.50	–	1.00	25.00	23	5.40
BH-3	4.00	9.70	–	2.30	16.00	10	11.76
BH-4	1.20	20.80	3.00	–	25.00	24	0.80
BH-5	3.80	19.20	3.00	–	26.00	26	`11.50

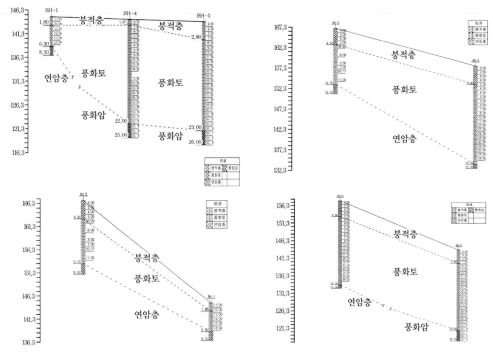

그림 4.69 각 단면별 지층 구성

2) 표준관입시험결과

시추작업과 병행하여 토층의 상대밀도와 구성성분을 파악하기 위하여 1m 간격으로 실시한 표준관입시험 결과는 그림 [4.70]과 같다.

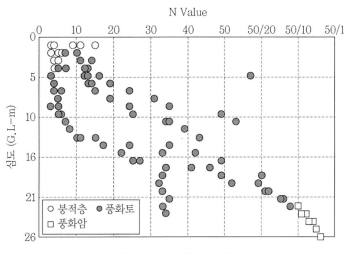

그림 4.70 심도별 N치 변화

3) 공내전단시험결과

Bayesian을 적용한 설계지반정수 산정 시 최대유도치분석을 위한 지반조사치로서 적용하였다(그림 [4.71]).

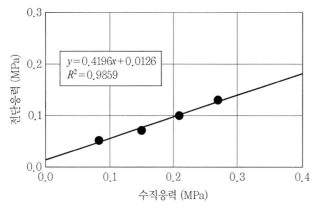

전단강도정수
C : 0.0126MPa
ϕ : 22.8°

그래프 내:
$y = 0.4196x + 0.0126$
$R^2 = 0.9859$

전단응력 (MPa) / 수직응력 (MPa)

그림 4.71 공내전단시험결과

마. 활동면 추정

활동면 추정은 시추조사결과와 현장에서 도로포장체의 융기상태, 인장균열의 분포 등을 고려하여 추정해 보면 그림 [4.72]와 같다. 비탈면의 붕괴양상은 풍화토층에서의 원호파괴 양상으로 붕괴가 발생된 것으로 추정되며 인장균열이 상부로 점진적으로 확대되는 복합파괴 양으로 전환되는 붕괴양상을 보이는 것으로 판단되었다.

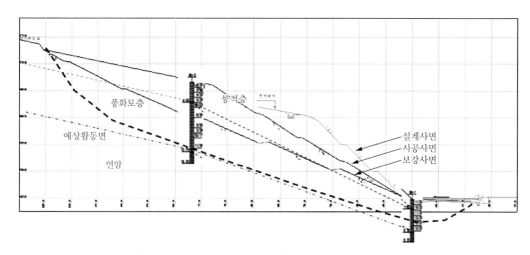

그림 4.72 조사비탈면의 붕괴양상 추정도(SECTION-A 단면)

4.3.3.2 비탈면 안정성 검토

가. 지반정수 산정

강도정수 산정은 금회 실시한 공내전단시험 결과치 및 발생한 파괴유형과 유사한 예상 활동면을 적용한 역해석 결과, 문헌에서 제시하는 일반적인 토질정수 값들을 종합적으로 비교·분석하여 가장 합리적인 강도정수 값을 산정하였다(표 [4.32]).

표 4.32 지반물성 산정결과

구분	단위중량(tf/m^3)		점착력(tf/m^3)		내부마찰각(ϕ)		비고
	당초	금회	당초	금회	당초	금회	
붕적토	1.9	1.8	0.5	0.5	35	30	금회 실시한 시추조사 결과
풍화토층	1.9	1.9	2.0	1.26	30	22.8	Case별 역해석 검토결과
풍화암층	2.0	2.0	3.0	3.0	33	33	당초 설계치 적용
연암층	2.3	2.3	15	15	35	35	당초 설계치 적용

나. 검토단면

검토구간 중 그림 [4.73]과 같이 대표단면을 선정하였으며, 한계평형해석 및 프로그램을 해석 시 이용하였다.

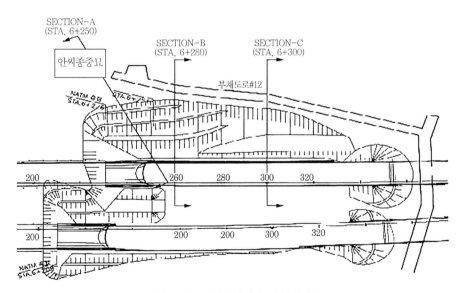

그림 4.73 조사비탈면의 해석단면도

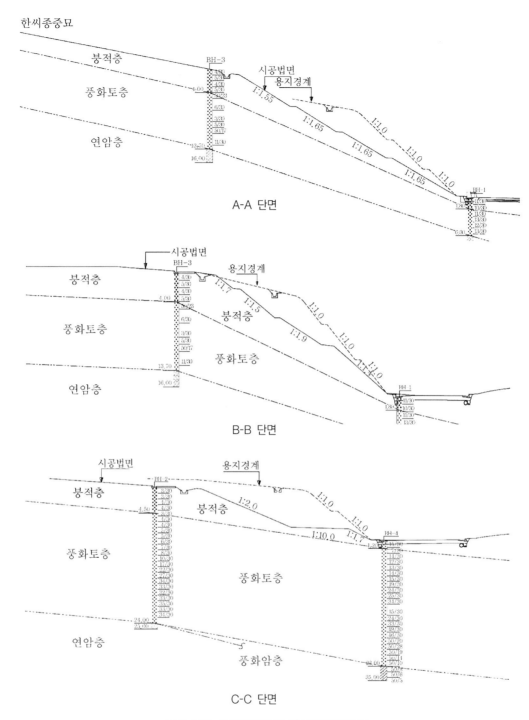

그림 4.73 조사비탈면의 해석단면도(계속)

다. 안정해석결과

본 비탈면 해석에 사용된 프로그램은 SLOPILE Ver 3.0 For Windows 프로그램을 사용하여 전단강도의 변화를 주어 3가지의 case에 대해 안정성 검토를 수행하였으며 안정해석결과는 공내전단강도 결과를 이용한 결과에 대해서만 수록하고자 한다(그림 [4.74], 표 [4.33]).

현장 여건에 부합하는 지반정수 산정을 위하여 금회 실시한 공내전단시험 결과치, 금회 발생한 파괴유형과 유사한 예상 활동면을 적용한 역해석 결과 및 당초 설계에서 적용한 강도정수를 적용하여 비탈면 안정해석 결과 SECTION-A, B, C구간에 대하여 모두 안전율을 만족하지 못하는 불안정한 단면으로 검토되어 별도의 보강공법이 강구되어야 할 것으로 판단된다.

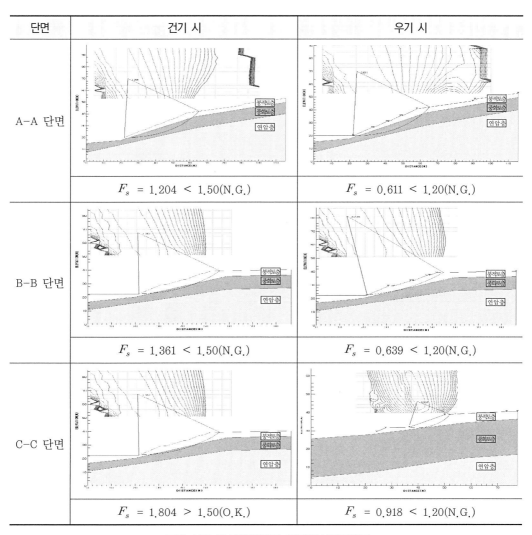

단면	건기 시	우기 시
A-A 단면	F_s = 1.204 < 1.50(N.G.)	F_s = 0.611 < 1.20(N.G.)
B-B 단면	F_s = 1.361 < 1.50(N.G.)	F_s = 0.639 < 1.20(N.G.)
C-C 단면	F_s = 1.804 > 1.50(O.K.)	F_s = 0.918 < 1.20(N.G.)

그림 4.74 조사비탈면의 안정해석검토결과

표 4.33 각 단면별 물성변화에 따른 안전율 검토결과

구분	STA.	CASE	최소안전율(F.S)		평가	비고
			건기 시	우기 시		
SECTION-A	STA. 6+250	Case-1(ϕ=25°) Case-2(ϕ=22.8°) Case-3(ϕ=18°)	1.296 1.204 1.005	0.618 0.611 0.534	N.G.	기준안전율 건기 : 1.5 우기 : 1.2
SECTION-B	STA. 6+260	Case-1(ϕ=25°) Case-2(ϕ=22.8°) Case-3(ϕ=18°)	1.432 1.361 1.160	0.639 0.639 0.617	N.G.	
SECTION-C	STA. 6+300	Case-1(ϕ=25°) Case-2(ϕ=22.8°) Case-3(ϕ=18°)	1.804 1.804 1.764	0.918 0.918 0.918	N.G.	

주) 예상활동대층인 풍화토층의 점착력은 공내전단시험값을 적용하였으며 내부마찰은 금회 발생한 파괴유
형과 유사한 예상 활동면을 가지는 값을 도출하고자 역해석에 의한 반복검토로 적용하였다. 비탈면 안정
해석 시 우기 시 수위조건은 만수위로 가정하여 적용하였다.

4.3.3.3 비탈면 안정대책

가. 대책방안 적용성 검토

본 비탈면은 지반구성이 점토성분이 많은 지반조건을 형성하고 강우 시 지하수위가 높게
형성되는 비탈면 구간이므로 지하수 배제공법과 병행하여 비탈면 경사완화 및 보강공법이
적용되어야 할 것으로 판단된다. 보강방법은 억지말뚝 및 앵커와 같은 방법이 적절할 것으로
판단되며, 본 비탈면의 경우는 대규모의 원호파괴 내지 평면양상의 특정파괴양상이 예상되므
로 억지말뚝으로 보강하는 방안이 적절할 것으로 판단된다.

단 분묘가 위치하는 지점은 비탈면의 경사가 1 : 2.3 정도까지 완화가 가능하므로 1 : 2.3
경사와 억지말뚝을 병행하여 적용하는 방안이 적절할 것으로 보이며 도로 하부에서는 도로
파손 및 융기가 발생 구간에 대해서는 하단부에 억지말뚝을 설치하여 배면에서 활동력을
막아 주는 보강을 하는 것이 적절할 것이다.

따라서 본 검토비탈면은 비탈면안정화를 위하여 다음의 3가지 방안에 대한 안정성이 검토
되었다(표 [4.34]).

표 4.34 적용 가능한 보강공법 비교

구분	제1안 : 경사완화	제2안 : 경사완화 + 억지말뚝	제3안 : 경사완화 + 계단식 옹벽 + 영구앵커 공법
공법개요 및 시공사례	붕괴된 활동토괴를 제거하여 토괴하중을 감소시키고 소요안전율을 만족도록 비탈면 경사를 완화시키는 공법	붕괴된 활동토괴를 제거하고 대지경계를 고려하여 비탈면경사를 최대한 완화시키고 부동지반까지 말뚝을 일렬로 설치하여 활동하중을 말뚝의 수평저항으로 부동지반에 전달시켜 안정화시키는 공법	붕괴된 활동토괴를 제거하고 대지경계를 고려하여 비탈면경사를 최대한 완화시키고 예상활동면보다 깊은 위치에 앵커를 정착시켜 인장력에 의해 계단식옹벽으로 하중을 정착지반에 전달하여 원지반의 전단저항력을 증가시켜 안정화시키는 공법
개요도			
장점	• 붕괴된 활동토괴를 제거하여 토괴하중을 감소시킴으로서 안전도모가 가장 확실함 • 공종이 단순함 • 시거확보 및 안정감이 부여됨	• 붕괴된 활동토괴를 제거하여 토괴하중을 감소시킴으로써 안전도모가 가장 확실함 • 연약대층을 관통하여 부동지반까지 말뚝을 설치함으로서 비탈면안전율 증가효과가 큼	• 붕괴구간 및 파괴 예상구간에 적용함으로써 비탈면의 안정성 확보가 우수함 • 시공장비가 비교적 작고 공종이 단순함 • 영구앵커에 의하여 인장력을 줌으로서 활동면을 일체화하여 안정성 도모 효과가 큼
단점	• 추가용지 매입이 필요하며 비탈면 상단부에 묘지가 위치하고 있어 적용에 어려움이 예상됨 • 자연비탈면의 경사가 급한 산악지역에서는 자연훼손면적이 과다함	• 억지말뚝 천공을 위한 장비운영 시 지반에 충격이나 진동을 줄 수 있음 • 시공장비가 대형임	• 철근콘크리트옹벽으로 미관이 양호하지 못함 • 영구앵커이므로 부식에 대한 대책이 필요함 • 옹벽하부에 비탈면의 활동면 및 연약층이 존재할 경우 별도의 보강공법이 필요함
추천안		◎	

1) 경사완화방안

비탈면경사를 조정함으로써 슬라이딩 가능한 불연속면을 제거하고, 붕괴가능 면이 존재하더라도 토괴하중을 제거하여 붕괴가능 면의 전단강도에 의해 비탈면안정성을 확보하도록 하는 방안이다.

2) 경사완화 + 억지말뚝 보강방안

붕괴된 활동토괴를 제거하고 대지경계를 고려하여 비탈면경사를 최대한 완화시키고 부동지반까지 말뚝을 일렬로 설치하여 활동하중을 말뚝의 수평저항으로 부동지반에 전달시켜 안정화시키는 공법이다.

3) 경사완화 + Anchor 보강방안

붕괴된 활동토괴를 제거하고 대지경계를 고려하여 비탈면경사를 최대한 완화시키고 예상 활동면보다 깊은 위치에 앵커를 정착시켜 인장력에 의해 계단식옹벽으로 하중을 정착지반에 전달하여 원지반의 전단저항력을 증가시켜 안정화시키는 공법이다.

나. 대책공법 적용 시 안정성 검토

대상 비탈면에 대하여 공법 적용 시 SLOPILE 프로그램을 이용하여 비탈면 안정해석을 실시하였으며, 우기 시 지하수위는 비탈면의 지표면까지 만수위로 고려하였으며 검토공법은 3가지의 안정공법 중 현장에 가장 적용성이 좋은 경사완화공법 및 억지말뚝공법으로 검토하였으며, 대책공법 검토결과는 표 [4.35] 및 그림 [4.75]와 같다.

안정대책방안은 우선적으로 용지매수 등으로 경사완화가 가능한 구배를 선정하여 비탈면 경사를 완화하여 주고 부족한 안전율은 억지말뚝으로 보강하는 방안을 선정하였다.

먼저 A-A 단면은 경사완화(1 : 2.3)+억지말뚝보강공을 적용하였는데 하부 억지말뚝은 강관말뚝 Φ508mm, 길이 하부에서부터 13m, 17m, 수평간격 1.4m를 적용하였다.

B-B 단면은 최대한으로 절취가능한 경사가 1 : 2.3~3.0까지 가능한 상태이므로 1차적으로 1 : 3.0 경사완화 시 안정성을 검토하고 보강대책을 수립하였다. 그리고 도로면이 융기가 발생된 구간으로 하부에 대해서도 억지말뚝공법으로 보강하고자 하였다. 보강내역은 강관말뚝 Φ508mm, 길이 6m, 13m, 간격 1.4m를 적용하였다.

C-C 단면은 비탈면높이가 낮아 경사완화(1 : 3.0)만을 적용하였다.

표 4.35 대책공법 적용 후의 안전율 검토결과

구분	적용 공법	최소안전율(F.S)		평가	비고
		건기 시	우기 시		
SECTION-A	경사완화 1 : 2.3(상부)	1.551	0.841	N.G.	
	경사완화 1 : 2.3(하부)	1.827	1.063	N.G.	
	경사완화 + 억지말뚝(상부)	2.058	1.242	O.K.	
	경사완화 + 억지말뚝(하부)	2.646	1.842	O.K.	기준안전율
SECTION-B	경사완화 1 : 2.3~3.0(상부)	2.048	1.121	N.G.	건기 : 1.5
	경사완화 1 : 2.3~3.0(하부)	2.077	1.146	N.G.	우기 : 1.2
	경사완화 + 억지말뚝(상부)	2.384	1.421	O.K.	
	경사완화 + 억지말뚝(하부)	2.122	1.235	O.K.	
SECTION-C	경사완화 1 : 3.0	2.486	1.459	O.K.	

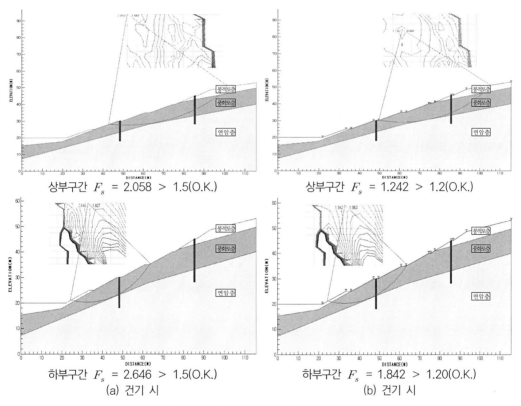

상부구간 F_s = 2.058 > 1.5(O.K.)   상부구간 F_s = 1.242 > 1.2(O.K.)

하부구간 F_s = 2.646 > 1.5(O.K.)   하부구간 F_s = 1.842 > 1.20(O.K.)
(a) 건기 시   (b) 건기 시

그림 4.75 대책공법 적용 후의 안정해석 검토결과 (A-A' 단면)

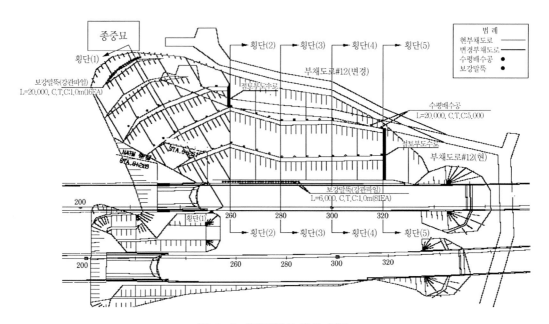

그림 4.76 대책공법의 적용 구간도

표 4.36 구간별 대책공법 적용

구분	경사완화	억지말뚝	비고
A-A 단면	경사완화 1 : 2.3	억지말뚝 2열 (φ 508, t = 10mm, 간격 1.4m) 말뚝길이 13m, 17m	기준안전율 건기 : 1.5 우기 : 1.2
B-B 단면	경사완화 1 : 2.3~1 : 3.0 변단면구간	억지말뚝 2열 (φ 508, t = 10mm, 간격 1.4m) 말뚝길이 6m, 13m	
C-C 단면	경사완화 1 : 3.0	없음	

　본 조사비탈면은 터널 종점측 구간의 배후 비탈면에서 대규모의 슬라이딩이 발생되어 도로 포장이 약 90cm 정도 융기가 발생되고 상부에 인장균열이 대규모로 발생된 상태이다. 비탈면 에서의 변상은 1차 조사 시에 35cm 정도 도로면의 융기가 발생되었고 인장균열은 상부의 부채도로 분묘하부까지 진행 중이고 2차 조사 시에는 약 90cm 정도까지 융기가 진행되었고 인장균열은 상부의 분묘까지 진행되어 있어 변상이 진행 중에 있는 것으로 판단되었다.

　검토결과 STA.6+250~6+300(광양 방향)의 비탈면에 대하여 경사완화공법(1 : 2.3~3.0) 및 억지말뚝공법(ϕ508mm, t = 10mm)을 적용하였으며 강관말뚝은 연암 5m 및 풍화암 7m 근입 을 기준으로 C.T.C. 1.4m 1열로 보강을 하여 기준안전율을 만족하는 것으로 검토되었다. 지반

변형이 계속적으로 발생되고 인장균열이 상부로 확장되는, 활동력이 매우 큰 비탈면이므로 상재하중을 제거하는 것이 중요하며 상세한 검토를 통한 대책방안이 수립하기 이전에 우선적으로 분묘가 위치하는 구간 및 STA.6+260~320 구간에 대한 절토작업을 시행하여 주는 것이 중요하다.

본 비탈면은 용수가 전반부에서 심하게 발생되고 있으므로 수평배수공을 시공하여 주고 표면보호공 및 절취구간의 면적이 넓게 형성되므로 비탈면 내에 배수시설에 대한 계획 수립과 보강설계 후에 상세한 계측관리계획 수립이 요망된다.

제5장

사면안정 해석프로그램

사면안정 해석프로그램

5.1 해석프로그램 종류

사면안정해석은 컴퓨터 프로그램을 이용하여 수행하는 것이 일반적이다. 1960년대 이후 미국을 중심으로 다양한 사면안정 해석프로그램이 개발되어 사용되는데, 대표적인 프로그램의 특징을 비교하면 표 [5.1]과 같다. 표 [5.1]에서 보는 것처럼 프로그램에 따라 해석방법 및 활동면 형상 등이 다를 수 있다. 그러나 Chen & Morgenstern(1983)에 의하면 사면안정 해석방법에 따른 안전율 차이는 실용상으로 별 의미가 없다고 한다.

표 5.1 사면안정 해석프로그램 비교

프로그램	개발자	해석 방법	활동면 형상	활동면 추정 여부	외부 하중 적용	간극수압 정수압	간극수압계수	비고
PC STABLE5 PC STABLE6	J.R Carpenter (1985)	Bishop, Janbu, Spencer	원호, 비원호 Block	○	○	○	○	
STABR	Guy Lefevre (1971)	Bishop, Fellenius	원호	○	×	○	×	
SLOPER	S.G Wright & J.M Duncan (1986)	Spencer	비원호	×	×	○	×	
SLOPE/W	Frediund Krahn (Geo-Slope)	Fellenius, Bishop, Janbu, Spencer Morgenstern-Price	원호, 비원호 Block	○	○	○	○	보강사면 적용 가능
TALREN 4	Terrasol	Fellenius, Bishop Janbu, Spencer, Morgenstern-Price	원호, 비원호 Block	○	○	○	○	보강사면 적용 가능

프로그램을 사용하여 사면안정 해석을 수행할 때에는 입력값을 신중하게 결정해야 하며, 특히 토질정수를 결정할 때는 주의해야 한다. 표 [5.1]의 해석프로그램은 모두 2차원 해석프로그램이며, 1980년대 후반 이후 3차원 해석프로그램에 대한 연구가 진행되어 20여 가지 프로그램이 개발된 바 있다.

5.2 TALREN 프로그램 특징

5.2.1 개요

프랑스의 TERRASOL사에서 개발한 TALREN 4는 지반구조물의 안정성 해석프로그램이다. 이 프로그램은 수리 및 지진에 관한 자료와 지반에 설치되는 여러 가지 보강재(nail, anchor, brace, reinforcing, strip, geotextile, pile, micropile, sheetpile 등)도 고려하여 계산할 수 있다. 이 프로그램은 실제 구조물의 설계와 지반과 구조물 사이의 관계에 대한 실험적 연구와 병행되어 개발되었다.

5.2.2 일반적 이론

이 프로그램은 지반의 보강재의 유무와 관계없이 지반구조물의 안정성(절토 및 성토 등)을 평가할 수 있다. TALREN은 한계평형상태에서 지반파괴면을 고려하는 고전적인 사면안정해석방법에 근거를 두고 있다. 이 방법의 유효성은 40년 동안 1,000여 건 이상의 실제 적용에서 증명되었다. 원호, 비원호 파괴 혹은 어떠한 형상의 파괴 시에 주동토체(active soil mass)의 평형은 전통적인 방법, 즉 Fellenius 또는 Bishop 방법, 혹은 Perturbation 방법으로 해석할 수 있다.

이러한 방법에서 지반은 정적평형이 해석될 수 있도록(그림 [5.1] 참조) 불연속 형태로 분할되던지 또는 요소화된 수직절편으로 분할된다. 지반파괴면을 따라 일정하다고 가정된 안전율 F_s는 지반파괴면의 실제전단응력 τ와 최대전단응력 τ_{max}의 비로 정의된다. 지반의 평형은 감소된 강도계수인 c/F_s와 $\tan\phi/F_s$를 사용하여 결정된다.

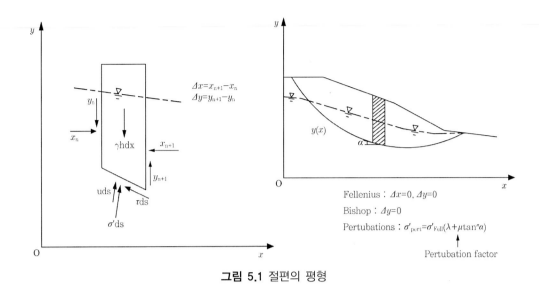

$$\Delta x = x_{n+1} - x_n$$
$$\Delta y = y_{n+1} - y_n$$

Fellenius : $\Delta x = 0$, $\Delta y = 0$

Bishop : $\Delta y = 0$

Pertubations : $\sigma'_{pert} = \sigma'_{Fell}(\lambda + \mu \tan^n \alpha)$

Pertubation factor

그림 5.1 절편의 평형

5.2.3 기하형상(Geometry)

TALREN은 모든 가능한 경사와 지반의 형상을 해석할 수 있다(그림 [5.2]). 기하형상은 점들(points)과 영역들(segments), 폐곡선이나 개곡선을 사용하여 정의한다. 이런 방법으로 복잡한 기하형상도 정의할 수 있다.

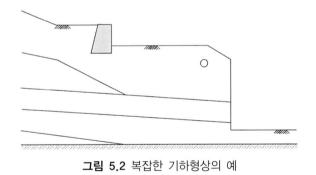

그림 5.2 복잡한 기하형상의 예

5.2.4 지반파괴면(Failure Surfaces)

프로그램은 어떠한 형상의 원호 및 비원호 등 지반파괴면을 해석할 수 있다(그림 [5.3]). 각 지반파괴면은 영역들(segments)로 분할된다.

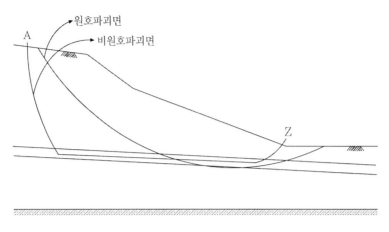

그림 5.3 지반 파괴면

5.2.5 수리조건(Hydraulic Conditions)

지반파괴면의 간극수압(pore pressure)을 계산하는 데 있어 4가지 방법이 있다.

- 지하수면을 점들로 표시할 수 있으며 각 점에 등위수압선을 지정함으로 침투(seepage)도 고려할 수 있다(그림 [5.4]).
- 원호가 아닌 지반파괴면의 각 점에 간극수압으로 정의할 수 있다(그림 [5.5]).
- 삼각요소의 각 절점에 예를 들어 유한요소를 이용한 침투해석(seepage analysis)에서 구한 간극수압을 적용할 수 있다(그림 [5.6]).
- 특정한 지반에 대해 r_u(간극수압비)를 정의할 수 있다.
- 프로그램은 전체 계의 평형에서 지반파괴면의 끝단에 해당하는 수압과 동일한 수평하중을 고려함으로써 외부수면을 고려할 수 있다(그림 [5.7]).

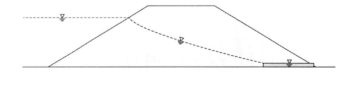

그림 5.4 지하 수위면으로 정의된 수리 조건

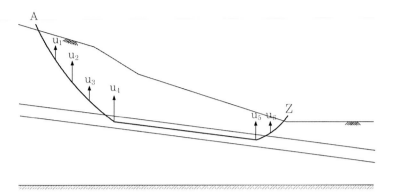

그림 5.5 비원호 파괴면을 따라 정의된 수리조건

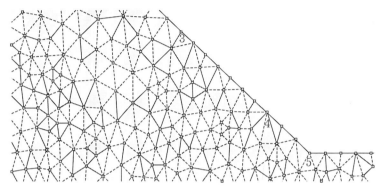

그림 5.6 삼각망 절점으로 정의된 수리조건

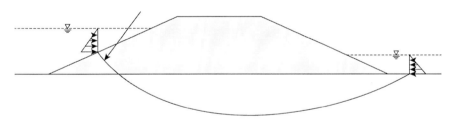

그림 5.7 파괴면 바깥쪽의 외부 수압

5.2.6 상재하중(Surcharges)

3가지 형태의 상재하중을 적용할 수 있다(그림 [5.8]).

- 파괴면 상에 분할된 절편의 두께에 비례하여 각 절편의 자중을 증가시키는 연직분포하중
- 파괴면을 따라 부가적인 지중응력을 야기시키는 선하중(line load). 이러한 응력의 증가는 평형 방정식에서 전단응력의 증분($\Delta\tau$)과 연직응력의 증분($\Delta\sigma$)을 고려하여 적용된다.

경사 선하중은 Yield Design Method에서만 적용 가능하다.

- 지반의 모멘트(driving moment)에 추가되거나 감소시키는 외부모멘트. 원호 파괴면에 대해 외부모멘트는 Fellenius 또는 Bishop 방법이 적용될 때만 고려할 수 있다.

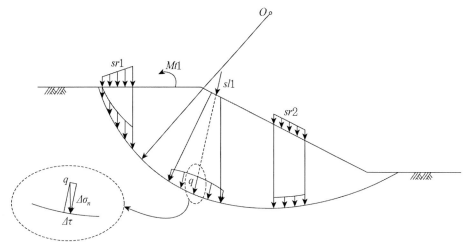

그림 5.8 상재하중의 적용

5.2.7 지진하중(Seismic Loadings)

지진하중은 수평/연직가속도에 의해 발생하는 하중을 유사정적하중으로 고려하여 적용된다.

- 연직계수는 지반, 상재하중 및 지하수에 적용된다.
- 수평계수는 지반과 지반 내 지하수에만 적용된다.

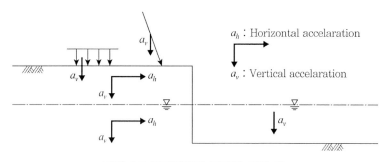

그림 5.9 지진하중에 연계된 단위 힘

5.2.8 보강재(Reinforcement)

보강재가 지반에 설치되면, 지반파괴면과 상관관계에 의해 보강재에 작용하는 주동하중은 정적평형에서 고려되어야 한다.

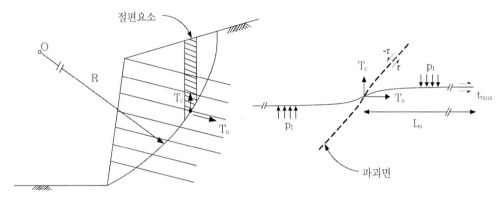

그림 5.10 보강재에 작용하는 힘

보강재에 의하여 고려된 힘은 다음과 같다

- 네일(nail), 앵커(anchor), 가새(braces) 및 보강띠(reinforcing strip) 등의 축력
- 인장/전단 혹은 순수 전단이 작용되는 네일의 전단력과 휨모멘트(pile과 micro piles은 사면의 안정성을 고려할 때만 전단력과 휨모멘트를 적용한다)

이러한 힘은 지반과 구조물의 상관관계(횡방향 마찰, 지반과 네일 사이의 횡방향 압력)에 의해 작용되므로 지반의 성질에 좌우된다. TALREN은 실제 사용되고 있는 지반 보강재에 대해 여러 가지 지반과 구조물의 상관관계에 관련 있는 모든 기준을 고려한다.

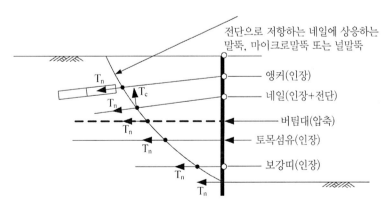

그림 5.11 여러 가지 형태의 보강재에 대한 힘

5.2.9 한계상태 해석(Ultimate Limit State Analysis)

한계상태 해석방법은 하중에 의해 발생한 전단응력을 주동전단저항응력과 비교하는 것이다. 각 인자는 가중치(weighting factor, 하중)나 부분안전율(partial safety factor, 저항력)을 고려한다.

5.2.10 부분안전율 코드 입력

TALREN 프로그램을 만든 프랑스를 포함한 유럽지역에서는 국내에서처럼 하나의 허용안전율을 적용하지 않고 부분안전율이라는 개념을 사용하는데, 이는 각 지반 물성치 또는 하중, 보강재 등 입력 항목에 서로 다른 안전율을 적용하여 기준 안전율은 1.0이 되도록 설계를 하고 있다. 또한, 구조물의 사용연한 등을 고려한 부분안전율 코드를 설계에 반영하고 있다. 물론 TALREN 프로그램에도 이 부분안전율에 대한 코드가 들어있고, 상당히 중요한 요인으로 작용하고 있다. 하지만, 국내 설계법 상에는 필요가 없으므로 모든 부분안전율 계수는 1.0으로 입력하여 사용하면 되지만, 프로그램 특성상 부분안전율 코드가 중요 요인이므로 모든 계수가 1.0으로 입력된 코드를 반드시 만들어서 선택을 해야 한다.

5.3 TALREN 프로그램 사용방법

5.3.1 Step 1 : 일반 설정(General Settings)

- TALREN 4 프로그램 실행 : [start] 메뉴 또는 TALREN 4 아이콘을 클릭한다.
- [File] 메뉴를 선택한 후, [New] 옵션 또는 툴바의 $\square$ 버튼을 클릭한다.
- [Project data] 메뉴를 선택한 후, [General Settings] 옵션을 클릭한다. 그러면 그림 [5.12]와 같은 입력창이 뜬다.

① Project number에서 Comments까지는 사용자의 선택에 따라 적당한 멘트를 입력한다.
② X_{min}과 X_{max}의 결정 : X_{min}(해석사면의 좌측 한계)과 X_{max}(해석사면의 우측 한계)는 해석대상의 너비와 동일하게 정의한다. Y_{max} 역시 해석대상의 높이와 동일하게 입력하는 것이 좋다.
③ 단위계(Units) : 사용자가 선택한 단위계가 작업 파일 전체에 적용된다($(kN, kPa, kN/m^3)$, $(MN, MPa, MN/m^3)$, $(t, t/m^2, t/m^3)$ 중에서 선택).

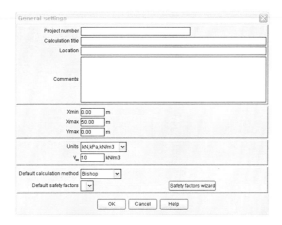

그림 5.12 일반 설정(TALREN)

④ 해석방법 및 부분안전율 : Default calculation method에서 사용자가 원하는 해석방법 (Bishop, Fellenius, Perturbations 등)을 선택하고 Default safety factors에서는 Safety factors wizard를 클릭하면 그림 [5.13]과 같은 입력창이 뜬다. 국내 사면안정해석법에 맞추려면 이 모든 계수 값은 고려하지 않아야 하지만, 이 프로그램에서 입력은 꼭 해야 하므로 1이라는 계수를 입력해서 해석을 실시하면 된다.

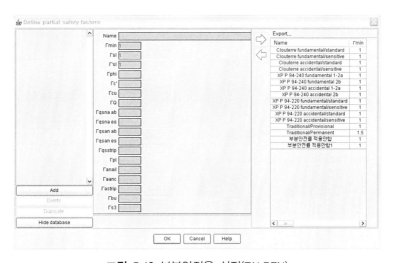

그림 5.13 부분안전율 설정(TALREN)

• [File] 메뉴에서 [Save] 항목을 선택해서 작업 파일을 저장한다.

5.3.2 Step 2 : 사면의 기하 형상 모델링

TALREN 4에서 기하형상 모델링 방법은 마우스로 그리기, 메인 화면에서 좌푯값 입력하기, 대화상자(Dialog Box)에 입력하기 등 3가지 종류가 있다.

① 마우스를 사용하는 방법 : [View] 메뉴에서 [Grid] 옵션을 클릭한다. 그림 [5.14]와 같은 입력창이 뜨며, 작업창에 격자 간격(grid spacing)을 설정한다. 그러면 마우스 커서는 설정된 격자 간격으로 움직이게 된다. 세밀한 좌표에 대해서 격자를 설정해야 하는 경우에는 작은 격자 간격을 설정하면 된다.

그림 5.14 격자(grid) 간격 설정

• 마우스로 모델링을 하려면 툴바에서 ✎ 버튼을 클릭한다. 첫 번째 마우스 왼쪽 버튼을 클릭해서 점을 찍는다. 마우스 왼쪽 버튼을 누른 상태로 두 번째 점을 찍을 위치로 마우스를 이동한 후 두 번째 점을 찍으면 첫 번째 선분 및 두 번째 점에 대한 입력이 종료된다. 상기 작업으로 선분 및 좌표 입력을 마우스 사용을 통해 간단하게 입력할 수 있다.

※ 마우스로 그리기 작업에 대한 사용 Tip
  - TALREN 4에서는 선분을 그리는 동안 'shift' 버튼을 누르고 있으면, 수평 또는 수직으로 선분이 유지되면서 그려진다.
  - 입력된 점의 삭제 : 그리기 작업 중 잘못 입력된 점이 있다면, 점을 마우스로 선택하고 'Del' 키를 클릭하거나, 오른쪽 마우스를 눌러 팝업 메뉴의 [Delete]를 선택한다. 동일한 방법으로 선분에 적용하거나 화면상의 다른 개체에도 사용할 수 있다.
  - 만약, 입력한 점이 잘못된 위치에 생성되었다면, 툴바의 ▶ 버튼을 클릭하고, 점 위에 마우스로 더블 클릭한다. 그러면 그 점의 좌표 입력창이 열리고, 정확한 좌표를 입력해서 수정할 수 있다.

- 마우스가 위치한 좌표는 작업창 하단 중앙에 있는 상태바(status bar)에 나타난다.
- [View] 메뉴의 옵션 'Points numbers'와 'Segment numbers'를 선택하면, 작업창에 입력된 점과 선분의 번호가 나타난다.
- 작업창에서 Zoom 옵션을 사용하면 여러 가지 형태로 작업창을 가시화할 수 있다.

[View]메뉴의 [Zoom] 옵션, 툴바상의 ▣ 🔎 그리고 🔎 등의 버튼, 오른쪽 마우스 버튼을 클릭하면 열리는 팝업 메뉴에 있는 'View whole model'은 작업 중인 전체 모델을 화면에 나타낼 수 있는 기능이다.

※ 모델링 작업 시 제일 상부의 선분이 그려지면 이 선분은 굵은 선으로 표현되고, 이는 자동으로 지표 경계면(slope boundary)으로 인식된다. 지표 높이가 설정되면 사면 경계는 굵은 선으로 나타난다.

② 메인 작업창에서 기하 형상 좌푯값을 바로 입력하는 방법 : 메인 작업창에서 좌푯값을 입력하려면 툴바에 있는 ✎ 버튼을 클릭한다. 그러면 그림 [5.15]와 같이 좌표를 나타내는 박스 왼쪽에 좌표를 입력할 수 있는 공란이 생기며 그림 [5.15]와 같이 입력하고자 하는 좌표를 입력하면 된다. X좌표를 입력하고 한 칸 띄우고 Y좌표를 입력한 후에 Enter Key를 치면 좌표가 작업창에 입력된다. 최초 좌표가 입력되고 나면 공란의 배경이 하늘색으로 바뀔 것이다. 다음 점을 입력하면 첫 번째 점과 선분으로 연결될 것이다. 선분으로 연결시키지 않고 다음 점의 좌표를 입력하려면, 키보드에 있는 'Esc' 버튼을 누른다. 그러면, 공란의 배경이 다시 흰색으로 바뀌며 다음 점의 좌표를 입력하면 이전의 점과 선분으로 연결되지 않는다.

그림 5.15 X, Y 좌푯값 수동 입력

③ 대화상자에서 점의 좌표를 입력하는 방법 : [Project data] 메뉴의 [Geometry] 옵션을 선택한다. 그러면 그림 [5.16]과 같은 창이 열린다. 이미 마우스로 모델링을 했다면, 표에 좌표가 입력되어 있는 상태로 열릴 것이고, 그렇지 않다면 표는 비워진 상태로 열릴 것이다. 좌표의 수정은 수정해야 하는 cell을 클릭해서 좌푯값을 수정하면 된다. 새로운 점의 좌표를 추가해야 할 때는 'Add' 버튼을 클릭해서 새로운 좌푯값을 입력하면 된다.

모든 점에 대한 좌푯값이 입력 완료되었다면, 그림 [5.16]의 오른쪽과 같이 'Segments' 탭을 클릭한다. 이 항목은 점과 점을 이어주는 선분을 정의하는 항목으로 필요에 따라 원하는 점과 점을 지정하여 선분을 연결하면 된다. 'Slope boundary' 탭은 기본적으로 Automatic slope boundary 항이 지정되어 있으므로 경계면에 대한 입력 정보를 사용자가 수정해야 하는 경우 이외에는 사용할 필요가 없다.

그림 5.16 좌표 입력창('Points' 및 'Segments')

5.3.3 Step 3 : 하중조건

TALREN 4에서 하중조건은 등분포하중(distributed loads), 선하중(linear loads) 그리고 모멘트하중(moments)의 3종류로 적용할 수 있다.

① 등분포하중 : [Project data]에서 Loads를 선택하면 그림 [5.17]과 같은 창이 열린다. 그림에서 빨간색 원 부분을 클릭하면 등분포하중 조건을 입력하는 창이 열리고 하중 좌측의 좌표(x, y), 하중크기, 하중 우측의 좌표(x, y), 하중크기, 하중의 경사를 순서대로 입력할수 있다. 하중의 크기를 좌우를 달리 입력하여 등분포하중이 변화하는 경우를 모사할수도 있으며, 각도를 조절하여 하중의 작용 각도도 변화시킬 수 있다(90° 입력 시 수평하중 조건). 단, 최대 10개 까지만 입력이 가능하다.

② 선하중/모멘트 : 그림 [5.18]에서 빨간색 원 부분을 클릭하면 선하중/모멘트 입력창이 열리는데 위에서부터 X, Y 좌표를 입력하고 하중의 크기, 하중 작용 각을 차례로 입력

한다. 확산폭(Width of diffusion base)과 확산각(Diffusion angle)은 가상의 앵커로 고려할
수 있는 하중조건에 대하여 적용하는 값이며, M은 모멘트 하중의 크기를 입력하는 것으
로 반시계 방향을 + 부호로 규정하고 있다.

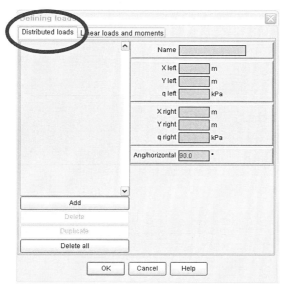

그림 5.17 등분포 하중 입력창

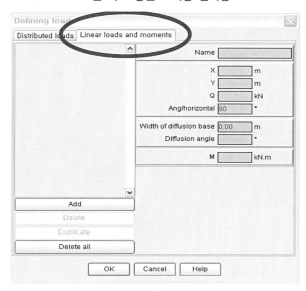

그림 5.18 선하중/모멘트 입력창

5.3.4 Step 4 : 보강재

TALREN 프로그램은 다양한 보강재가 시공된 지반에 대한 해석이 가능하다. 보강재에 대한 정보를 입력하기 위해서는 [Project date] 메뉴에서 Reinforcements를 선택하여 원하는 종류의 보강재를 선택하도록 한다. 여기에서는 네일에 대한 예를 살펴보도록 한다.

• Nails : 그림 [5.19]의 빨간 원 부분을 클릭하면 nail에 대한 입력창이 열린다. 순서대로 nail의 좌표, 전체 길이, 수평 설치 간격, 네일 설치 각도, nail 설치점에 작용하는 힘에 의한 파괴면의 확산폭(wide of diffusion base), 확산각(diffusion angle)을 입력한다. 네일의 인장강도를 산정하는 방법은 2가지가 있으며 네일의 직경, 항복응력을 입력하여 프로그램 상에서 계산이 가능하며, 인장강도를 알고 있는 경우 [input value of tensile strength?]를 클릭하고 인장강도 값(TR)을 직접 입력할 수도 있다. q_s값 입력의 입력 옵션은 'Curves'와 'Tests' 2가지가 있으며 선택된 값은 부분안전율과 관련된 값이다. Rsc(네일의 단위 길이

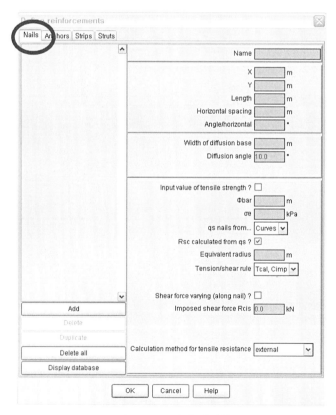

그림 5.19 보강재 입력창

당 인발 저항력)는 2가지 방법으로 산정이 되며 유효경(equivalent radius)을 입력하거나 Rsc를 직접 입력하여 산정할 수 있다. Tension/shear rule을 통해서 마찰과 전단력의 고려에 대한 선택을 할 수 있는데, Tcal, Cimp 옵션의 경우 마찰력을 계산하고 전단력(R_{CIS})을 입력해야 하는 경우를 의미한다(전단력 입력 시 안전율은 증가한다).

5.3.5 Step 5 : 지반 물성치 설정

- 지반의 물성치는 [Project data] 메뉴의 [Soil characteristics] 옵션을 선택하여 설정할 수 있다. 여기서는 예로 표 [5.2]와 같은 지반조건에 대해 물성치를 적용하였다.

표 5.2 지반 물성치

Layer	γ (kN/m³)	ϕ (°)	c (kPa)
1	20	35	5
2	20	30	10

- [Project data] 메뉴의 [Soil characteristics] 옵션을 선택한다. [Add] 버튼을 클릭하고 첫 번째 지층의 데이터를 그림 [5.20](a)와 같이 입력한다. [Add] 버튼을 다시 클릭하고, 두 번째 지층의 데이터를 그림 [5.20](b)와 같이 입력한다. 입력된 내용을 확인하기 위해서는 입력창 왼쪽에 있는 지층구분 입력 버튼(Layer1, Layer2)을 눌러 보면 된다. 각 지층의 이름 및 색상은 사용자가 원하는 대로 변경할 수 있다.

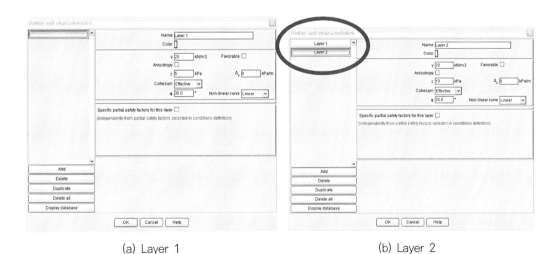

(a) Layer 1 (b) Layer 2

그림 5.20 지반 물성치 입력창

- 모델링된 사면에 지반 물성치를 각 지층에 부여하기 위해서는 드래그 & 드롭 방식을 사용하는 것이 좋다. 물성치를 부여하고자 하는 영역에 그림 [5.20](b)에서 원 안에 들어있는 직사각형 버튼을 왼쪽 마우스 버튼을 클릭한 상태로 원하는 지층의 영역 위에 마우스로 드래그하여 물성치를 부여한다. 그러면 지층 영역은 적용된 물성치에 맞는 색이 부여된다. 지층 영역에 부여한 물성치를 바꾸는 다른 방법은 지층 영역 위에 오른쪽 마우스 버튼을 클릭하면 열리는 팝업메뉴의 'Edit'를 선택한다. 그러면 그림 [5.21]과 같은 창이 열리고 해당되는 물성치를 선택하면 물성치를 변경할 수 있다.

그림 5.21 지층물성치 부여 및 변경을 위한 'Edit' 입력창

- 사용자가 입력한 물성치는 [View] 메뉴를 선택하고 제일 하단에 있는 [Table of soil characteristics]를 선택하면 그림 [5.22]와 같이 지층 물성치에 대한 요약표로 볼 수 있다.

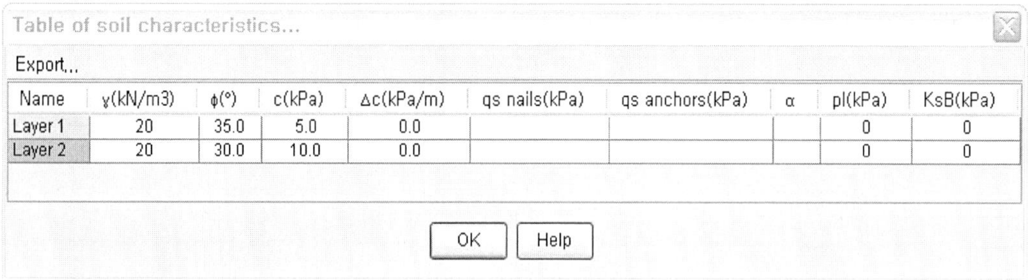

Table of soil characteristics...

Export...

Name	γ(kN/m3)	φ(°)	c(kPa)	Δc(kPa/m)	qs nails(kPa)	qs anchors(kPa)	α	pl(kPa)	KsB(kPa)
Layer 1	20	35.0	5.0	0.0				0	0
Layer 2	20	30.0	10.0	0.0				0	0

OK   Help

그림 5.22 지층 물성치 요약표

◎ Step 1~Step 5의 과정을 통하여 그림 [5.23]과 같이 사면에 대한 모델링이 완성되며, 다음으로는 이렇게 제작된 사면 모델을 해석하기 위한 해석단계로 넘어가야 한다.

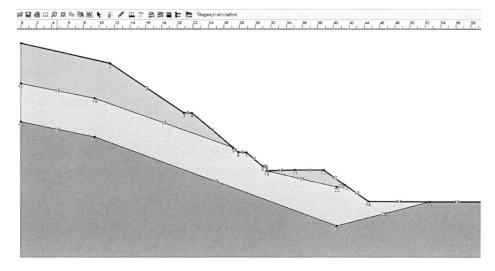

그림 5.23 사면 모델링의 예

5.3.6 Step 6 : Stages/calculation

지하수위 설정 및 계산수행 단계로 넘어가기 위해서는 [Project data] 메뉴의 맨 아래에 있는 'Stages/calculation' 항목을 선택하거나 툴바에 있는 Stages/calculation 버튼을 클릭한다. 그러면 화면이 변경되면서 그림 [5.24]와 같은 메뉴 및 툴바가 생성된다.

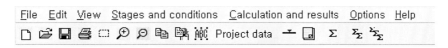

그림 5.24 'Stages/calculation' 단계 메뉴 및 툴바

가. 지하수위 설정

지하수위 설정을 위해서는 [Stages and conditions] 메뉴의 'Hydraulic conditions for selected stage'를 선택하거나 툴바의 ⁻ 버튼을 클릭한다. 'Hydraulic conditions'에서 'Phreatic level'을 선택하고 아래에 있는 'Define phreatic level'을 클릭하면 그림 [5.25]와 같은 입력창이 생성된다. 그림 [5.25]의 입력창에서 'Add' 버튼을 눌러 원하는 위치의 좌푯값을 입력하여 지하수위를 설정하여 원하는 지하수위를 모델링한다. 모든 좌표를 직접 입력하여 지하수위를 모델링할 수도 있지만 그림 [5.25]의 창이 열린 후 마우스를 이용하여 모델링하는 것도 가능하다(원하는 위치에서 클릭). 그림 [5.26]에 지하수위의 모델링 예를 나타내었다.

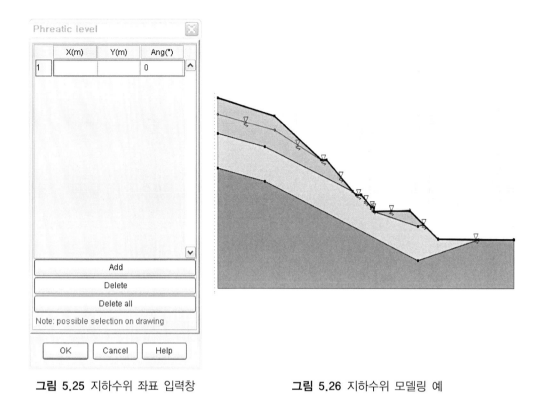

그림 5.25 지하수위 좌표 입력창 　　　　　그림 5.26 지하수위 모델링 예

나. 계산수행 설정

계산수행을 위한 설정을 위해서는 [Stages and conditions] 메뉴에서 'Define selected set of conditions' 옵션을 선택하거나 툴바의 🖳 를 클릭한다. 그러면 그림 [5.27]과 같은 'Define the situation' 입력창이 생성된다. 'Calculation method for this situation'에서는 원하는 해석방법을 선택하고 'Saving slice results'에서는 'For critical failure surface only'를 선택하는 것을 권장한다. 'Safety factors for this situation' 항목에서는 미리 설정한 모든 부분안전율이 1.0으로 정의된 값을 설정하고 'Failure surfaces'에서는 'Circular surfaces'를 선택하여 원호활동파괴를 고려한다. 'Search type'에서는 'Manual'을 선택한 다음 그 아래 'Define failure surfaces'를 클릭하면 그림 [5.28]과 같은 입력창이 생성된다.

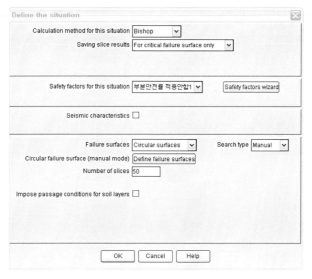

그림 5.27 해석조건 설정 입력창

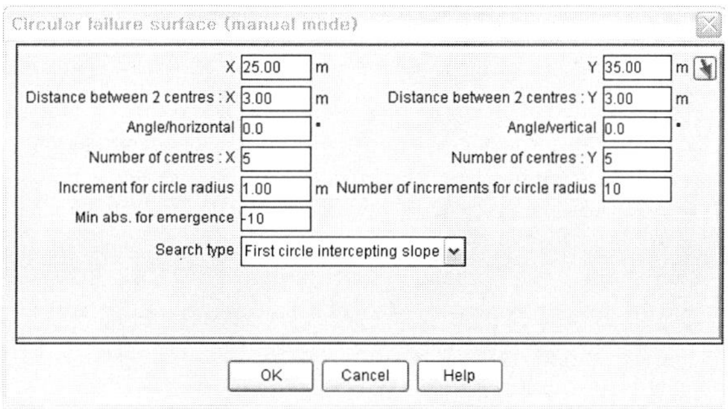

그림 5.28 원호활동면 설정 입력창

그림 [5.28]에서 처음 X 및 Y는 해석을 수행할 원호의 중심점 Box(그림 [5.29]의 원안에 표시된 사각형 Box)의 좌측 아래 점의 위치를 지정하는 값이고, 'Distance between 2 centres'의 X 및 Y는 위에서 지정된 X 및 Y의 좌표에서부터 X 및 Y축 방향으로 얼마만큼의 간격으로 증가시켜 원호의 중심점을 만들 것인지를 지정하는 값이다. 'Angle/horizontal'에 입력하는 값은 Box의 경사를 X 및 Y축 방향으로 얼마만큼의 각도를 주고 기울게 할 것인가를 설정하는 것이다. 'Number of centres'의 X 및 Y는 원호중심의 개수가 X 및 Y축 방향으로 각각 몇 개씩 생성되는지를 설정하며 'Increment for circle radius'는 파괴원호의 반지름 증가량을, 'Number of increments for circle radius'는 한 원점에서 해석될 파괴원호의 개수를 지정하는 값이다. 또한, 'Min abs. for emergence' 항목에서는 모델링된 개체(사면)의 가장 좌측 X좌표의 값을 입력할 것을 권장한다. 마지막으로 'Search type'에서는 'First circle intercepting slope'를 선택한다(참고로 'Imposed passage point'를 선택하면 파괴원호가 꼭 지나쳐야 할 좌표를 설정하게 되며, 'Tangent to top of layer'를 선택하면 파괴원호가 시작되는 첫 지층을 지정하게 된다).

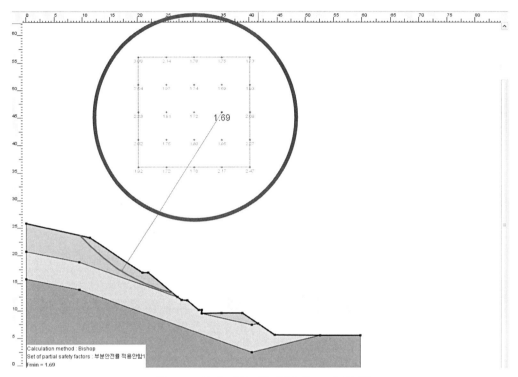

그림 5.29 초기 해석 예(지하수위 고려 안 함)

그림 [5.30] 및 그림 [5.31]은 실제 사면의 해석 예이다. 그림과 같이 처음 해석을 실시할 때에는 'Distance between 2 centres'의 값과 'Number of centres'의 값을 다소 크게 설정하여 해석을 실시하고(그림 [5.29]), 이렇게 계산된 결과를 이용하여 'Circular failure surface(manual mode)' 입력창을 다시 조절하여 그림 [5.30]과 같이 그림 [5.29]에서 가장 취약하게 나타난 부분을 중점적으로 자세히 해석을 실시하도록 한다. 또한, 해석 후 그림 [5.32]와 같은 화면이 나타날 때는 안전율이 가장 낮은 부분이 계산하고자 하는 원호의 중심점 Box에 포함되지 않는 경우이므로 'Circular failure surface' 입력창의 처음 X 및 Y를 조절하여 해석을 다시 실시하여야 한다.

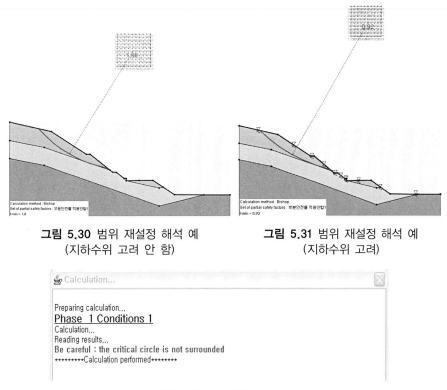

그림 5.30 범위 재설정 해석 예
(지하수위 고려 안 함)

그림 5.31 범위 재설정 해석 예
(지하수위 고려)

그림 5.32 원호 활동면 범위 설정 오류 메세지

위와 같이 실시된 해석결과를 그림 [5.33]에서 원으로 표시된 'Screen copy' 버튼을 이용하여 복사한 뒤 원하는 문서에 붙여넣기 하여 보고서 작업을 완료할 수 있다.

그림 5.33 화면 복사(Screen copy) 버튼

5.4 SLOPE/W 프로그램 특징

5.4.1 개요

SLOPE/W는 캐나다 Geo-Slope사에서 개발한 범용 지반해석프로그램 패키지인 GeoStudio 중 토사 및 암반 사면의 안정성 검토를 위한 한계평형해석프로그램이다. 이 프로그램은 다양

한 활동면 형상, 간극수압 조건, 토양 특성 및 하중조건에 대하여 간단하고 복잡한 문제를 모두 효과적으로 분석할 수 있다. TALREN과 마찬가지로 사면 보강을 위하여 지반에 설치되는 여러 가지 보강재(네일, 앵커, 말뚝, 토목섬유 등)에 대한 영향을 고려하여 계산할 수 있다. 본 프로그램을 통하여 안정성 검토가 가능한 일반적인 지반공학적 문제는 아래와 같다.

- 자연 토사 및 암반 사면
- 건설 굴착
- 흙 댐 및 제방
- 노천 하이월(high walls)
- 보강된 토류구조물
- 사면 안정화 설계
- 상재하중 또는 지진하중이 있는 사면
- 급강하 시 댐 안정성
- 부분적 또는 완전히 물에 잠긴 사면
- 침투에 영향을 받는 불포화 사면
- 광미댐(tailings dam) 안정성

5.4.2 일반적 이론

이 프로그램은 기본적으로 한계평형해석에 근거하여 예상 활동면을 따라 파괴가 발생하는 순간에 있는 토체의 안정성을 평가하며 안정성은 안전율로 표현된다. 한계평형해석법은 수치해석에 비하여 복잡한 지반 조건 및 응력-변형 거동을 해석할 수 없는 단점이 있으나 사용하기 간편하여 사면안정 해석에 널리 적용되어 왔으며 그동안의 축적된 경험으로 그 유용성과 신뢰성이 입증됨에 따라 아직까지 널리 사용되고 있다. 한계평형해석법은 수년에 걸쳐 다양한 방법들이 개발되어 왔으며 기본적으로 매우 유사하지만 어떤 정역학적 방정식을 충족하는지와 기본 가정에 따라 차이가 있다. 활동면에 대한 힘 또는 모멘트 평형을 고려하기 위한 토체는 하나의 단일한 토체로 간주하는 일체법과 활동 토체를 여러 개로 분할하여 고려하는 절편법으로 구분된다. 그림 [5.34]는 절편법에서 임의 절편에 작용하는 힘을 보여주며 연직 및 전단응력은 절편의 하부와 측면에 작용한다.

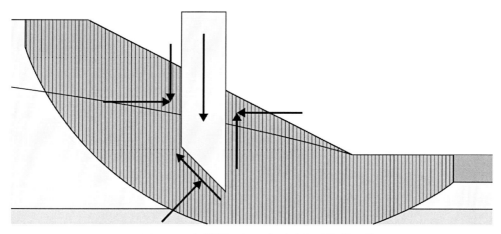

그림 5.34 사면활동 시 토체 절편에 작용하는 힘

SLOPE/W에서 제공하는 한계평형해석법은 Morgenstern-Price, Spencer, Bishop, Janbu, Ordinary method, Lowe-Karafiath, Sarma 등 일반적으로 사용되는 한계평형해석 방법을 모두 포함하고 있다. 추가적으로 GeoStudio 패키지에 포함된 SIGMA/W나 QUAKE/W의 해석 결과를 연계하여 유한요소 응력 기반 안전성 및 동적 안전성 분석도 수행할 수 있다. 또한, 기존 안전율 개념의 결정론적 해석뿐만 아니라 대부분 입력 매개변수에 대하여 정규, 로그, 균등, 삼각 등 다양한 확률분포를 고려한 확률론적 해석 수행 및 각 매개변수에 대한 민감도 분석도 가능하다.

5.4.3 기하형상(Geometry)

SLOPE/W에서는 지반의 다양한 형상을 영역(region)을 이용하여 정의할 수 있다. 영역은 점과 선으로 구성되며 시작점과 끝점이 일치하는 폐곡선으로 각 영역별 재료 특성을 부여할 수 있다. 기본적으로 스냅(snap) 기능을 제공함에 따라 기본 단위(SI단위계의 경우 m)의 형상 은 마우스만을 사용하여 쉽게 생성할 수 있으며 보다 세밀한 좌표는 수동으로 x, y 좌표를 입력하여 형성할 수 있다. 또한, 영역 분할(split regions) 기능을 통하여 하나의 영역을 여러 개의 세부 영역으로 쉽게 분할하거나 영역 병합(merge regions) 기능을 통하여 분할된 영역을 하나로 병합할 수도 있다.

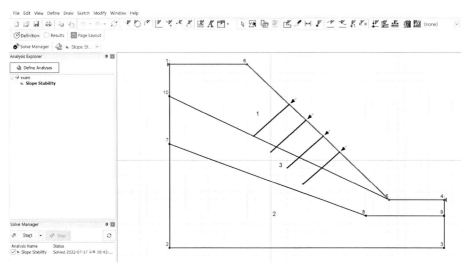

그림 5.35 네일을 포함한 다층지반 사면

해석단면은 프로그램 내에서 직접 생성하지 않고 CAD에서 작업된 해석단면 파일(*.dwg, *.dxf)을 불러와서 해석에 그대로 사용할 수 있으며, GeoStudio 패키지에 포함된 다른 프로그램인 SEEP/W이나 SIGMA/W 등과도 호환되어 작성된 해석 단면을 불러와서 사용할 수 있다.

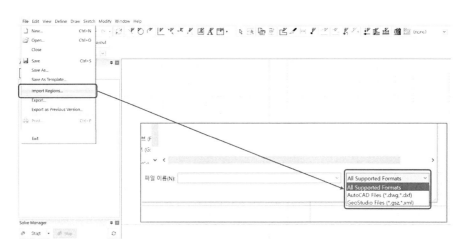

그림 5.36 해석단면 불러오기

5.4.4 지반파괴면(Failure Surfaces)

한계상태 해석에서는 사면파괴에 대한 임계활동면의 위치를 알 수 없기 때문에 가장 낮은 안선율을 갖는 임계활동면의 위치를 결정하는 것은 매우 중요한 문제이다. 임계활동면은 기본적으로 원호 및 비원호 또는 복합지반, 기반암 등에 따른 복합 형상으로 나타날 수 있으며 발생 가능한 활동면을 가능한 많이 생성하고 이에 대한 안전율을 반복적으로 계산하여 가장 낮은 안전율을 갖는 활동면을 임계활동면으로 간주한다. 임계활동면의 모양과 위치를 찾는 여러 가지 방법들이 존재하며 프로그램에서는 이에 대한 기능을 제공하고 있어 사용자가 선택하여 해석을 수행할 수 있다. 기본적으로 제공하고 있는 활동면 해석방법은 다음과 같다.

- Grid and Radius : 가장 보편적으로 사용되는 방법으로 원호활동면에 대하여 원호 중심의 예상 위치에 대한 그리드(격자망)를 정의하고 이에 따른 원의 반경 범위를 사면 내에 지정하는 방법이다. 활동면은 정의된 원의 중심에 대한 그리드와 반경 범위에 대하여 다양한 원호를 생성하여 해석을 수행한다.
- Entry and Exit : 활동면이 시작하는 범위(사면 상부)와 끝나는 범위(사면 하부)를 지정하여 이 범위에 존재하는 다양한 활동면에 대한 해석을 수행한다.
- Optimization : 기존 방법들과 다르게 임계활동면을 찾기 위한 다양한 활동면을 생성할 때 활동면 전체를 변경하지 않고 활동면의 일부만 점진적으로 변경하여 임계활동면을 찾는 방법이다(Greco, 1996; Malkawi, Hassan and Sarma, 2001).

프로그램 내에서는 선택된 방법에 따라 자동적으로 임계활동면을 찾아주지만 사용자가 임계활동면의 범위 및 크기를 사전에 설정해줄 필요가 있다. 특히, 토층구조 및 사면형상 등은 임계활동면 모양과 위치에 영향을 미칠 수 있으며 때로는 비현실적인 활동면이 발생하기도 하므로 임계활동면의 범위 지정에 있어 사용자 주의와 판단이 요구된다.

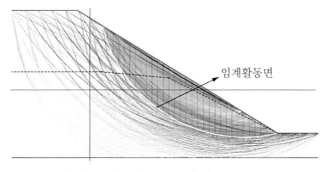

임계활동면

그림 5.37 모든 가상활동면 및 임계활동면

5.4.5 간극수압 조건(PWP Conditions)

사면안정해석에서 간극수압은 해석 결과에 영향을 미치는 중요한 인자 중 하나로 사면 내 간극수압(PWP; pore water pressure) 조건을 반영할 필요가 있다. 프로그램에서는 간극수압 조건을 고려하기 위하여 프로그램 메뉴에서는 다음과 같이 다양한 방법을 제공하고 있다.

- Parent Analysis

- Other GeoStudio Analysis

- Ru

- B-bar

- Piezometric Line

- Piezometric Line with Ru

- Piezometric Line with B-bar

- Spatial Function

간극수압을 정의하기 위해서 가장 일반적으로 사용되는 방법은 위치수두와 압력수두를 합하여 표시되는 피에조 수두(Piezometric head)를 연결한 피에조 라인(Piezometric line)에 의하여 정의하는 것이다. 프로그램에서는 간단하게 절편 하부 중간점에서 피에조 라인까지의 거리를 계산하고 이 거리에 물의 단위중량을 곱하여 절편 하부에서의 간극수압이 산정된다.

또 다른 방법으로는 수직 상재하중에 따른 간극수압의 관계를 나타내는 간극수압비(R_u)를 이용하는 방법으로 주로 안정성 차트와 함께 사용하기 위하여 개발되었다(Bishop and Morgenstern, 1960). 상재하중에 따른 간극수압비(R_u)는 다음과 같이 정의된다.

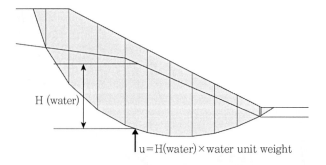

그림 5.38 지하수위에 따른 간극수압

$$R_u = \frac{u}{\gamma_t H_s} \tag{5.1}$$

여기서, u : 간극수압 (t/m^2)

γ_t : 흙의 습윤단위중량 (t/m^3)

H_s : 상부 토층의 두께 (m)

하지만 이 방법의 적용에 있어 어려움은 수면이 지표면과 평행하지 않는 경우 R_u 가 경사 전체에 걸쳐서 변하므로 이 경우 해석 단면 내 여러 지점에서 R_u 를 설정해야 하며 다층지반에서는 각 토층에서 선택적으로 적용될 수 있다. 더욱이 R_u 는 하중으로 인한 과잉간극수압의 생성을 모델링하기 위한 것이 아니므로 이 방법의 원래 의도와 일치하는 간단한 경우를 제외하고는 사용하는 것을 권장하지는 않는다. B-bar($\overline{B}$)는 주응력(σ_1)과 관련된 간극수압 계수로 다음과 같이 표현된다.

$$\overline{B} = \frac{\triangle u}{\triangle \sigma_1} \tag{5.2}$$

대부분의 경우 주요 주응력은 수직 방향에 가깝고 결과적으로 σ_1은 상재하중으로부터 산정된다. SLOPE/W에서는 상재하중을 계산하기 위하여 개별 토층을 선택할 수 있다는 점이다. 따라서 R_u 를 적용한 방법과 다른 결과를 보여준다. 또한, 프로그램에서는 간극수압 고려에 대하여 공간함수(Spatial Function) 기능을 제공하며 이는 간극수압 조건을 정의하기 위하여 개별 지점에서의 실제 압력을 지정하는 방법이다. 개별 지점에 대한 간극수압이 입력되면 크리깅(kriging) 기법을 활용하여 임의 지점에 대한 간극수압이 산정된다. 이 방법은 간극수압이 불규칙하거나 정수압이 아닌 경우에 유용한 방법으로 현장에서 측정된 피에조 수두를 활용하기에도 효과적으로 활용될 수 있다. 간극수압은 활동면에서만 작용하므로 데이터 지점은 잠재적인 활동면 영역에 집중되어 있는 것이 좋다.

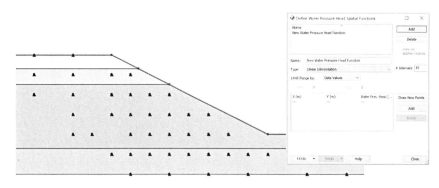

그림 5.39 간극수압 점분포

간극수압 조건 설정 메뉴의 'Parent Analysis'는 다른 프로그램 해석 결과와 연계된 해석으로 SLOPE/W에서는 소프트웨어 통합 기능을 통하여 GeoStudio 패키지에 포함되어 있는 침투 해석프로그램인 SEEP/W를 통하여 계산된 간극수압 조건을 SLOPE/W로 불러와 해석을 수행할 수 있다. 이를 통하여 침투에 따른 사면안정해석, 침투 매개변수 선정에 따른 사면 안정성의 민감도 검사, 침투차단에 따른 개선효과 등을 분석할 수 있다. 이 외에도 다른 GeoStudio 패키지 프로그램인 SIGMA/W, QUAKE/W, VADOSE/W 등의 해석 결과를 불러와서 적용하는 것이 가능하다.

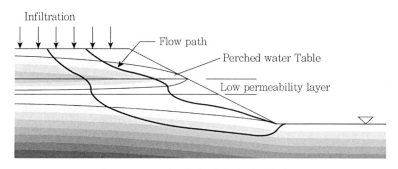

그림 5.40 SEEP/W에서 계산된 간극수압 분포

5.4.6 상재하중(Surcharges)

사면을 형성하고 있는 흙의 자중 외에 비탈면 표면 및 상부에 작용하는 상재하중은 점하중 또는 다양한 형태의 분포하중으로 고려할 수 있다.

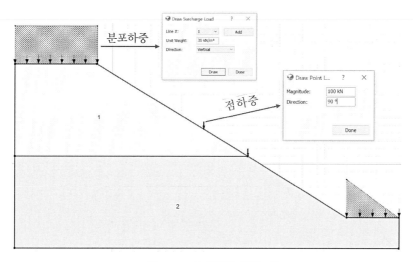

그림 5.41 상재하중 적용 예

5.4.7 지진하중(Seismic Loadings)

지진이 발생하면 사면에는 관성력이 유발되며 이에 따라 토체 내 응력은 증가하게 되며 지진하중은 수평/수직 방향 지진가속도에 의해 발생하는 하중을 유사정적하중으로 고려한다. 유사정적해석(pseudostatic analysis)은 지진 시 지진하중의 시간에 따른 변화를 고려하지 않고, 구조물에 작용하는 최대 관성력을 구조물에 작용하는 추가 정적 하중으로 환산하여 정적 해석을 수행하는 방법으로 사면의 임의 절편에 대하여 중심에서 수평 및 수직 방향으로 작용 하며 그 힘은 다음과 같이 정의된다.

$$F_h = \frac{a_h W}{g} = k_h W \tag{5.3}$$

$$F_v = \frac{a_v W}{g} = k_v W \tag{5.4}$$

여기서, a_h, a_v : 수평 및 수직 방향 유사정적 가속도

g : 중력가속도

W : 흙 절편의 무게

k_h, k_v : 수평 및 수직 방향 지진계수

지진가속도와 중력가속도의 비(a/g)는 무차원 계수(k)로 SLOPE/W에서 지진에 의한 관성

효과는 k_h와 k_v로 지정된다. 이는 수평 방향 지진계수가 0.2인 경우 수평 방향 유사정적가속도가 0.2임을 의미하며 지진하중으로 절편 무게의 0.2배의 힘인 22.697(113.48×0.2)이 수평 방향으로 작용하게 되며, 수직 방향 지진계수가 0.1인 경우 절편 원래 무게인 113.48에 절편 무게의 0.1배인 11.348(=113.48×0.1)이 추가되어 124.83이 작용하게 된다. 여기서 수평력은 변경된 무게가 아니라 절편의 실제 무게를 기반으로 계산된다.

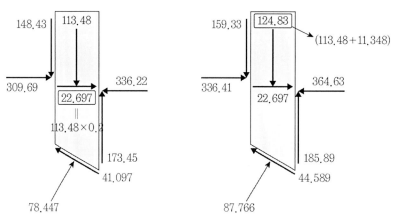

그림 5.42 지진에 의한 유사정적하중

SLOPE/W에서는 이처럼 수평/수직 방향 지진계수만을 고려하여 간단하게 지진에 따른 영향을 고려할 수 있으나 보다 정확한 해석을 위해서는 GeoStudio 패키지 중 지반내진해석프로그램인 QUAKE/W에 의하여 유한요소해석이 수행된 하중 및 간극수압 결과를 SLOPE/W로 불러와 연계된 해석이 가능하다.

5.4.8 보강재(Reinforcement)

사면이 요구되는 안정성을 확보하지 못한 경우 저항력을 증가시키는 사면보강공법이 적용된다. SLOPE/W에서는 사면 보강을 위하여 지반에 설치되는 네일, 앵커, 말뚝, 토목섬유 보강재에 대한 설치를 고려하여 안정해석을 수행할 수 있으며 추가적으로 사용자가 직접 정의한 보강재에 대한 해석도 가능하다.

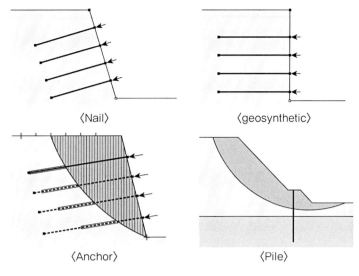

<Nail>　　　　　　<geosynthetic>

<Anchor>　　　　　　<Pile>

그림 5.43 SLOPE/W 내 보강재 설치 예

한계평형해석에서 모든 보강재는 집중하중을 사용하여 표현되며 집중하중은 절편의 힘 및 모멘트 평형 방정식에 포함되어 계산된다. 프로그램에서 평형방정식은 각 절편의 하부에 유발된 전단강도(mobilized shear strength)을 기반으로 하며, 여기서 유발전단강도(S_m)는 지반의 전단강도(S_{soil})를 안전율(F_s)로 나눈 값이다. 지반에 설치된 보강재의 전단저항($S_{reinforcement}$)를 고려할 경우 유발전단강도는 다음과 같이 표현된다.

$$S_m = \frac{S_{soil}}{F_s} + \frac{S_{reinforcement}}{F_s} \tag{5.5}$$

5.4.9 한계상태 해석(Ultimate Limit State Analysis)

유럽에서 채택하고 있는 한계상태설계(Limit State Design, LSD) 또는 미국에서 채택하고 있는 하중저항계수설계(Load Resistance Factor Design, LRFD)는 영구/가변 하중, 지진계수, 재료특성, 보강재 설치 등에 대한 부분안전율을 고려하여 해석된다. SLOPE/W는 Eurocode 7, Norwegian Standard NS 3480, British Standard 8006과 같은 다양한 한계 상태 설계 접근 방식에 따라 극한 한계 상태를 확인하는 것을 목적으로 안정해석의 수행이 가능하다.

5.4.10 부분안전율 코드 입력

한계상태설계를 위한 해석을 수행하기 위해서는 TALREN에서 소개한 바와 같이 부분안전율이라는 개념이 적용된다. SLOPE/W에서도 Eurocode 7, British Standard 8006에 대한 부분안전율을 내장하고 있어 해당하는 기준을 그대로 불러와서 적용할 수 있다. 하지만 국내의 경우 설계법상 아직 한계상태설계법을 따르지 않고 있어 모든 부분안전율은 1.0으로 적용된다.

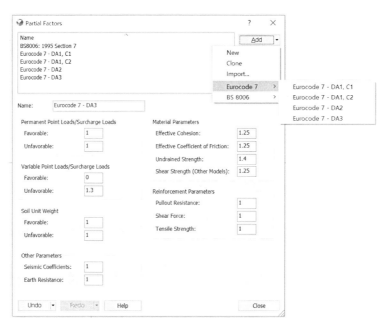

그림 5.44 SLOPE/W 내장 부분안전율

5.5 SLOPE/W 프로그램 사용방법

5.5.1 Step 1 : 일반 설정(General Settings)

- GeoStudio(2018 R2) 프로그램 실행 : GeoStudio 아이콘 ◉을 클릭한다.
- GeoStudio는 패키지 프로그램으로 라이센스 종류에 따라 활성화되는 프로그램이 다르며 SLOPE/W를 포함한 다른 프로그램들이 활성화된 것을 확인할 수 있다.
- [Select Template]에서는 해석에 사용되는 단위계를 선택하는 것으로 야드파운드법(Imperial)과 미터법(Metric)을 선택할 수 있으며 뒤에 붙은 A3, A4 등은 작업화면의 크기

를 의미한다.

- 미터법(Metric)을 선택하고 알맞은 작업화면 크기를 선택한다.

  * 미터법(Metric 단위계)에서 시간 초(Sec), 질량(kg), 길이(m), 힘(kN), 온도(℃), 에너지 (kJ)로 설정된다.

- SLOPE/W를 클릭하여 프로그램을 실행한다.

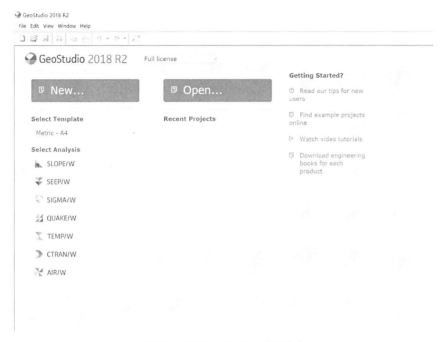

그림 5.45 GeoStudio 실행화면

- SLOPE/W를 클릭하여 프로그램을 실행하면 다음과 같이 해석조건을 설정하는 창이 나타 난다.

- [Name]과 [Description]에는 사용자가 원하는 작업명과 이에 대한 설명을 입력한다.

- 해석조건에서는 [Analysis Type]에서 사용하고자 하는 한계평형방법을 선택하고 하부에 [Settings], [Slip Surface], [Distribution], [Advanced] 4가지 항목에 대한 세부 조건을 설정 한다.

  * Analysis Type에 따라 [Settings]에서 요구되는 항목이 상이하게 나타난다.

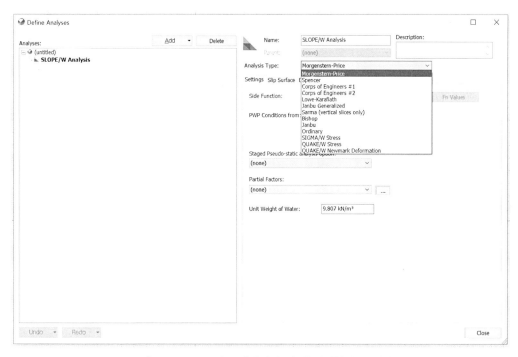

그림 5.46 SLOPE/W 실행화면 및 한계평형방법 선택

① [Settings]에서는 기본적으로 간극수압 조건(PWP Conditions), 유사정적해석(Pseudo-static Analysis), 부분안전율(Partial Factors)에 대한 조건을 사용자가 정의한다.

  * 유사정적해석과 한계상태해석을 수행하지 않는 경우(none)을 그대로 유지한다.

[Settings]　　　　　　　　　　　　　　　　　　　　　[Slip Surface]

그림 5.47 해석조건 세부 설정

[Distribution] [Advanced]

그림 5.47 해석조건 세부 설정(계속)

② [Slip Surface]에서 Direction of movement는 사면의 파괴 형상이 어느 방향인지 정의하는 것으로 사면이 왼쪽에서 오른쪽으로 파괴(Left to right)되는 경우와 오른쪽에서 왼쪽으로 파괴(Right to left)되는 경우를 선택한다. Slip Surface Option에서는 임계활동면을 어떠한 방법을 사용하여 찾을지를 선택한다. Tension Crack option은 사면의 인장균열을 고려하기 위한 옵션이다.

③ [Distribution]은 사면안정에 대한 확률론적 해석이나 민감도 분석을 수행하기 위한 조건을 설정하는 것으로 확률론적 해석은 각 변수들의 불확실성을 고려한 확률분포를 설정하고 Monte-Carlo 시뮬레이션을 통하여 확률론적 해석이 수행된다. 민감도 분석은 각 변수에 대한 발생 범위를 지정하여 수행된다.

④ [Advanced]에서는 해석에 대한 추가적인 조건을 설정하는 것으로 기본값이 입력되어 있으며 사용자가 수정하여 입력할 수 있다.

• [File] 메뉴에서 [Save] 항목을 선택하여 새로 설정된 작업 파일을 저장한다.
• 프로그램 상단에는 총 9가지 메뉴가 존재하며 이에 따른 하위메뉴는 다음과 같다.

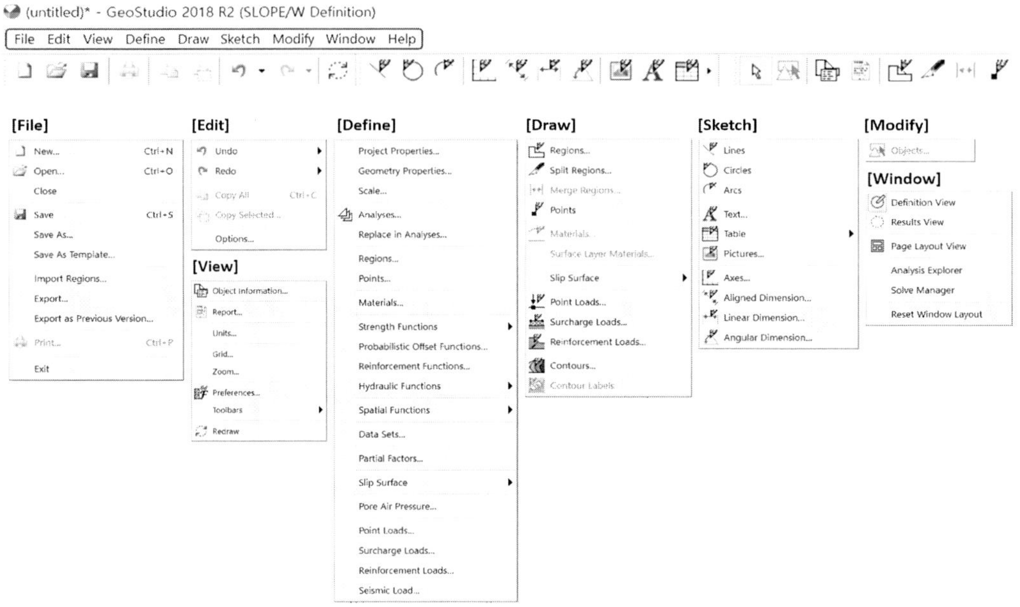

그림 5.48 SLOPE/W 기본메뉴 및 하위메뉴

표 5.3 [File]의 하위메뉴 설명

하위메뉴	기능
New	새 작업창 열기
Open	기존 작업파일 열기
Save	저장
Save as	새로운 이름으로 저장
Save as Template	템플릿으로 저장
Import Regions	영역(해석단면) 불러오기
Export	내보내기(그림, CAD파일 등)
Export as Previous Version	기존 버전으로 내보내기
Print	프린트
Exit	나가기

- 기존 버전으로 내보내기는 SLOPE/W의 버전에 따라 실행할 수 있는 파일이 다르므로 다른 버전에서 작업을 열기 위해서는 버전에 맞도록 변경하여 내보내기를 수행할 수 있다.
- Copy 기능은 작업물을 클립보드에 저장하는 기능으로 다른 문서에 붙이기를 통하여 보고서 작성 등이 가능하다.

- Option에서는 작업 취소/다시 실행 횟수 및 프로그램 업데이트 알림, 툴바 등 디스플레이 옵션, Template 및 Add-In 저장 폴더 경로, 언어에 대한 설정을 지정할 수 있다.

표 5.4 [Edit]의 하위메뉴 설명

하위메뉴	기능
Undo	작업 취소
Redo	작업 다시 실행
Copy All	모두 복사(클립보드)
Copy Selected	선택된 부분만 복사(클립보드)
Options	편집 옵션

표 5.5 [View]의 하위메뉴 설명

하위메뉴	기능
Object Information	객체 정보 표시
Report	결과를 보고서 형식으로 생성
Units	단위 정의(시간, 중량, 힘, 길이, 온도 등)
Grid	작업영역 격자 정의
Zoom	작업 확대/축소
Preferences	해석 단면에 대한 모든 설정
Toolbars	툴바 표시 정의
Redraw	다시 그리기

- Define에서는 해석을 수행하기 위한 다양한 세부 조건을 정의하며, 추가적으로 프로그램에서 제공하지 않더라도 사용자가 직접 관련된 다양한 함수를 직접 입력하여 정의할 수 있는 기능을 제공하고 있다.
- Define과 Draw에는 동일한 하위메뉴가 존재하며 Draw는 마우스를 이용하여 쉽게 설정할 수 있지만 스냅 기능이 절점 또는 작업창의 격자점에 해당하므로 세밀한 좌표 설정은 어려움이 있다.

  * Draw 기능을 사용하더라도 Ctrl+R을 입력하여 좌표를 직접 입력하는 것이 가능하다.

표 5.6 [Define]의 하위메뉴 설명

하위메뉴	기능
Project Properties	작업에 대한 요약(작업명, 작업자, 날짜 등)
Geometry Properties	기하학적 특징(2차원, 축대칭, 평면, 요소 두께)
Scale	작업 스케일
Analysis	해석조건설정
Replace in Analysis	해석조건변경(활동면, 간극수압, 하중, 보강재 지진하중 등)
Region	영역설정(포인트 연결하여 영역설정)
Point	포인트 생성(X, Y 좌표)
Materials	재료 특성 정의
Strength Function	강도특성에 대한 사용자 정의 함수생성
Probabilistic Offset Functions	확률론적 Offset 사용자 정의
Reinforcement Functions	보강재 강도에 대한 사용자 정의
Hydraulic Functions	함수특성곡선 정의
Spatial Functions	공간함수 정의(점착력, 마찰각, 단위중량 압력수두에 대한 좌표별 값 입력)
Data Sets	외부 데이터 불러오기(*.csv 및 *.dat 형식)
Slip Surface	활동면 생성 조건 정의
Pore Air Pressure	간극공기압 정의
Point Loads	집중(점)하중 정의
Surcharge Loads	분포하중 정의
Reinforcement Loads	보강재 종류 및 특성, 설치조건 정의
Seismic Load	수평 및 수직 방향 지진계수 정의

- Draw의 기능들은 기본적으로 마우스만을 사용하며 앞에서 소개한 그리드 간격 설정 및 스냅(snap) 기능으로 쉽게 형상을 모델링할 수 있다.

표 5.7 [Draw]의 하위메뉴 설명

하위메뉴	기능
Regions	영역 그리기
Split Regions	영역 나누기
Merge Regions	영역 합치기
Points	절점 생성
Surface Layer Materials	표면층 재료 정의

하위메뉴	기능
Slip Surface	활동면 생성 조건 정의
Pore-Water Pressure	간극수압 정의
Surcharge loads	분포하중 정의
Reinforcement loads	보강재 종류 및 제원, 설치조건 정의
Contours	등고선 표시(수두, 강도정수, 단위중량 등)
Contour Labels	등고선 수치(값) 표시

- Sketch 기능들은 해석 결과와 관계없이 단면에 대한 설명을 추가하거나 부가적인 정보를 나타내기 위하여 사용된다.

표 5.8 [Sketch]의 하위메뉴 설명

하위메뉴	기능
Lines	선 그리기
Circles	원 그리기
Arcs	호 그리기
Text	문자 입력
Table	재료정보에 대한 테이블 입력
Picture	그림 입력
Axes	축 생성(거리-고도)
Aligned Dimension	경사 치수 기입
Linear Dimension	선형 치수 기입
Angular Dimension	각도 치수 기입

- Objects를 통하여 마우스로 원하는 객체를 선택할 수 있으며 이동/삭제가 가능하다.

표 5.9 [Modify]의 하위메뉴 설명

하위메뉴	기능
Objects	객체 선택

- SLOPE/W는 해석단면의 기하형상과 조건을 모델링한 화면과 해석 수행 후 분석결과에 대한 화면으로 구분되며 Definition View와 Results View 기능을 통하여 창 변환이 가능하다. Page Layout은 활성화된 화면에 대한 레이아웃을 생성한다.

• Analysis Explorer 및 Solve Manager에 대한 정보는 작업화면 왼쪽에 표시된다.

표 5.10 [Window]의 하위메뉴 설명

하위메뉴	기능
Definition View	해석 단면 및 조건에 대한 화면표시
Results View	해석 결과에 대한 화면표시
Page Layout View	페이지 레이아웃
Analysis Explorer	분석 탐색
Solve Manager	해석 관리
Reset Window Layout	레이아웃 초기화

5.5.2 Step 2 : 사면의 기하 형상 모델링

SLOPE/W에서는 해석단면의 기하형상을 모델링하기 위한 방법으로 프로그램 내에서 마우스 및 좌표 직접입력을 통하여 그리는 방법과 외부에서 작성된 단면을 불러오는 방법이 있다.

① 직접 그리는 방법 : [View] 메뉴에서 [Grid] 옵션을 클릭한다. 그림 [5.49]와 같은 입력창이 뜨며, 작업창에 Grid 간격을 설정한다. Snap to grid 옵션을 클릭하여 선택(☑)하면 설정된 간격으로 마우스 커서가 자동으로 이동하여 쉽게 단면을 작성할 수 있다.

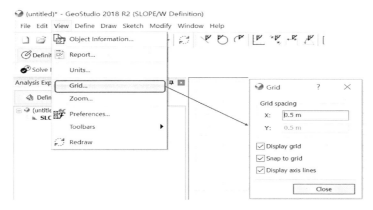

그림 5.49 그리드 설정 및 스냅 기능 활성화

• 해석을 수행하기 위한 단면은 영역으로 정의되어야 하며 절점을 그리거나 좌표를 정의한 다음에 [Define]에서 [Regions]를 선택하여 해당 절점을 연결하는 폐합선을 영역을 정의할

수도 있으며 [Draw]의 [Regions]를 선택하거나 툴바에서 📝를 클릭하여 그리드와 스냅 기능을 통하여 폐합선을 그리면 자동으로 영역으로 설정된다.

* 선을 그리는 동안 'Shift' 키를 누르고 있으면 수평/수직 방향으로 선이 유지되면서 그려진다.

* 선을 그릴 때 Ctrl+R을 누르고 다음 절점의 x, y 좌표를 쉼표(,)로 구분하여 입력한 뒤 엔터키를 누르면 입력된 점으로 선이 그려진다. 이때 좌표는 화면 오른쪽 하단에 표시된다.

* 클릭한 점이 잘못된 위치에 생성되었다면, 툴바의 ↰(Undo) 버튼을 클릭하거나 키보드에서 Ctrl+Z 키를 눌러 실행을 취소할 수 있다.

• 지층을 구분하거나 재료 특성을 다르게 입력하고자 영역을 분할하고자 하는 경우 툴바의 ✏(Split Regions) 버튼을 클릭하고 원하는 크기로 나눌 수 있다. 반대로 분할된 영역을 하나로 합치고자 할 때는 툴바의 ⊢⊦(Merge Regions) 버튼을 클릭하고 합치고자 하는 영역을 두 개 선택하면 하나의 영역으로 병합된다.

• 영역은 점과 선으로 구성되며 추후 영역의 모양을 수정하고 싶다면 [Define] 메뉴에서 [Points]를 선택하면 영역을 구성하고 있는 점의 좌표를 확인할 수 있으며 수정하고자 하는 절점 번호에 대한 좌표를 수정하여 형상을 변경할 수 있다.

* 툴바의 ▧(Modify Objects)를 클릭하고 절점을 클릭하면 좌표의 이동 방향 및 거리를 입력하는 창이 활성화되며 절점 이동이 가능하다.

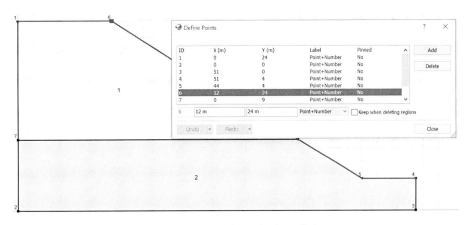

그림 5.50 영역의 점 좌표 변경

- 모델링 작업 시 제일 상부의 선이 그려지면 이 선은 굵은 선으로 표현되고, 이는 자동으로 지표 경계면(slope boundary)으로 인식된다.

② 외부에서 불러오는 방법 : SLOPE/W에서는 CAD에서 작업된 해석단면 파일(*.dwg, *.dxf)을 불러와서 해석을 수행할 수 있다.

  * CAD에서 작업된 단면은 폐합된 폴리선으로 정의되어야 영역으로 불러오는 것이 가능하며 일부 이전 버전의 경우 Import Regions 기능을 지원하지 않는다.

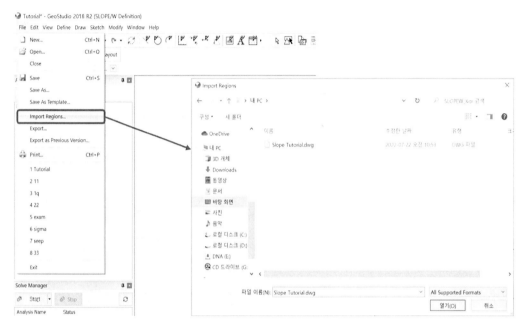

그림 5.51 CAD로 작업된 단면파일 불러오기

- GeoStudio 패키지 프로그램들은 연계 해석이 가능하여 다른 프로그램에서 작업된 해석 단면을 그대로 불러와서 해석을 수행할 수 있으며 간극수압, 지진하중 등 다른 프로그램 결과를 불러와 SLOPE/W에 입력값으로 적용하여 해석을 수행할 수 있다.

5.5.3 Step 3 : 지반 물성치 설정

- 지반 물성치는 [Define] 메뉴에서 [Materials]를 선택하거나 툴바의 ⚒(Draw Materials) 버튼을 클릭한 뒤 [Define]을 클릭하여 정의할 수 있다.

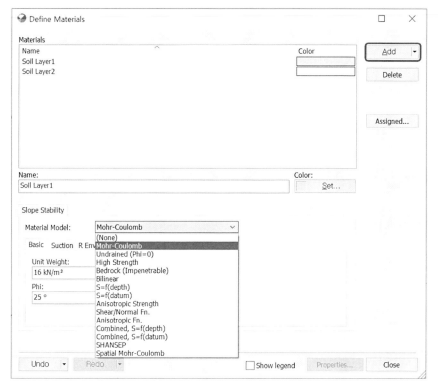

그림 5.52 지반 물성치 입력창

- [Materials] 창이 활성화되면 Add 버튼을 눌러 새로운 재료를 생성하고 이름 및 색상을 지정한다. SLOPE/W에서는 다양한 지반거동모델을 제공하고 있으며 [Material Model]의 드롭다운메뉴에서 원하는 모델을 선택하고 요구되는 지반 물성치를 입력해준다.

- 지반 물성치는 저장을 위한 버튼이 없으며 입력하면 자동으로 저장된다. 새로운 지층을 원할 경우 Add 버튼을 눌러 새로운 재료를 생성하고 동일한 과정을 거쳐 지반 특성을 정의할 수 있다.

- 모델링한 사면에 대한 지반 물성치를 각 지층에 부여하기 위해서는 툴바의 ✏(Draw Materials) 버튼을 클릭한 뒤 Assign를 선택(◉)하고 원하는 지반 물성치를 선택한 뒤 부여하고자 하는 영역을 클릭하면 된다. 영역에 물성치가 정상적으로 입력되었을 경우 영역이 해당 물성치에 부여된 색으로 채워진다. 영역에 부여된 지반 물성치를 제거하고 싶을 때는 Remove를 선택(◉)하고 제거하고자 하는 영역을 클릭한다.

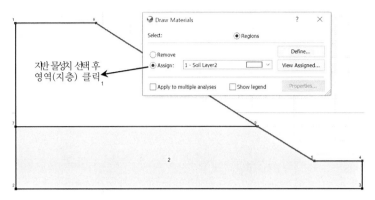

그림 5.53 지층(영역)에 지반 물성치 부여

- 사용자가 각 영역에 입력한 지반 물성치를 확인하고자 할 때는 [View] 메뉴에서 [Object Information]을 선택하거나 툴바의 📑(View Object Information) 버튼을 클릭하고 창이 활성화되면 확인하고자 하는 영역을 클릭하면 지층에 부여된 지반 물성치를 확인할 수 있다.

그림 5.54 지층(영역)에 부여된 지반 물성치 확인

5.5.4 Step 4 : 지하수위 설정

- 앞에서 언급한 바와 같이 간극수압은 해설 결과에 영향을 미치는 중요한 인자로 간극수압 조건을 고려하기 위한 다양한 방법을 제공하고 있다. 초기 어떤 방법을 지정하는지에 따라 작업창에서 메뉴가 조금씩 다르게 나타난다.

  * 가장 일반적으로 사용되는 방법은 지하수위를 피에조 라인(Piezometric line)에 의하여 정의하는 것이다.

- 초기 해석설정에서 PWP condition을 Piezometric line으로 설정한 경우 ⚓(Draw Pore-Water Pressure) 버튼을 확인할 수 있으며 메뉴 [Draw] → [Pore-Water Pressure]를 선택해서도 동일한 기능을 활성화할 수 있다.

- Piezometric lines 창이 활성화되면 Add를 클릭하여 새로운 수위선을 정의하고 원하는 수위지점을 클릭하여 연결시켜 준다. 이때 각 지층의 재료특성에 따라 수위선을 적용할지 여부를 선택할 수 있다.

  * 영역을 생성할 때와 동일하게 수위선을 그릴 때 Ctrl+R을 누르고 x, y 좌푯값을 쉼표(,)로 구분하여 입력한 뒤 엔터키를 누르면 입력된 점으로 수위선이 그려진다.

- 간극수압 조건을 입력하기 위한 다른 방법은 SEEP/W 프로그램과 연계하여 SEEP/W에서 해석된 침투해석 결과를 SLOPE/W의 간극수압 조건으로 부여하는 방법이다. 이를 위해서는 우선 동일한 해석 단면에 대하여 SEEP/W를 통하여 침투해석을 수행하며 강우 침투에 따른 습윤전선 하강이나 지하수위 상승 등에 따른 간극수압 조건을 SLOPE/W에 반영할 수 있다.

  * [Define Analyses] 창에서 Add를 클릭하여 GeoStudio 패키지에 포함된 다른 프로그램을 해석에 추가할 수 있으며 SEEP/W를 선택하고 이에 따른 침투해석 결과를 Parent로 선택한다. 또한, PWP condition은 Parent Analysis를 선택하여 SEEP/W 결과에 따른 간극수압을 해석에 반영하도록 설정할 수 있다.

  * 이 방법을 적용하기 위해서는 해석 단면에 대하여 SEEP/W을 통한 침투해석이 선행되어야 한다.

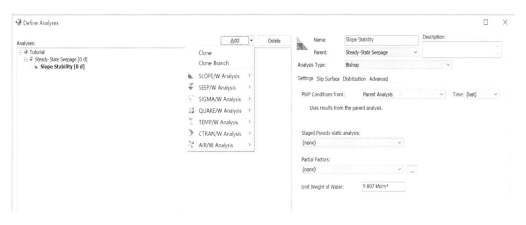

그림 5.55 SEEP/W 결과를 활용한 간극수압 조건

5.5.5 Step 5 : 하중조건

SLOPE/W에서는 외부 상재하중에 대하여 집중하중과 분포하중으로 고려하여 해석에 반영할 수 있다.

① 집중하중 : 집중하중은 메뉴 [Define] → [Point Loads]를 선택하여 집중하중이 작용하는 점의 x, y 좌표 및 하중의 크기, 방향을 지정할 수 있다. 마우스를 이용하는 방법으로는 툴바의 ⬛(Draw Point Loads) 버튼을 클릭한 뒤 하중의 크기를 입력하고 마우스로 작용점 및 방향을 지정할 수 있다.

② 분포하중 : 분포하중은 메뉴 [Define] → [Surcharge Loads]를 선택하여 분포하중이 작용하는 범위를 x, y 좌표를 통하여 설정하고 하중의 크기 및 방향(수직 또는 법선)을 지정한다. 마우스를 이용하는 방법으로는 툴바의 ⬛(Draw Surcharge Loads) 버튼을 클릭한 뒤 하중의 크기와 방향을 입력하고 마우스로 분포하중의 범위 및 분포형태를 설정할 수 있다.

* 메뉴 [Define]와 [Draw]는 둘 다 하중을 정의하는 것으로 동일하나 입력방식이 전자는 모든 조건을 수동으로 입력하는 것이며 후자는 마우스로 적용 범위 및 분포 형태를 설정한다.

* SLOPE/W에서 분포하중의 크기는 단위중량 (kN/m³)으로 입력되며 단면의 기본 폭은 1m이다. 따라서 분포하중의 높이를 지표면에서 1m 높이로 그리면 kN/m의 단위를 갖는다. 따라서 분포하중의 높이 조절을 통하여 등분포하중뿐만 아니라 삼각분포하중 등 사용자가 원하는 다양한 형태의 분포하중을 적용할 수 있다.

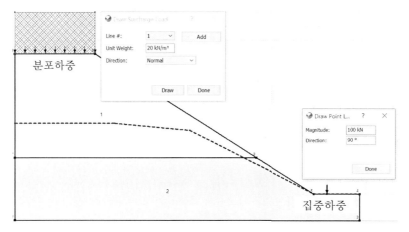

그림 5.56 분포하중 및 집중하중 적용 예

- 하중조건을 제거하고자 할 때는 하중의 종류에 따라 [Define] → [Point Loads] 또는 [Define] → [Surcharge Loads]로 들어가서 제거하고자 하는 하중을 선택하고 Delete를 클릭하면 된다.

5.5.6 Step 6 : 보강재 설정

SLOPE/W에서는 사면 보강을 위하여 사용되는 보강재 설치에 따른 안정성 검토가 가능하며 기본적으로 네일, 앵커, 말뚝, 토목섬유 보강재에 대한 설치를 고려할 수 있다.
- 보강재 설치를 위해서는 메뉴 [Draw] → [Reinforcement Loads]나 툴바의 ⚒(Draw Reinforcement Loads) 버튼을 클릭하여 보강재 입력창을 활성화한다.

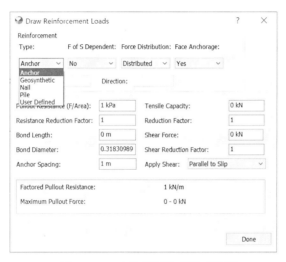

그림 5.57 보강재 설치를 위한 입력창

- 설치하고자 하는 보강재를 선택하고 보강재에 대한 특성을 입력한 뒤 마우스로 단면에서 보강재 설치 시작점을 클릭한 후 길이와 방향을 고려하여 설치되는 끝 지점을 클릭하면 단면에 보강재가 입력된다.
  * 보강재 설치 시작 지점은 정확하게 지표면(또는 사면)을 클릭하지 않아도 자동으로 근처 지표면이 선택하며 시작 지점은 지표면을 기준으로 설치한다.
  * 보강재를 설치하면 보강재의 길이와 방향을 수정할 수 있는 입력란이 활성화되며 수정을 원하는 경우 길이와 방향(설치각)을 입력하면 시적 지점은 고정되고 설치 끝 지점이 자동으로 변경된다.

- 메뉴 [Define] → [Reinforcement Loads]를 클릭하여 각 보강재에 대한 설치 시작 지점 (Outside)과 지반 내부의 끝 지점(Inside)의 좌표를 직접 입력할 수도 있다.

  * 보강재의 시작과 끝 지점이 입력되면 길이와 방향을 입력할 수 있는 창이 활성화되며 원하는 여기에 보강재의 길이와 설치각을 입력하면 보강재 끝 지점의 좌표는 자동으로 수정된다.

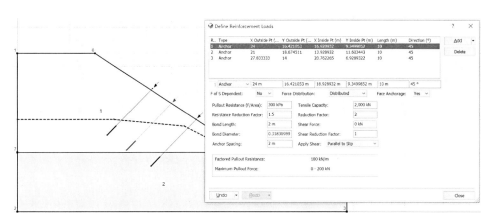

그림 5.58 보강재 조건 수정

5.5.7 Step 7 : 활동면 조건

SLOPE/W에서는 임계활동면을 찾기 위한 다양한 방법을 선택할 수 있다. 여기서는 가장 보편적으로 사용되는 Grid and Radius 방법과 Entry and Exit 방법을 다루고자 한다. 기본적으로 임계활동면은 발생 가능한 다양한 활동면에 대한 해석을 수행한 뒤 가장 낮은 안전율을 갖는 활동면을 찾는다. 비록 다양한 예상 활동면의 생성 및 계산은 프로그램에서 자동적으로 수행할 수 있으나 이를 위하여 사용자가 활동면 발생에 대한 초기조건 설정이 필요하다.

- 활동면 해석 종류는 [Define Analyses]에서 설정되며 선택된 방법에 따라 작업창에 해당하는 툴바 아이콘이 생성된다.

① Grid and Radius : 메뉴 [Draw] → [Slip Surface]에서 기능을 선택하거나 툴바에서 메뉴를 선택할 수 있다. 이 방법을 사용하기 위해서는 기본적으로 원호활동면에 대한 중심점 위치에 대한 격자(Slip Surface Grid)와 원의 반경 범위(Slip Surface Radius)를 지정해 주어야 한다. 이는 툴바의 (Draw Slip Surface Grid)와 (Draw Slip Surface Radius)

버튼을 클릭하여 활성화할 수 있다.

* ![버튼 아이콘] 버튼을 클릭하면 창이 뜨지는 않고 기능이 활성화된다. 이때 예상되는 원호활동면의 중심점 범위를 마우스로 지정해주면 선택된 격자 범위에 대한 분할 간격을 입력할 수 있는 창이 나타나고 적절한 분할 수를 입력한다.

* ![버튼 아이콘] 버튼을 클릭하면 기능이 활성화된다. 원호의 중심으로부터 발생시킬 원의 반지름 범위를 사면 내에 지정해준다. 격자와 동일하게 범위를 설정한 뒤 적절한 분할 간격을 입력한다.

* 활동면에 대한 원의 중심와 반지름에 대한 범위는 임계활동면을 포함할 수 있도록 설정되어야 하며 해석 결과에서 원의 중심이나 반지름이 설정된 범위의 경계에 위치하고 있을 경우 범위를 확장하여 임계활동면을 찾아준다.

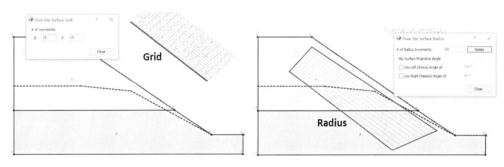

그림 5.59 Grid and Radius : 중심점 격자 및 반지름 범위 설정

② Entry and Exit : 메뉴 [Draw] → [Slip Surface]에서 기능을 선택하거나 툴바에서 메뉴를 선택할 수 있다. 이 방법에서는 활동면의 시작(Entry)과 끝(Exit) 지점의 범위를 각각 설정해주어야 한다.

* ![버튼 아이콘](Draw Entry and Exit Slip Surface)버튼을 클릭하면 설정 조건에 대한 창이 뜨며 마우스로 범위를 지정하고자 하는 사면(지표면)을 드래그하면 붉은선으로 범위가 설정됨을 확인할 수 있다. 활동면의 시작과 끝에 대한 두 개의 범위를 지정해 주어야 하며 초기 사면의 파괴 방향 설정에 따라 시작과 끝의 방향이 다르게 나타난다.

* 범위를 지정하고 입력창에 각 범위에 대한 분할 개수 및 반지름 수를 지정한다.

* 초기 해석조건에서 Slip Surface Option에서 Entry and Exit 방법을 선택할 때 아래

Specify radius tangent lines 기능을 체크(☑)하면 Grid and Radius 방법과 동일하게 원호활동면의 반지름 생성에 대한 범위를 지정할 수 있다.

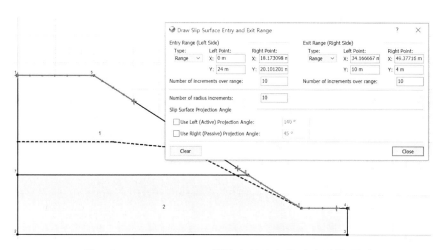

그림 5.60 Entry and Exit : 활동면 시작과 끝지점 범위 설정

- 기본적으로 활동면의 생성은 해석 단면 전체 범위에서 수행되며 단면의 좌우 특정 영역에 대하여 해석을 제외(활동면 생성 제한)하고 싶은 경우 툴바의 ⚔(Draw Slip Surface Limits) 버튼을 클릭하고 좌우 화살표를 마우스로 드래그하여 조정할 수 있다.

5.5.8 Step 8 : 해석 수행

해석을 수행하기 위한 형상 및 모든 조건이 입력되었을 경우 작업창 왼쪽 Solve Manager에 있는 ⚙ Start ▾ 버튼을 클릭하면 해석이 수행된다.

- 입력된 물성치에 대한 값의 분포는 [Draw] → [Contours] 또는 툴바의 ▒(Draw Contours) 버튼을 클릭하고 원하는 물성치를 선택하여 사면 내 값의 분포를 쉽게 확인할 수 있다. 또한, 등고선에 대한 값을 알거나 그림에 나타내고 싶은 경우 ▒(Draw Contour Labels) 버튼을 클릭하고 원하는 등고선을 클릭하면 값이 나타난다.
- 해석조건 설정에 문제가 없는 경우 프로그램이 해석을 수행하며 결과를 확인할 수 있다. 만약 입력값이 부족하거나 잘못 설정되었을 경우 경고창이 뜨고 오류에 대한 정보를 확인할 수 있다.

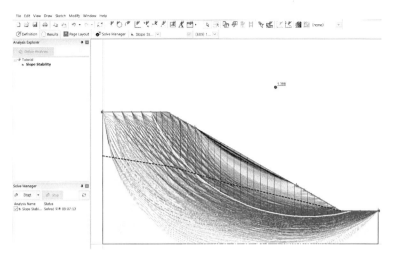

그림 5.61 SLOPE/W 해석 결과 예

- 해석 결과에서 [Draw] → [Slip Surface Color Map] 또는 툴바의 (Draw Slip Surface Color Map)을 클릭하면 활동면을 전부 나타낼 것인지 임계활동면만 나타낼 것인지 선택할 수 있으며, 안전율에 따른 활동면의 색 범위도 조정할 수 있다.

- Definition Results Page Layout 메뉴를 통하여 해석 결과를 보여주는 창과 해석조건 설정 창으로 전환할 수 있다.

- [Result] 창에서 메뉴 [Edit] → [Copy All]을 선택하면 툴바의 (Copy All) 버튼을 클릭하면 해석 결과가 클립보드에 저장되며 원하는 문서에 복사하여 작업을 완료할 수 있다.

  * 작업창에서 Ctrl+C 키를 눌러도 Copy All 기능과 동일하다.

제6장

프로그램 해석 예

프로그램 해석 예

6.1 TALREN 프로그램 해석

6.1.1 개요

이 장에서는 실제 사면에 대한 안정 해석을 지하수위가 없는 경우, 지하수위가 존재하는 경우, 상재하중이 작용하는 경우, 보강재를 시공한 경우 각각에 대하여 TALREN 프로그램을 이용하여 실시하였으며, 해석 대상 사면의 형상과 지층 구성은 그림 [6.1], 표 [6.1]과 같다.

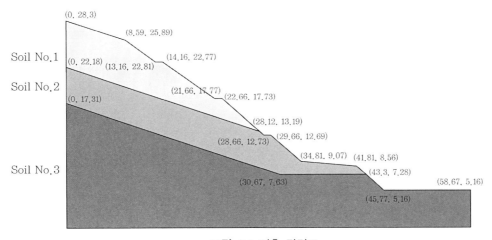

그림 6.1 지층 단면도

표 6.1 지층 물성치

	Layer 1	Layer 2	Layer 3
$\gamma_t \, (\text{t/m}^3)$	1.9	2.1	2.5
$c \, (\text{t/m}^2)$	1.0	2.0	5.0
$\phi \, (°)$	30	35	35

6.1.2 지하수위가 없는 경우

① 일반 설정(General settings) : X_{max}, X_{min}, Y_{max}를 주어진 조건에 맞게 입력한 후 조건에 맞는 단위를 결정한다(그림 [6.2]).

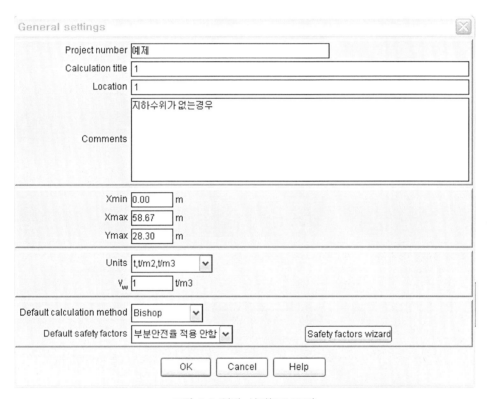

그림 6.2 일반 설정(TALREN)

② 모든 부분안전율을 1.0으로 입력한다(그림 [6.3]).

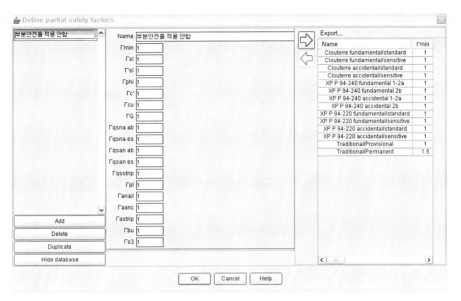

그림 6.3 부분안전율 설정(TALREN)

③ 좌표점을 입력(그림 [6.4](a))하고, 점들을 연결(그림 [6.4](b))하여 분할 영역(segments)을 생성한 후 사면경계(slope boundary)를 설정한다. 여기서는 자동(auto) 옵션을 이용하였다(그림 [6.4](c)).

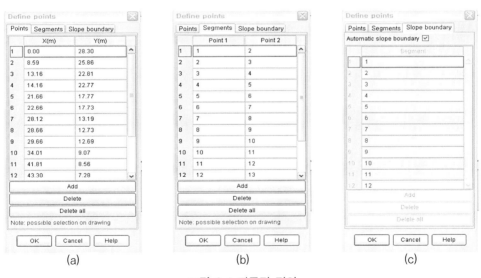

그림 6.4 좌푯점 정의

④ 각 지층에 해당하는 물성치를 입력한다(그림 [6.5]).

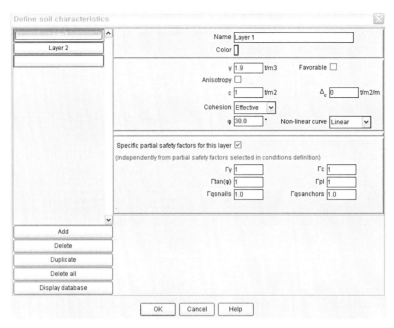

그림 6.5 지반물성치 입력(TALREN)

⑤ ①~④의 과정을 완료하면 그림 [6.6]과 같이 지반의 모델링이 완료된다.

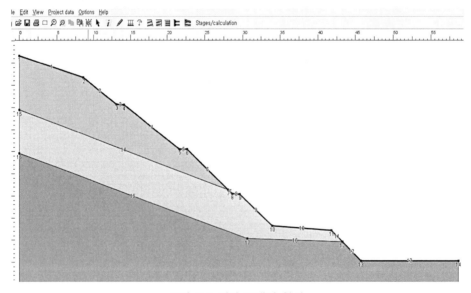

그림 6.6 지반 모델링 완성

⑥ 계산에 필요한 조건 설정창(Define the situation)을 열고 해석 방법, 파괴유형 등을 설정한다(그림 [6.7]).

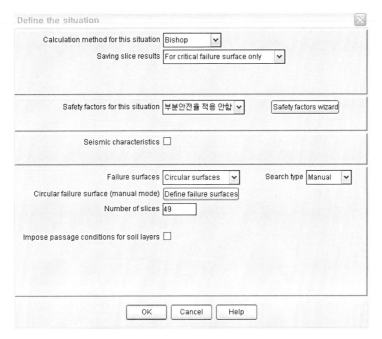

그림 6.7 해석조건 설정(TALREN)

⑦ ⑥에서 'Define failure surface'를 선택하고 계산 수행에 필요한 값을 입력한다(그림 [6.8]).

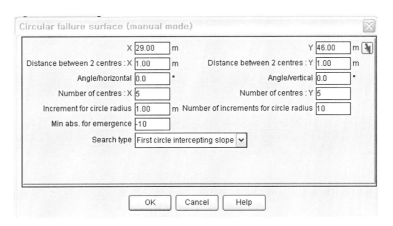

그림 6.8 원호활동면 설정(수동 입력)

⑦ ①~⑦의 과정을 완료한 후 계산수행 버튼 'Σ'을 클릭하여 계산을 수행한다. 해석 결과이 단면은 지하수위가 없는 경우 1.57의 안전율을 갖는 것으로 나타났다(그림 [6.9]).

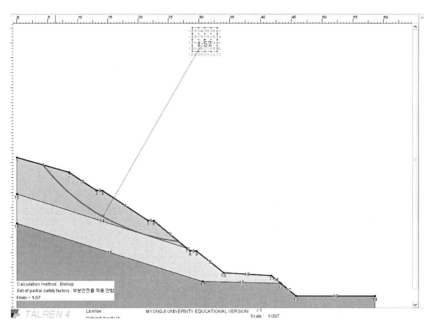

그림 6.9 TALREN 해석 결과(지하수위가 없는 경우)

6.1.3 지하수위가 있는 경우

6.1.2절에서 해석을 수행한 사면에 우기 시 지하수위가 지표면까지 올라갈 경우에 대한 해석을 수행하면 다음과 같다.

① 6.1.2절의 ①~⑤ 과정을 완료한 후 'Stages/calculation' 버튼을 클릭한다.

② 'Stages and Conditions' 메뉴에서 'Hydraulic conditions for selected stage' 메뉴를 선택하여 'Defining hydraulic conditions' 창을 띄우고 'Phreatic level' 옵션을 선택한다(그림 [6.10]).

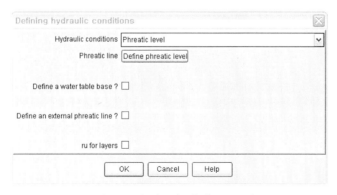

그림 6.10 수리조건 정의(TALREN)

③ ②에서 'Define phreatic level' 옵션을 클릭하여 지하수위 좌표를 입력한다(그림 [6.11]).

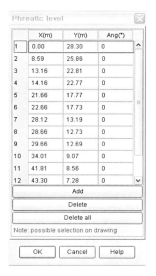

그림 6.11 지하수위 설정(TALREN)

④ ①~③의 과정을 완료한 후 계산을 수행한다.

⑤ 해석 결과 이 단면은 우기 시 안전율이 0.82로 파괴 위험이 있는 것으로 나타났다(그림 [6.12]).

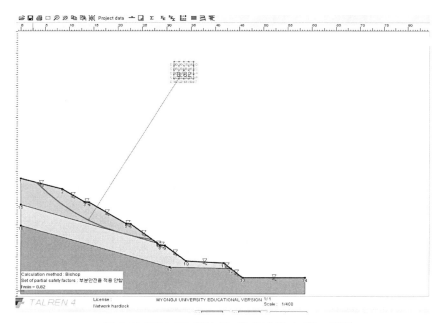

그림 6.12 TALREN 해석 결과(지하수위가 있는 경우)

6.1.4 상재하중이 있는 경우

6.1.2절에서 해석을 수행한 사면에 등분포 하중이 작용하는 경우에 대한 해석을 수행하면 다음과 같다. 등분포 하중 조건은 표 [6.2]에 나타내었다.

표 6.2 등분포하중

	X 좌표		Y 좌표		크기(t/m²)	
	좌측	우측	좌측	우측	좌측	우측
등분포하중 1	13.16	14.16	22.81	22.77	20	20
등분포하중 2	14.16	21.66	22.77	17.77	20	20

① 6.1.2절의 ①~⑤ 과정을 완료한 후 'Project data' 메뉴의 'Loads'를 선택하여 'Defining loads' 창을 연다.

② 'Defining loads' 창에서 등분포하중을 주어진 조건에 맞게 입력한다.

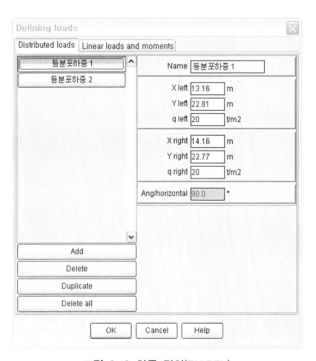

그림 6.13 하중 정의(TALREN)

③ ①~② 과정을 완료하면 그림 [6.14]와 같은 모델링이 완성되며, 계산수행을 위하여 'Stages/calculation' 버튼을 클릭한다.

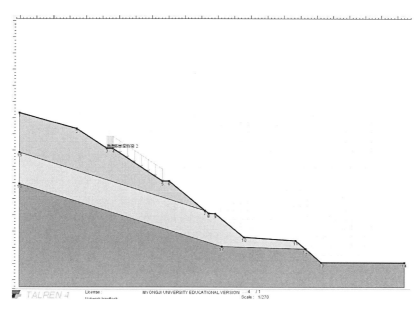

그림 6.14 상재하중을 적용한 해석단면(TALREN)

④ 계산에 필요한 조건 설정창(Define the situation)을 열고 해석방법, 파괴유형 등을 설정한 후 해석을 수행한다.

⑤ 해석 결과 이 단면은 등분포하중 작용 시 안전율이 0.86으로 파괴 위험이 있는 것으로 나타났다.

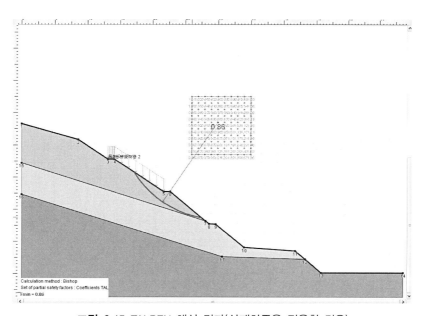

그림 6.15 TALREN 해석 결과(상재하중을 적용한 경우)

6.1.5 보강공법을 적용하는 경우

6.1.3절에서 지하수위가 지표면과 동일한 경우 사면은 0.82로 사면파괴의 위험이 있는 것으로 나타났다. 따라서 사면안정 대책공법으로 쏘일네일공법을 적용하기 위하여 공법 적용 후의 안전율을 확인하고자 한다. 시공한 네일(Nail)의 제원 및 시공위치는 표 [6.3]에 나타내었다.

① 6.1.3절의 해석 단면에 Nail을 설치하기 위하여 'Project data' 메뉴에서 'Reinforcements'를 선택하여 'Define reinforcements' 창을 연다.
② 표 [6.3]을 참고하여 각 Nail에 맞는 값을 입력한다(그림 [6.16]).

표 6.3 네일의 제원

	X (m)	Y (m)	L (m)	C.T.C (m)	Angle (°)	Width of diffusion base (m)	TR (t)	Eq. radius (m)
Nail 1	10.21	24.78	8.0	3	20	0.1	11.5	0.052
Nail 2	15.65	21.78	8.0	3	20	0.1	11.5	0.052
Nail 3	20.15	18.78	8.0	3	20	0.1	11.5	0.052
Nail 4	25.01	15.78	8.0	3	20	0.1	11.5	0.052
Nail 5	28.61	12.78	7	3	20	0.1	11.5	0.052

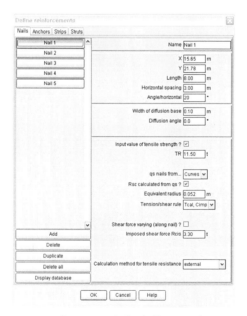

그림 6.16 보강재 정의(TALREN)

③ Nail 5개에 대한 모든 값을 입력하면 그림 [6.17]과 같이 쏘일네일공법을 시공한 지반이 모델링된다.

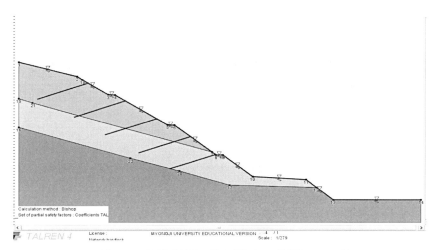

그림 6.17 쏘일네일링 시공지반의 모델링((TALREN))

④ 계산에 필요한 조건 설정창(Define the situation)을 열고 해석방법, 파괴유형 등을 설정한 후 해석을 수행한다.

⑤ 해석 결과 이 단면은 안전율이 1.03으로 쏘일네일링 시공으로 인하여 안전율이 증가하였지만 우기 시 기준안전율인 1.2보다 작은 것으로 나타나 여전히 파괴 위험이 있는 것으로 나타났다.

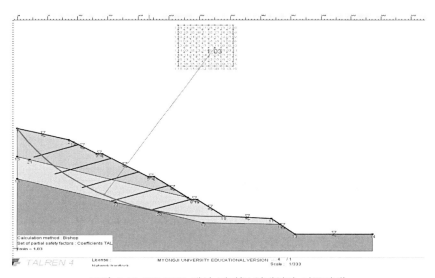

그림 6.18 TALREN 해석 결과(쏘일네일링 시공지반)

6.2 SLOPE/W 프로그램 해석

6.2.1 개요

이 장에서는 TALREN 프로그램을 이용하여 해석을 실시한 동일한 사면에 대하여
SLOPE/W를 이용하여 해석을 실시하였다. 해석조건은 TALREN과 동일하게 지하수위가 없는
경우, 지하수위가 존재하는 경우, 상재하중이 작용하는 경우, 보강재를 시공한 경우에 대하여
해석을 수행한다. 지층 구성은 그림 [6.19]와 같으며 지층 구성은 표 [6.4]에 나타내었다.

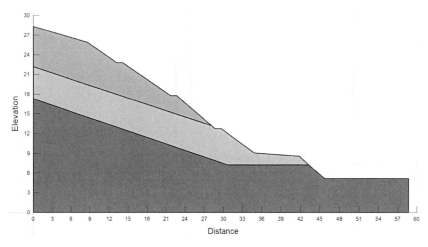

그림 6.19 지층 단면도

표 6.4 지층 물성치

	Layer 1	Layer 2	Layer 3
$\gamma_t (\mathrm{kN/m^3})$	16.64	20.60	24.53
$c (\mathrm{kN/m^2})$	9.81	19.62	49.05
$\phi (°)$	30	35	35

6.2.2 지하수위가 없는 경우

① Define Analysis : [Analysis Type]에서 Bishop 방법을 선택하고 [Settings]에서 지하수위
는 고려하지 않으므로 설정하지 않으며 다른 조건들도 모두 'none'으로 유지한다. [Slip
Surface]에서 사면의 파괴 방향은 예제 사면의 형상을 고려하여 왼쪽에서 오른쪽(Left

to Right)을 선택하고 활동면 조건은 가장 일반적으로 사용되는 'Grid and Radius' 방법을 선택한다. 본 예제에서는 인장균열은 고려하지 않으므로 'No tension crack'을 유지한다.

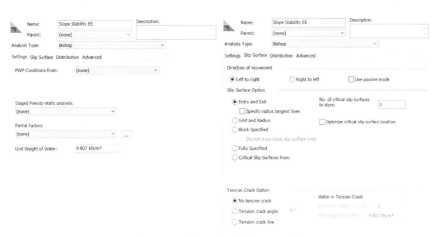

그림 6.20 해석조건 설정(SLOPE/W)

② 해석 단면을 그리기 위하여 [Define] → [Points]에서 각 절점을 미리 입력하고 [Define] → [Regions]에서 각 영역에 해당하는 절점을 선택하여 하나의 영역으로 정의할 수 있다.

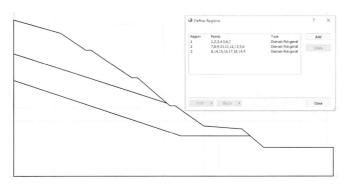

그림 6.21 절점 입력 및 영역 정의를 이용한 단면 생성

또 다른 방법으로 [Draw] → [Regions]에서 마우스로 격자와 스냅 기능을 활용한 단면생성 방법이 있으나 예제와 같이 절점이 격자와 일치하지 않는 경우 시작점을 마우스로 클릭한 뒤 Ctrl+R을 누르고 오른쪽 아래 좌표란에 x, y 좌푯값을 수동으로 입력하여 절점을 생성하는 방법이다. 여기서 영역을 생성하기 위해서는 시작점이 마지막 절점의 좌표가 되도록 해야 한다.

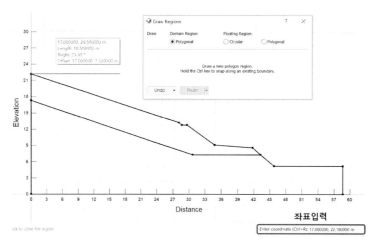

그림 6.22 좌표 입력을 통한 단면 생성

③ 해석 단면에 대한 영역이 정의되면 [Define] → [Materials]에서 각 영역에 해당하는 지반 물성치를 입력한다. 본 예제에서는 지반거동모델로 Mohr-Coulomb 모델을 선택하였다.

그림 6.23 지반 물성치 입력(SLOPE/W)

④ 지반 물성치가 정의되면 각 영역(지층)에 해당하는 지반 물성치를 부여해주면 지반 모델링이 완료된다.

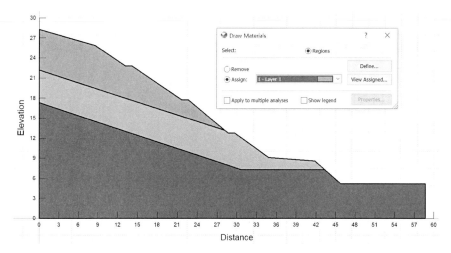

그림 6.24 지층별 지반 물성치 부여

⑤ 지반 모델링이 완료되면 사면안정 해석에 필요한 조건을 설정해주어야 하며 본 예제에서는 활동면 탐색기법으로 'Grid and Radius'을 선택하였으므로 원호 활동면의 중심 및 반경에 대한 예상 범위를 지정해 준다.

* 활동면의 중심 및 반경은 해석 결과를 확인하여 임계활동면의 중심 및 반경이 설정된 범위의 경계에 존재할 경우 이를 고려하여 최소 안전율이 산정될 수 있도록 다시 설정한다.

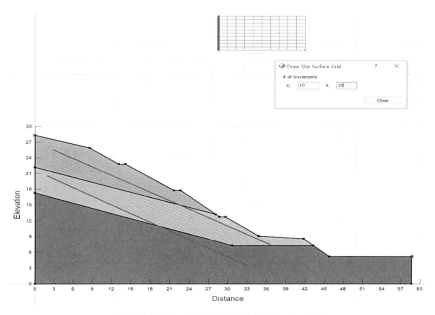

그림 6.25 활동면 중심 및 반경 범위 설정

⑥ 계산에 필요한 조건이 설정되었으면 작업창 왼쪽 Solve manager 창에서 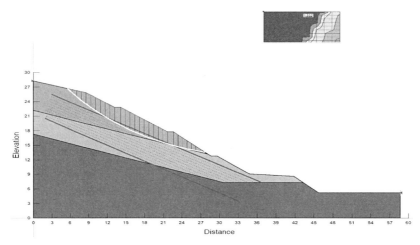 버튼을 클릭하면 해석이 수행된다. 해석 결과 이 단면은 지하수위가 없는 경우 1.55의 안전율을 갖는 것으로 나타났다.

  * 동일한 해석 단면이라도 활동면의 중심 및 반경에 대한 격자 설정에 따라 약간의 오차가 발생할 수 있으며 정확한 해석을 위해서는 격자의 크기를 작게 조정할 수 있다.

그림 6.26 SLOPE/W 해석 결과(지하수위가 없는 경우)

⑦ 해석 결과는 임계파괴면의 위치 및 형상, 안전율을 보여준다. 실제 활동면에 대한 계산은 발생 가능한 다양한 원호에 대하여 해석이 수행되며 [Draw] → [Slip Surface Color Map]에서 Show All에 체크(☑)하면 계산된 모든 활동면이 단면에 표시된다.

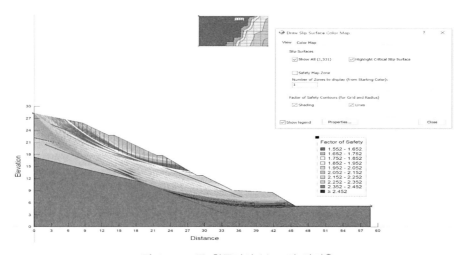

그림 6.27 모든 활동면의 분포 및 안전율

- 활동면 탐색에 대한 방법을 'Entry and Exit'를 선택하였을 경우 ⑤ 과정에서 활동면이 시작되는 지점(Entry)과 끝나는 지점(Exit)의 범위를 지정해 준다. 범위는 마우스를 드래그하여 원하는 범위를 설정할 수 있으며 임계활동면을 포함하도록 범위를 설정하는 것이 중요하다. 마우스로 범위를 드래그하면 설정된 사면파괴 방향에 따라 자동적으로 Entry와 Exit에 대한 정보가 입력된다.

  * 해석조건 설정에서 Entry and Exit 선택 시 아래 'Specify radius tangent lines'에 체크(☑) 하면 'Grid and Radius' 방법과 동일하게 활동면 반경에 대한 범위를 설정할 수 있다.

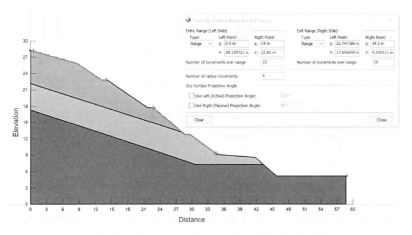

그림 6.28 Entry and Exit 방법에 따른 범위 설정

- 'Entry and Exit'를 선택하여 해석을 수행한 결과 1.57의 안전율을 갖는 것으로 나타났다.

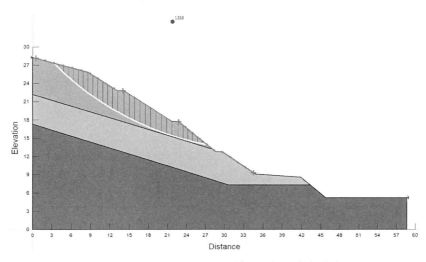

그림 6.29 Entry and Exit 적용에 따른 해석 결과

- 이 방법은 활동면의 중심이나 원호 크기를 정의하지 않고 임계활동면을 찾을 수 있으나 활동면에 대한 범위가 올바르지 않게 설정된 경우 잘못된 결과를 도출할 수 있으므로 주의가 필요하다. 그림 [6.30]과 같이 범위가 임계활동면을 포함하지 않는 경우 안전율은 1.91로 실제보다 높게 나타나는 것을 확인할 수 있다.

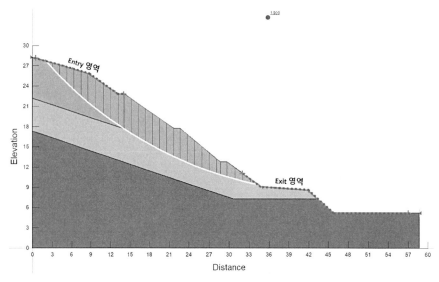

그림 6.30 Entry and Exit 범위

6.2.3 지하수위가 있는 경우

6.2.2절에서 해석을 수행한 사면에 우기 시 지하수위가 지표면까지 올라가 지반이 모두 포화된 경우에 대한 해석을 수행하면 다음과 같다.

① 지하수위를 고려하기 위하여 [Define] → [Analyses]의 Setting에서 간극수압 조건을 설정 해준다. 간극수압을 고려하기 위한 다양한 방법이 존재하며 본 예제에서는 'Piezometric Line'을 사용하였다.

그림 6.31 간극수압 조건(PWP Condition) 설정

② 지반을 모델링하기 위한 과정은 6.2.2절의 ①~④ 과정과 동일하다.

③ 모델링 된 지반에 지하수위 라인을 설정하기 위해서는 [Define] → [Pore Water Pressure]에서 Piezometric Line에 대한 좌표를 입력하여 생성할 수 있다. 또 다른 방법으로는 [Draw] → [Pore Water Pressure]에서 영역을 설정할 때와 마찬가지로 시작점을 마우스로 클릭한 뒤 Ctrl+R을 누르고 지하수위에 대한 좌표를 순대로 입력하여 지하수위 라인을 생성할 수 있다.

* 지표면까지 포화된 경우는 마우스의 스냅 기능을 통하여 절점을 연결하여 쉽게 지하수위를 생성할 수 있다.

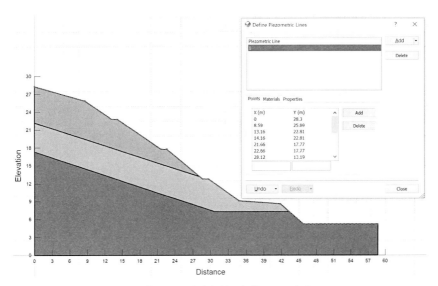

그림 6.32 지하수위 설정(SLOPE/W)

④ 6.2.2절의 ⑤와 동일하게 활동면에 대한 조건을 설정해주고 <kbd>Start</kbd> 버튼을 클릭하면 해석이 수행된다. 해석 결과 이 단면은 우기 시 안전율이 0.82로 파괴 위험이 있는 것으로 나타났다.

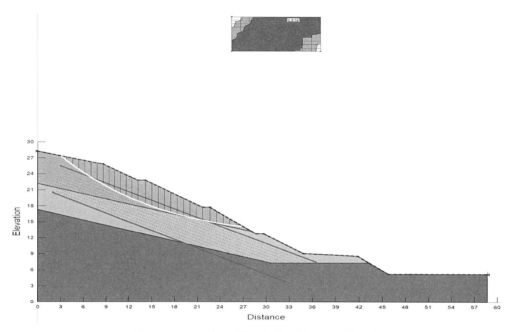

그림 6.33 SLOPE/W 해석 결과(지하수위가 있는 경우)

6.2.4 상재하중이 있는 경우

본 절에서는 6.2.2절에서 해석을 수행한 사면에 등분포 하중이 작용하는 경우에 대한 해석을 수행하였다. 등분포 하중 조건은 TALREN에서 수행한 예제와 동일하게 사면의 경사면을 따라 절점(13.16, 22.81)부터 절점(21.66, 17.77)까지 등분포 하중 196.2kN/m³을 적용하였다.

① 6.2.2절의 ①~④ 과정을 완료한 후 [Define] → [Surcharge Loads]를 선택하고 Add 버튼을 클릭하여 새로운 분포하중을 생성한다. 'Point'에는 분포하중의 좌표를 입력하고 'Properties'에 분포하중의 크기 및 방향을 설정한다.

　* [Define]과 [Draw]에서 동일한 기능이 있으며 작업창 그리드의 격자 또는 생성된 절점을 기준으로 조건을 부여하는 경우에는 [Draw]에서 해당 기능을 클릭하고 마우스로 등분포하중을 쉽게 생성할 수 있다.

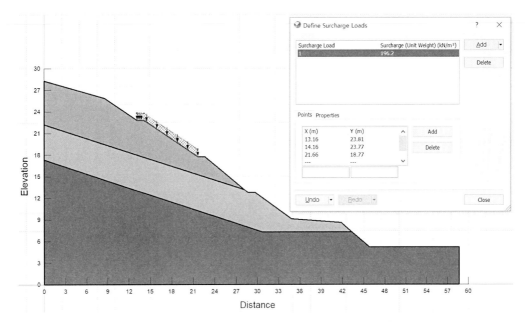

그림 6.34 상재하중을 적용한 해석단면(SLOPE/W)

② 6.2.2절의 ⑤와 동일하게 활동면에 대한 조건을 설정해주고 [◎ Start ▾] 버튼을 클릭하면 해석이 수행된다. 해석 결과 이 단면은 등분포하중 작용 시 안전율이 0.86으로 파괴 위험이 있는 것으로 나타났다.

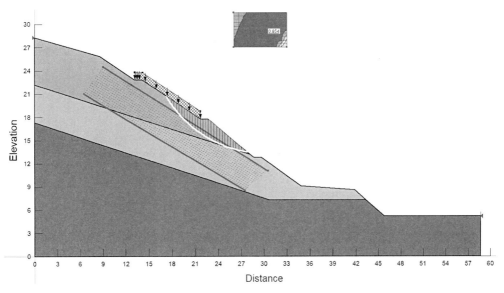

그림 6.35 SLOPE/W 해석 결과(상재하중을 적용한 경우)

6.2.5 보강공법을 적용하는 경우

6.2.3절에서 지하수위가 지표면과 동일한 경우 이 사면은 0.82로 사면파괴의 위험이 있는 것으로 나타났다. 따라서 사면안정 대책공법으로 쏘일네일공법을 적용하기 위하여 공법 적용 후의 안전율을 확인하고자 한다. 시공한 Nail의 제원 및 시공위치는 표 [6.5]에 나타내었다. SLOPE/W에서는 보강재의 시작 지점과 끝 지점의 좌표를 직접 입력할 수도 있으며 보강재의 설치 좌표를 모두 입력하면 보강재 길이와 설치각의 입력란이 활성화되므로 끝 지점을 임의로 지정하여 입력란을 활성화하고 길이와 설치각을 조정하면 끝 지점 좌표는 자동으로 변경되어 쉽게 입력이 가능하다.

표 6.5 Nail의 제원

	Outside		Inside		Length (m)	Spacing (m)	Pullout Resistance (kPa)	Tensile Capacity (kN)
	X (m)	Y (m)	X (m)	Y (m)				
Nail 1	10.21	24.78	2.69	22.04	8.0	3	100	300
Nail 2	15.65	21.78	8.13	19.04	8.0	3	100	300
Nail 3	20.15	18.78	12.63	16.04	8.0	3	100	300
Nail 4	25.01	15.78	17.49	13.04	8.0	3	100	300
Nail 5	28.61	12.78	22.03	10.39	7.0	3	100	300

① 지하수위가 적용된 6.2.3절의 예제에서 [Define] → [Reinforcement Loads]를 선택하고 Add 버튼을 클릭하여 새로운 보강재를 생성한다. 보강재에서 Nail을 선택하고 표 [6.5]를 참고하여 Nail 제원을 입력한다.

② 동일한 제원을 갖는 Nail을 설치하고자 할 때는 생성된 Nail에 마우스 우클릭을 하고 'Clone'을 클릭하여 Nail을 복사한다. 복사된 Nail은 설치 좌표를 제외하고 동일한 제원을 갖는다.

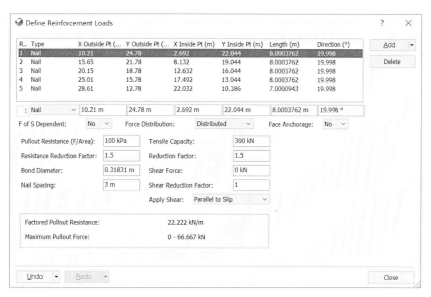

그림 6.36 보강재 정의(SLOPE/W)

③ Nail 5개에 대한 모든 값을 입력하면 그림 [6.37]과 같이 쏘일네일공법을 시공한 지반이 모델링된다.

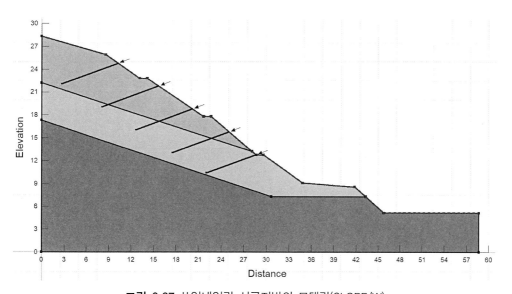

그림 6.37 쏘일네일링 시공지반의 모델링(SLOPE/W)

④ 6.2.2절의 ⑤와 동일하게 활동면에 대한 조건을 설정해주고 ▣ Start ▾ 버튼을 클릭하면 해석이 수행된다.

⑤ 해석 결과 이 단면은 안전율이 1.11로 쏘일네일링 시공으로 인하여 안전율이 증가하였

지만 우기 시 기준안전율인 1.2보다 작은 것으로 나타나 여전히 파괴 위험이 있는 것으로 나타났다(그림 [6.38]).

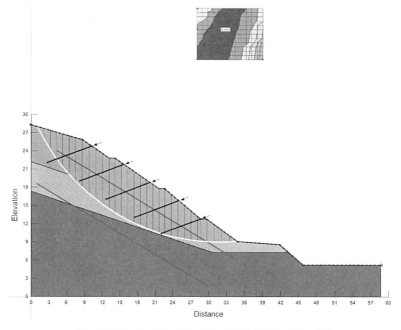

그림 6.38 SLOPE/W 해석 결과(쏘일네일링 시공지반)

■ 참고문헌

한국지반공학회(1987), 지반공학시리즈 ⑤ 사면안정, 한국지반공학회, pp. 24, 246.

베이시스소프트, TALREN 4 User Guide.

Anderson, M. G. & Richards, K. S.(1987), Slope Stability, John Wiely & Sons, Chapter 2.

Bell, J. M.(1968), "General Slope Stability Analysis", ASCE, Journal of Geotechnical Engineering Division, Vol. 94, No. SM6, pp. 1253~1270.

Bishop, A. W. and Morgenstern, N.(1960), "Stability coefficients for earth slopes", Geotechnique, Vol. 10, No. 4, pp. 164~169.

Bishop, A. W.(1955), "The Use of the Slip Circle in the Stability Analysis of Slopes", Geotechnique, Vol. 5, No. 1, pp. 1~17.

Craig, R. F.(1997), Soil Mechanics, 6nd ed., Van Nostrand Reinhold Co. Ltd., ch.9.

Duncan, J. M. and Buchignani, A. L.(1975), An Engineering Manual for Slope Stability Studies, University of California, Berkeley.

Fellenius, W.(1918), "Kaj−Och Jordrasen i Goteborg", Teknisk Tidsskrift V. U., 48, pp. 17~19.

Fredlund, D. G. and Krahn, J.(1972), "Comparison of Slope Stability Methods of Analysis", Canadian Geotechnical Journal 14, pp. 429~439.

Greco, V. R.(1996), "Efficient Monte Carlo Technique for Locating Critical Slip Surface", Journal of Geotechincal Engineering, Vol. 122, No. 7, pp. 517~525.

Malkawi, A. I. H, Hassan, W. F. and Sarma, S. K.(2001), "Global Serach Method for Locating General Slip Surface Using Monte Carlo Technique", Journal of Geotechnical and Geoenvironmental Engineering, Vol. 127, No. 8, pp. 688~698.

Morgenstern, N. and Price, V. E.(1965), "The Analysis of the Stability of General Slip Surfaces", Geotechnique, Vol. 13, No. 2, pp. 79~93.

Schmertmann, J. H. and Osterberg, J. O.(1960), "An Experimental Study of the Development of Cohesion and Friction with Axial Strain in Saturated Cohesive Soils", Proceedings of ASCE Research Conference on Shear Strength of Cohesive Soils, p.643.

Skempton, A. W.(1948), "The ϕ=0 Analysis for Stability and its Theoretical Basis", Proceedings of the 2nd International Conference for Soil Mechanics and Foundation Engineering, Vol. 1, Rotterdam.

Skempton, A. W. and Hutchinson, J. N.(1969), "Stability of Natural slopes and Embankment Foundations", State-of-the-art report, Proceedings of the 7th International Conference for Soil Mechanics and Foundation Engineering, Mexico City, 2, pp. 291~335.

Taylor, D. W.(1937), "Stability of Earth Slopes", Journal of Boston Society of Civil Engineers, Vol. 24, No. 3, pp. 337~386.

Whitman, R. V. and Bailey, W. A.(1967), "Use of Computers for Slope Stability Analysis", ASCE, Journal of Soil Mechanics and Foundation Division, 93, SM4, pp. 475~498.

찾아보기

▪ 저자소개

김병일(bikim@mju.ac.kr)

　　서울대학교 공과대학 토목공학과 졸업

　　서울대학교 대학원 토목공학과 공학석사

　　서울대학교 대학원 토목공학과 공학박사

　　현재 명지대학교 토목환경공학과 교수

김영근(babokyg@hanmail.net)

　　서울대학교 공과대학 자원공학과 졸업

　　서울대학교 대학원 자원공학과 공학석사

　　서울대학교 대학원 자원공학과 공학박사

　　현재 (주)건화 부사장/지질 및 지반 기술사

윤찬영(yune@gwnu.ac.kr)

　　서울대학교 공과대학 토목공학과 졸업

　　서울대학교 대학원 토목공학과 공학석사

　　서울대학교 대학원 지구환경시스템공학부 공학박사

　　현재 강릉원주대학교 토목공학과 교수

봉태호(thbong@cbnu.ac.kr)

　　서울대학교 농업생명과학대학 지역시스템공학과 졸업

　　서울대학교 대학원 지역시스템공학과 공학박사(석박사 통합)

　　현재 충북대학교 산림학과 조교수

사면안정 설계이론 및 실무해석

초판 발행 2023년 1월 12일

지은이 김병일, 김영근, 윤찬영, 봉태호
펴낸이 김성배

책임편집 이민주, 신은미
디자인 문정민, 김민수
제작 김문갑

발행처 (주)에이퍼브프레스
출판등록 제25100-2021-000115호(2021년 9월 3일)
주소 (04626) 서울특별시 중구 필동로8길 43(예장동 1-151)
전화 (02) 2274-3666(출판부 내선번호 7005) | 팩스 (02) 2274-4666
홈페이지 www.apub.kr

ISBN 979-11-981030-3-1 (93530)

좋은 원고를 집필하고 계시거나 기획하고 계신 분들은 연락해주시기 바랍니다.
전화 02.2274.3666 이메일 book@apub.kr